移动三维扫描技术在城市勘测领域项目场景中的实践应用

李东兴　张小波　石吉宝 ◎ 主编

西南交通大学出版社
·成　都·

内容简介

移动三维激光扫描技术作为测绘地理信息行业，尤其是城市勘测行业的代表性新质生产力，国内相关科研院所和行业单位正在对其开展深入广泛研究并快速推广应用。在这一背景下，本书系统概述了移动三维扫描技术的概念、分类、原理、系统组成、误差来源与技术特点，简要介绍了当前国内市场上各类主流移动三维扫描仪器设备（平台）及点云与影像数据后处理软件情况，详细阐述了移动三维扫描技术外业数据获取与内业数据处理的基本流程，同时针对城市地形图测绘、建筑工程多测合一项目生产、市政工程项目工程测量、实景三维建设与新型基础测绘、土石方（方格网）测量、建（构）筑物立面测量、地下空间测量等多种项目场景类型介绍了移动三维扫描技术在城市勘测领域的工程实践应用案例情况、作业流程及工作经验，并立足于城市勘测行业，对移动三维扫描技术进行了初步探索、总结与展望。

本书可作为测绘、勘察设计、城市规划、建筑与市政工程设计、工程咨询等行业技术人员的参考书，也可作为大中专院校相关专业学生的教材，还可作为城市勘测单位新进职工和技术人员的培训教材。

图书在版编目（CIP）数据

移动三维扫描技术在城市勘测领域项目场景中的实践应用 / 李东兴，张小波，石吉宝主编. -- 成都 : 西南交通大学出版社，2024. 11. -- ISBN 978-7-5774-0214-7

Ⅰ. TU198

中国国家版本馆 CIP 数据核字第 20244CQ996 号

Yidong Sanwei Saomiao Jishu zai Chengshi Kance Lingyu Xiangmu Changjing Zhong de Shijian Yingyong

移动三维扫描技术在城市勘测领域项目场景中的实践应用

李东兴　张小波　石吉宝 / **主编**

策划编辑 / 李　鹏
责任编辑 / 姜锡伟
责任校对 / 蔡　蕾
封面设计 / 墨创文化

西南交通大学出版社出版发行
（四川省成都市金牛区二环路北一段 111 号西南交通大学创新大厦 21 楼　610031）
营销部电话：028-87600564　028-87600533
网址：http://www.xnjdcbs.com
印刷：成都蜀雅印务有限公司

成品尺寸　185 mm × 260 mm
印张　18.5　字数　415 千
版次　2024 年 11 月第 1 版　印次　2024 年 11 月第 1 次

书号　ISBN 978-7-5774-0214-7
定价　68.00 元

编 委 会

主　编

李东兴　成都市勘察测绘研究院（成都市基础地理信息中心）

张小波　成都市勘察测绘研究院（成都市基础地理信息中心）

石吉宝　成都市勘察测绘研究院（成都市基础地理信息中心）

副主编

刘志勇　成都市勘察测绘研究院（成都市基础地理信息中心）

陈军胜　成都市勘察测绘研究院（成都市基础地理信息中心）

白晓明　成都市勘察测绘研究院（成都市基础地理信息中心）

编　委（按姓氏笔画排序）

王　琦　成都市勘察测绘研究院（成都市基础地理信息中心）

宁望松　成都市勘察测绘研究院（成都市基础地理信息中心）

朱军山　成都市勘察测绘研究院（成都市基础地理信息中心）

李　骁　成都市勘察测绘研究院（成都市基础地理信息中心）

余太远　成都市勘察测绘研究院（成都市基础地理信息中心）

罗保林　成都市勘察测绘研究院（成都市基础地理信息中心）

郭　伟　成都市勘察测绘研究院（成都市基础地理信息中心）

前言

PREFACE

党的二十届三中全会提出“健全因地制宜发展新质生产力体制机制”，新质生产力是一种高水平的现代化生产力，相对于传统生产力，其技术水平更高、质量更优、效率更高、更可持续。

在智能化测绘新发展阶段，移动三维激光扫描技术作为测绘地理信息行业一种时空数据信息智能化获取的手段和方法，能够自动、连续、快速、非接触地全息采集获取待测物体表面的空间位置和纹理属性信息，具备高效率、高精度、全自动、数字化程度高、适用场景范围广等诸多特点，这些无不符合新质生产力的基本特征和内在要求。而移动三维扫描技术作为测绘地理信息行业新质生产力的重要体现技术之一，需要行业专家学者和广大技术人员进行深入的研究、发展和推广应用。

在城市勘测领域，城乡规划建设、自然资源管理和经济社会发展对城乡时空数据信息现势性、精细化、立体性、实时化的要求越来越高，移动三维扫描技术作为行业代表性新质生产力，使得人们从传统的人工机械式单点数据获取变为自动连续面状、体状数据获取，也使数据处理的自动化、智能化成为可能，极大地提升了时空信息的获取效率和精度，改变了时空信息的获取方式，不仅推动时空信息逐步成为一种重要的新型基础设施和优良数据资产，还将有力助推城市勘测行业的转型升级。

国内外众多专家学者对三维激光扫描技术进行了广泛深入的研究，但其中多偏于地面三维激光扫描技术，或三维激光扫描技术在交通运输、水利工程、矿山开发、电力工程、防灾减灾等其他场景中应用的研究，对于三维激光扫描技术，尤其是移动三维激光扫描技术在城市勘测领域中的实践应用鲜有提及。本书在参考借鉴已有研究成果和应用方向的基础上，系统阐述了移动三维扫描技术的概念、原理、分类与特点，并结合大量典型工程项目案例，介绍了移动三维扫描技术在城市勘测领域多种项目场景中的实践应用情况，以期为行业同仁提供同类型工程项目的技术指导和经验参考。

全书共 10 章。第 1 章介绍测绘技术、城市勘测工作的发展历程和三维激光扫描技术的基础知识；第 2 章介绍三维激光扫描技术的分类、原理及移动三维激光扫描系统组成、误差来源、数据格式与技术特点；第 3 章介绍便携、机载与多平台移动三维扫描主流硬件设备及代表性三维激光扫描处理软件；第4章介绍测区踏勘、路线规划、基站布设、扫描采集等移动三维扫描技术外业数据采集流程及POS解算、点云纠正、点云去噪、点云分类等内业数据处理方法；第5章至第9章依托已有工程项目实践应用案例，分别介绍移动三维扫描技术在城市地形图测绘、建筑工程“多测合一”、市政工程测量、实景三维建设、土石方测量、立面测量、地下空间测量等城市勘测领域项目场景中的实践应用情况；第10章介绍移动三维扫描技术在多个方向上的初步研究探索进展，对其他方向领域应用场景情况进行简单总结，并立足城市勘测行业现状和工作内容进行展望。

本书是编者所在单位成都市勘察测绘研究院（成都市基础地理信息中心）集体智慧的结晶，第1章由李东兴、刘志勇共同编写，第2章由张小波、刘志勇共同编写，第3章由石吉宝、刘志勇共同编写，第4章由陈军胜、宁望松共同编写，第5章由石吉宝、罗保林共同编写，第6章由白晓明、朱军山共同编写，第7章由张小波、余太远共同编写，第8章由李东兴、李骁共同编写，第9章由张小波、郭伟共同编写，第10章由李东兴、王琦共同编写。全书由李东兴、张小波、石吉宝主编并负责策划、统稿与审校工作。

感谢对本书编写给予大力支持的北京数字绿土科技股份有限公司、广州中海达测绘科技有限公司、欧思徕（北京）智能科技有限公司、上海华测导航技术股份有限公司、徕卡测量系统（北京）有限公司、武汉天宝耐特科技有限公司等企业。在编写过程中，本书参考和引用了国内外大量文献，在此对其作者表示衷心的感谢，虽然编者试图全部列出并在文中标明参考文献出处，但难免有疏漏之处，在此诚挚地希望得到同行专家学者的谅解和支持。

由于编者时间和能力有限，书中难免存在疏漏之处，敬请广大读者批评指正。

编　者

2024年8月于成都

目录
CONTENTS

第 1 章　绪　论

测绘学（Surveying and Mapping，SM）是一门古老的学科，早在 5000 多年前，先民们就已经开展了简单的测量工作。随着历史的演变和科技的进步，测绘学已经发展为综合运用各种理论方法、集成各种技术手段，研究地球形状、大小与重力场，以及地球上（包括地面、空中、地下和海底）各种自然和社会要素的位置、形状、属性、空间关系及其时空变化信息的获取、处理、描述、管理、更新和利用的一门现代化学科[1]。测绘行业的发展关系到国民经济、社会发展、国防安全和生产生活的各个方面。

作为测绘学中服务于城乡规划、建设和管理的一个学科方向，我国城市勘测工作虽然起步较晚，仅有 70 余年的时间，但其包含的工作内容却极为丰富，所运用的技术手段和方法也多种多样。21 世纪以来迅速发展的三维激光扫描技术，尤其是近十年逐渐成熟的移动三维扫描技术，凭借其诸多优点，已逐步在城市勘测领域项目场景中得到成功实践并快速推广普及，发展为城市勘测领域中一种较为重要的高新技术数据获取手段。

本章在简要介绍测绘技术发展历程的基础上，对城市勘测工作进行了详细描述，最后对三维激光扫描技术的发展历程和研究现状进行了重点阐述。

1.1　测绘技术发展

测绘学虽然历史悠久，但随着人类经济社会的持续发展和科学技术的不断进步，其观测技术手段、理论方法、测绘仪器和数据处理方式也在随之发生一系列的变革，逐步发展成为新时代一门综合性新型学科，在人工智能快速发展的背景下，已经开始迈向智能化测绘阶段。

1.1.1　古代测绘技术发展

早在 5000 多年前的古埃及，人们就掌握了利用太阳角度来测量建筑物高度和方位等的简单测量方法。在我国，早在 4000 多年前的夏禹时代，为了治水也开始了相关测量工作，司马迁在《史记・夏本纪》中对夏禹治水有这样的描述：“陆行乘车，水行乘船，泥行乘橇，山行乘檋，左准绳，右规矩，载四时，以开九州，通九道，陂九泽，度九山。”这便是世界上最早关于测绘的文字记载，这里所记录的“准、绳、规、矩”就是当时所用的四种测量工具（图 1.1-1），其测绘工作的基本内容为测距和测角。

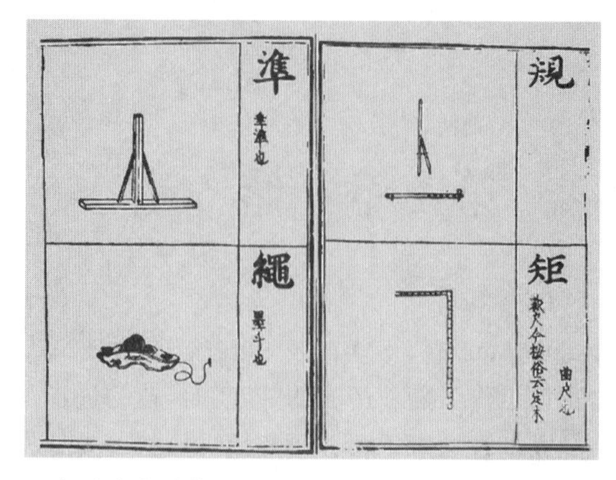

图 1.1-1　大禹治水时使用的测量工具（引自明代《三才图会》）

夏商周时期，人们逐渐加深了对测量工具和测绘技术的认识和应用。20 世纪末，考古人员在江西陈家墩商代遗址水井中，发现并出土了商代用于垂线测量的木垂球、木觇标墩等测量工具（图 1.1-2），这些工具可保证打井等生活生产中垂直方向的一致性，这也是迄今为止世界上现存最早的测量工具实物。此外，清乾隆年间出土的西周篆书散氏盘，记载了绘有两地界线的地图，这也是中国现存最早的界线测量地图实物。

图 1.1-2　陈家墩商代遗址中出土的木垂球和木觇标墩

春秋战国时期，测绘技术已普遍应用于军事指挥、社会发展和生产生活之中。《管子·地图》中就记载有："凡兵主者必先审知地图。轘辕之险……必尽知之。" 意思是"凡主兵打仗，必须先看图，知地形，没有地图、不知地形，必败"。而当时的地图大多刻在木板上，测绘有山脉、河川、城镇、道路等。战国时秦国李冰父子修建的都江堰水利枢纽工程，还曾用一个石头人来标定水位，当水位超过石头人的肩时，下游将受到洪水的威胁，当水位低于石头人的脚背时，下游可能出现干旱，这种标定水位的办法与现代水位测量的原理基本一致。

秦汉时期，当时的测绘工作者开始利用勾股弦和相似三角形来推算距离和测量面积。在西汉刘歆所著的《西京杂记》中，记载有"汉朝舆驾祠甘泉汾阴，备千乘万骑，……

记道车驾四，中道”，说明在西汉时人们可以利用记道车进行里程计算，这相当于现在的里程编码计算器。长沙马王堆3号汉墓还出土了最能体现西汉初期测绘技术水准的帛书地形图，这是当今世界上发现最早的古代地图实物（图1.1-3）。在东汉王充所著的《论衡》中，记载有“司南之杓，投之于地，其柢指南”，说明司南作为早期的指南工具已得到广泛应用。东汉科学家张衡发现地球沿南北极轴旋转，黄道是太阳运行轨道，与赤道交角为24°，这为天文大地测量和大范围地图测绘提供了理论基础，此后，天文定位法开始逐渐被作为方位测量方法之一。

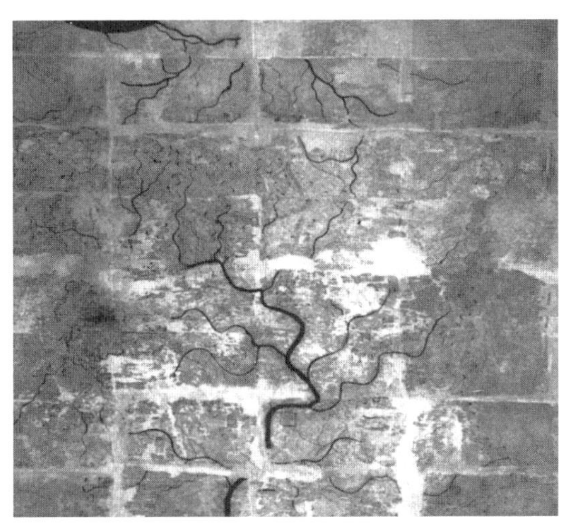

图1.1-3 长沙马王堆3号汉墓出土的《长沙国南部地形图》（引自湖南博物馆官网）

三国两晋时期，数学家刘徽在注释《九章算术》时，在其补著的《重差》卷中记载有根据相似直角三角形对应边成比例的原理，进行测高、望远、量深等测量活动。地图学家裴秀制作有《禹贡地域图》18幅，并在《禹贡地域图》的序中明确提出分率（比例尺）、准望（方位）、道里（道路里程，即距离）、高下（地势起伏）、方邪（倾斜角度）、迂直（河流、道路等的弯曲度）六条制图原则，即著名的“制图六体”，这是中国古代地图绘制理论的第一次面世，开创了中国古代地图制图学，裴秀也因此被誉为“中国地图制图学之父”。如今中国测绘学会组织的中国地图学界最高奖项——裴秀奖，就是为纪念这一中国地图科学创始人而专门设置的。

隋唐时期，朝廷专门设置有掌管天下地图及四方职责的职方（官名），并规定地方州（府）每年要修测地图一次，每隔固定时间（早期为3年，后改为5年）须向职方报送各地实测地图，进而由中央依据“制图六体”理论编绘全国《十道图》，《十道图》也是中国历史上第一张全国性测绘地图（图1.1-4），该图覆盖了当时中国1 200万平方千米的疆域，成为中国全国性基本地图测绘的开始，《十道图》的测绘技术和水平在当时位居世界第一。在天文学家、佛学家名僧一行（本名张遂）的指导下，唐代天文学家南宫说在今河南省境内进行了世界上现有记载最早的地球弧度测量工作，并根据测量结果推算出了纬度1°对应的子午弧长。

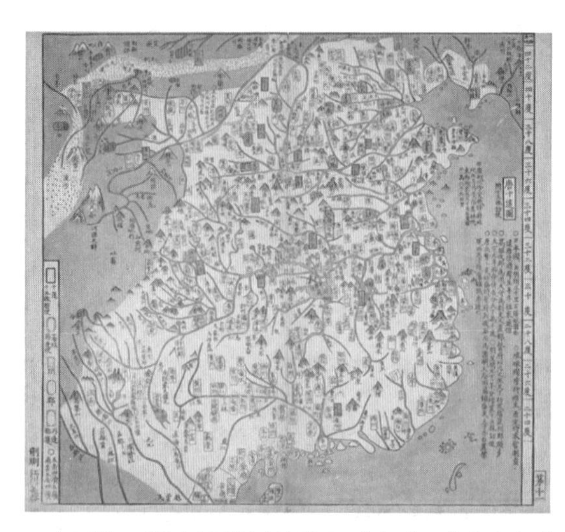

图 1.1-4　中国第一张全国性测绘地图《十道图》(唐)卷本之一

宋辽金时期,当时的测绘工作者对方位、距离、高程等测量技术进行了进一步改良,开始普遍使用“水平”(水准仪)、“望尺”(照板)、“干尺”(度干)等仪器设备来测量地势的高低,同时,科学家沈括新提出的“互融”概念,也是现代等高线标记的最早版本。沈括还改良制作出用于测量天体方位的浑仪、测定时刻的漏壶、测定日影的圭表,并奉旨编绘完成比例尺为九十万分之一的《天下州县图》。此外,沈括还发现了对测绘技术有着重大科学价值的磁偏角,这一发现比哥伦布横渡大西洋时发现磁偏角要早 400 多年。北宋时期,还先后出现了《淳化天下图》、《九域图》、《十八路图》等多张全国地图,同时,测绘技术也被应用于大规模农田水利建设中。

元朝时期,测绘技术取得了进一步的发展。科学家郭守敬在世界范围内首创利用沿海平均海平面作为水准测量的基准面,建立区域性统一的高程系统,创立“海拔”的概念,比德国数学家高斯提出的海拔概念早了 560 年,并以此为基准进行了黄河地区地形测量及数百余河、渠、泊、堰的工程治理勘测工作,这一水准测量基准面确定方式一直沿用至今;郭守敬还提出了“四海测验”,主持在元朝疆域内进行大范围的天文观测和纬度测量,实现了中国历史上第一次实际意义上全国范围内的集中测绘,更进行了第一次的南海地区测绘任务;在测量过程中,郭守敬改进研制出简仪、高表、浑天象、星晷定时仪以及供野外测用的正方案、丸表、悬正仪、座正仪等仪器,为后世进行地图测绘提供了有力的技术支持和数据资料。此后,元朝地图学家朱思本编绘的《舆地图》,再次将我国古代的测绘制图水平推到了一个新的高度,《舆地图》更被誉为历代地图中的精品,得到了“其间河山绣错,城连径属,旁通正出,布置曲折,靡不精到”的赞誉[2]。

明朝时期,见证郑和七下西洋的《郑和航海图》(图 1.1-5)则是我国古代测绘技术的又一杰作,其不仅是我国最著名的古海图,也是我国最早的一幅亚非地图,更是世界上现存最早的航海图集。地图学家罗洪先以“计里画方”法编纂的包含 113 幅图的《广舆图》,不仅是中国现存最早的地图集,其采用的“计里画方”法更是现代地图图例的起源,《明史·儒林传》对其进行了“考图观史,自天文地志……河渠边塞……靡不精究”

的高度评价。测绘学家、数学家徐光启在“西学东渐”过程中，不仅与西方传教士利玛窦合译了西方的《几何原本》、《测量法义》等测量著作，还编著或指导编著了《测量异同》、《测量全义》、《农政全书》等测量学术巨作；这些学术巨作不仅在中国历史上第一次全面阐述测绘科学、技术、方法和仪器，还详细论述了水利工程测量的各项问题，徐光启因而成为中国历史上系统编撰测绘专著的开创者，为中国测绘科学成为一门独立学科奠定了实践基础和理论基础。

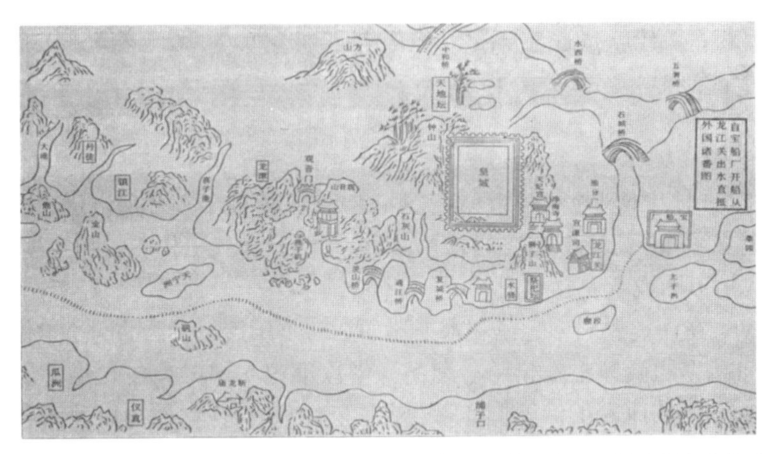

图 1.1-5 《郑和航海图》（明）局部（引自海军海洋测绘研究所《新编郑和航海图集》）

清朝时期，西方测绘科学技术开始陆续传入我国，使得我国测绘技术达到了古代各朝代的顶峰。康熙皇帝统一全国的测量单位，开展全国性实地大地测量和地图测绘工作，据此编绘完成的《皇舆全览图》是中国有史以来最精确的一张全国地图，也使中国制图技术再次走在世界前列；此后，乾隆时期还先后编绘了《西域图志》和《亚洲全图》，这些地图都是当时世界上极为重大的测绘成果，同时也使得中国古代传统测绘技术开始逐步向近代测绘技术进行转变。

1.1.2 近代测绘技术发展

清末，西方技术生产、自然科学等方面大量的先进成果传入中国，促进了测绘技术在中国的普及和应用。1904 年，清政府在北京建立起京师陆军测绘学堂，拉开了近现代中国测绘教育的序幕。辛亥革命后，在北洋政府参谋本部陆军测量总局的基础上，湖北、云南、广东等 17 个省份和东三省又陆续成立各自的陆军测量局，下设三角测量、地形测量、地图制图 3 支专业队伍，承担本省（区）测绘任务，并以平板仪测图方式开展了各省 1∶5 万比例尺地形图测绘任务。1932 年，同济大学增设测量系，开启我国民用测绘教育的篇章，相继开始大地测量、摄影测量等测绘技术人才的培养，我国当代测绘事业开拓者、大地测量学家夏坚白，航空摄影测量与遥感专家王之卓，大地测量学家陈永龄先后合作编著了我国第一套完整的测绘学科教材——《航空摄影测量学》、《测量平差法》、《大地测量学》、《实用天文学》，促进了我国完善的测绘学科体系和健全的人才教育体系的逐渐形成。在测绘基准方面，国民政府陆军测量局曾以南京大石桥天文点天文坐标作为原点建立起了南京坐标系，该坐标系曾在我国南方一些地区推行。

1.1.3　现代测绘技术发展

20 世纪以来，随着世界工业革命的发展，测绘技术再次实现了从近代测绘向现代测绘的转变，先后经历了模拟测绘、数字测绘、信息测绘等发展阶段，如今正在向智能测绘方向转型升级，测绘学也逐渐演变，形成大地测量学、摄影测量学、工程测量学和地图制图学等分支学科。

1. 模拟测绘阶段

模拟测绘是现代测绘技术发展的初级阶段，其主要任务是开展测量和绘图两方面的工作，即使用光学-机械式测量仪器进行等级控制网等测量工作，运用手工-机械方式绘制各种比例尺地形图或者专题地图。

20 世纪初，在人类发明望远镜和水准器的 200 多年后，西方的测绘工作者制造出用来测量标高和高程的微倾水准仪（早期的光学水准仪）。1924 年，瑞士测绘学家威特（Heinrich Wild）等人研发出世界上第一台光学经纬仪 T2，并在此后的 4 年时间内相继成功研制出全球第一台模拟摄影测量立体绘图仪 A1、第一台航空摄影相机 C2；1948 年，瑞典 AGA 公司（现更名为捷创力公司）研制出世界上第一台电磁波测距仪 AGA-8，使其可以精密测量的距离达到了几十千米；这一系列新测绘技术装备的出现，极大地促进了测绘技术的发展，使得精密导线测量和边长测量逐渐成为和三角测量同样重要的大地测量手段，也进一步推动了现代测绘技术模拟测绘阶段的形成和发展[3]。

1958 年，中国第一台国产高精度经纬仪研制成功；1959 年，中国第一台光学式水准仪和第一台大口径高倍率观察望远镜也先后研制成功；测绘仪器设备的国产化推动了中国模拟测绘时代的真正到来。

我国模拟测绘阶段代表性任务或技术主要为建立全国统一测绘基准、模拟测图和模拟摄影测量。

新中国成立以前，我国尚没有建立起全国统一的测绘基准，国家经济建设、国防安全和社会发展受到极大的制约。新中国成立后，在苏联专家的帮助下，国家有关部门以苏联一等三角点作为起算点位，依据苏联大地坐标系建立相关理论与方法，与苏联 1942 年普尔科夫坐标系进行联测，建立起我国第一个全国统一的大地坐标系，即 1954 北京坐标系；此后又建立了更加符合我国地形地貌特征的 1980 年国家大地坐标系，即 1980 西安坐标系；1956 年，参考郭守敬平均海平面的水准测量基准面理论和西方当时的高程测量方法，建立起新中国第一个国家高程系统——1956 黄海高程系；1985 年，原国家测绘局选择青岛验潮站 1952—1979 年共 28 年的潮汐观测资料为起算依据，重新计算了黄海平均海面，建立了新的国家高程系统，并被命名为“1985 国家高程基准”；此外，还建立了全国统一的 1985 国家重力基本网。

模拟测图是利用经纬仪、水准仪、平板仪等仪器设备，在野外对目标地形、地物、地貌进行角度、距离和高程测量，使用绘图工具按比例尺模拟出量测数据，并按规定图式符号展绘到白纸或者聚酯薄膜上（图 1.1-6），这种方式也被称为白纸测图。

图 1.1-6　模拟测图工作场景

模拟摄影测量是利用光学（或者机械）交会方法，直接将像片点坐标通过物理投影的方式交会成空间模型坐标，常见的模拟测图仪器主要为利用单张像片生产影像图的纠正仪、利用像对建立立体模型一次性测绘地形图的立体测图仪等。

2. 数字测绘阶段

20 世纪 90 年代以后，随着计算机技术、GPS 技术的迅速发展及其在测绘行业应用的普及，在提升测量计算速度的同时，也改变了测绘仪器和方法，现代测绘技术逐渐步入了电子化和数字化的时代，正式发展到以全球导航卫星系统 GNSS、地理信息系统 GIS、遥感技术 RS 为主要技术代表的数字化测绘阶段。数字化测绘是计算机技术与测绘技术融合发展的阶段性产物，其主要任务是利用计算机软硬件，对星载、机载、船载传感器及地面全站仪、GNSS 接收机等各种新型测绘仪器设备获取到的空间数据信息，进行处理、显示、分析和应用。

1984 年，全球第一台测量型 GPS 接收机 WM101 问世；1990 年，全球第一台数字水准仪 NA2000 问世；1993 年，第一台手持激光测距仪 DISTO 问世；1998 年，第一台具有免棱镜测距功能的全站仪 TPS300/1100 系列产品研发成功……同期还有电子求积仪、全数字立体测图仪、激光准直仪、激光扫平仪、数字摄影工作站等数字化电子测绘仪器设备层出不穷，新型测绘仪器设备在变革空间信息数据获取方式的同时，极大地提升了数据获取的自动化水平，大幅提升了测绘数据的精度和测绘项目的生产效率，进一步缩短了测绘成果的更新周期。

1995 年，中国第一台国产全站仪 NTS-202、第一台国产电子经纬仪、第一台国产测量型 GPS 接收机 NGS200 被南方测绘公司研制成功；2007 年，第一台国产高精度数字水准仪 DL-2003A 面世，使中国数字测绘仪器设备的国产化水平实现了一步步追赶。某国产品牌全站仪和 GNSS 接收机如图 1.1-7 所示。

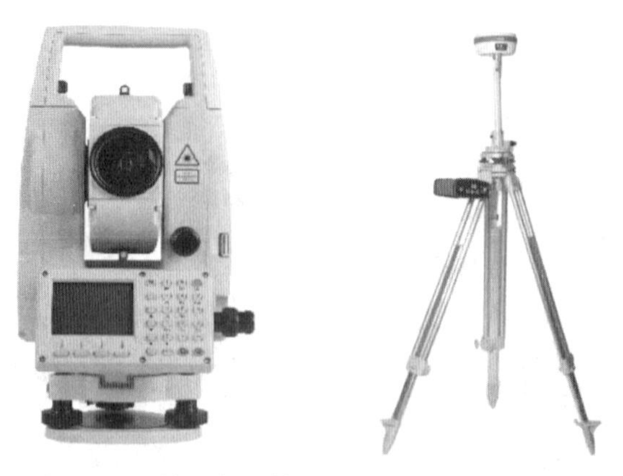

图 1.1-7 某国产品牌全站仪和 GNSS 接收机

数字测绘阶段的代表性技术为 3S 技术（GNSS、GIS、RS）、数字测图技术和数字摄影测量技术。

全球导航卫星系统（Global Navigation Satellite System，GNSS），是指利用导航卫星对地面、海洋和空间进行导航、定位、授时的一种空间技术，能够为用户提供地球表面或者近地空间任一地点的全天候三维坐标、速度及时间信息，近些年 GNSS 又被称为天基定位、导航、授时系统，即天基 PNT（Position Navigation Timing）。目前，世界上常用的 GNSS 系统包括美国的全球定位系统（GPS）、中国的北斗卫星导航系统（BDS）、欧盟的伽利略卫星导航系统（GALILEO）、俄罗斯的格洛纳斯卫星导航系统（GLONASS）。

地理信息系统（Geographic Information System，GIS）是指在计算机硬软件系统支持下，对地理信息数据进行采集、储存、管理、查询、运算、分析和可视化表达的空间信息技术系统，是一种基于计算机的软件工具。GIS 根据功能差异可分为专题地理信息系统、区域地理信息系统、地理信息系统工具，按照表达内容也可分为城市信息系统、规划与评估信息系统、自然资源查询信息系统、土地管理信息系统等。目前国内常用的 GIS 软件有 ArcGIS、ArcInfo、MapGIS、MapInfo、Mapbox、SuperMap、GeoStar、CityStar 等多种品牌软件。

遥感技术（Remote Sensing，RS）是指运用现代光学、电子学传感器或遥感器，对目标物体辐射或反射的电磁波特征信息进行探测、提取、判定、处理、分析与应用的综合探测技术，是一种非接触的、远距离的空间探测技术。按电磁波波长不同，RS 可分为可见光遥感、红外遥感、多谱段遥感、紫外遥感和微波遥感。目前遥感技术已被广泛应用于自然资源调查、生态环境保护、植被分类、军事侦察、海洋测绘、病虫害防治等监测工作中。

数字测图技术（Digital Surveying and Mapping，DSM）是指以计算机及其软件为核心，在外接输入输出设备的支持下，对地形空间数据进行采集、输入、成图、绘图、输出和管理的一种测绘技术[4]。根据数据来源和采集方法，数字测图可被分为：利用全站仪、RTK等测量仪器进行野外数字化测图；利用手扶或扫描数字化仪对纸质地形图进行数字化加工处理；利用航摄、遥感像片进行数字化测图。目前我国的野外数字测图技术，已经基本取代了传统的图解法测图技术。

数字摄影测量技术（Digital Photogrammetry）是指基于数字影像和摄影测量的基本原理，应用计算机技术、影像处理技术、影像解译技术等技术方法理论，从数字影像中提取出所拍摄的对象，用数字表达的方式描述目标物体几何和物理信息的测量方法与技术，是从模拟摄影测量、解析摄影测量逐步发展而来的摄影测量学的第三个发展阶段。按对影像进行数字化处理的程度，可分为混合数字摄影测量与全数字摄影测量。

3. 信息测绘阶段

21世纪，随着以计算机信息处理技术、互联网传输、卫星导航定位技术等信息技术为代表的第三次工业革命的持续推进，人类快速进入了信息化发展时代，测绘仪器设备的自动化水平也在不断提升，促使测绘学科相关理论与技术方法不断创新和发展，在信息化技术外力和行业发展内力的共同推动下，测绘技术快速实现了由数字化测绘向信息化测绘的跨越式发展。2007年，国家测绘局正式印发了《关于加快推进测绘信息化发展的若干意见》（国测财字〔2007〕5号），明确提出了“20世纪头20年，是测绘事业加快信息化步伐，全面迈向科学发展轨道的关键时期，测绘信息化是充分利用信息技术，推动测绘事业优化升级，充分发挥测绘在国家经济和社会发展中的作用，并逐步形成信息化测绘体系的工作过程”，同时对加速信息化测绘体系建设进行了工作部署和安排。

信息化测绘是指在数字化测绘的基础上，通过网络化的运行环境，实时有效地向社会各类用户提供测绘地理信息综合服务的测绘方式和技术手段，是地理信息数据获取、处理、分析和应用过程的信息化表现。相较于上一阶段的数字化测绘，信息化测绘更注重学科间的跨界、交叉与融合，更注重测绘地理信息产品的多尺度、多元化发展[4]。信息化测绘阶段的主要任务是构建现代时空测绘基准、实时获得空-天-地三维地理信息数据，提供二、三维测绘地理信息产品和服务。

1991年，来自美国大地测量局的本杰明·雷蒙迪（Benjamin Remondi）教授提出了“利用全波长双频载波相位的GPS动态初始化”算法模型OTF（On-The-Fly），OTF算法即实时动态测量（Real-Time Kinematic，RTK）载波相位差分算法的原始模型；此后，雷蒙迪还在RTK的原理样机和商用接收机的研发上发挥了巨大作用，因而被称为“RTK之父”。1992年，美国天宝（Trimble）公司研制出全球第一台商用RTK接收机4000SSE，并在1993年率先推出基于RTK的GPS测量系统4000TD；1997年，阿斯泰克（Ashtec）公司生产出全球第一台基于双星（GPS + GLONASS）的RTK测量系统；RTK测量技术和RTK接收机的诞生，快速推动数据获得实时化水平的发展。

1999年，中国首套国产双频RTK接收机NGK500诞生；2010年，我国首台数字航天倾斜航摄仪SWDC-5由刘先林院士的团队研制成功；2012年，首台基于北斗的RTK接收机南方S82c问世；信息化测绘阶段，中国测绘仪器的国产化水平正在一步步追赶世界领先水平。

相较于现代测绘技术发展的前两个阶段，信息化测绘明显具有数据获取实时化、数据处理自动化、产品形式多元化、服务方式网络化、服务对象社会化等特点。同时，测绘仪器设备同固定翼无人机、多旋翼无人机等搭载平台高效融合，加速了天-空-地-水一体全息的数据采集速度和获取能力。

信息测绘阶段的代表性技术为现代测绘基准体系构建技术、组合导航定位技术、互联网地图技术等。

现代测绘基准体系是将现代测绘技术同空间技术、通信技术进行深入融合，建立起全国或区域内高精度、三维、动态、陆海统一以及几何基准与物理基准一体的测绘基准体系，是传统测绘基准的继承和发展，是国家经济社会发展和国防建设的重要新型基础设施。《全国基础测绘中长期规划纲要（2015—2030年）》明确提出：我国基础测绘发展的主要任务是加强测绘基准基础设施建设，形成覆盖我国全部陆海国土的大地、高程和重力控制网三网结合的现代化高精度测绘基准体系。现代测绘基准体系构建的主要内容为2000国家大地坐标系（CGCS2000）建设与维护、高精度GNSS大地控制网与精密水准网建设、高精度地球重力场模型构建与似大地水准面精化、高精度GNSS连续运行基准站（CORS）建设，图1.1-8为西部某城市区域CORS网建设情况。

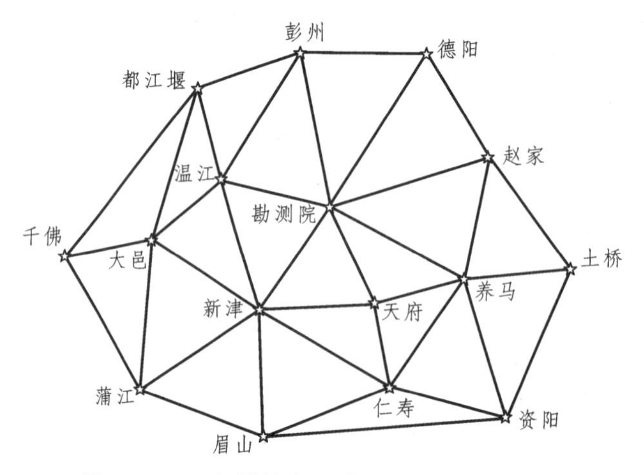

图1.1-8　西部某城市区域CORS网建设情况

组合导航定位技术是以计算机技术为核心，将多种不同的导航定位手段（导航传感器）组合在一起，以获得比单独使用任一导航系统更具稳定性的综合导航定位技术。单一的导航传感器和定位技术各有优劣，无法提供全天候或全场景的高精度、高可靠性导航定位功能，而多种导航传感器观测数据的融合应用，将极大地改善这一情况。目前，常用的导航定位手段包括GNSS、惯性导航（后文简称“惯导”）、无线电导航、天文导航等，其中对GNSS和惯导技术进行耦合，便可快速实现地上、地下、室外、室内、水下的高精度快速导航定位。

互联网地图是指登载在互联网上或者通过互联网发送的基于服务器地理信息数据库形成的具有实时生成、交互控制、数据搜索、属性标注等特性的电子地图。目前，我们生活中常用的百度地图、高德地图、腾讯地图、华为花瓣地图等手机导航地图就属于互联网地图的范畴。

1.1.4 测绘技术发展趋势

当前，以人工智能 AI 为标志，以大数据、云计算、物联网、虚拟现实技术、量子信息技术等为代表的第四次工业革命正如火如荼地演变推进。2022 年年底，美国人工智能研究实验室 OpenAI（开放人工智能研究中心）发布了聊天机器人大模型 ChatGPT（Chat Generative Pre-trained Transformer），ChatGPT 可根据用户的问题自动生成并给出代码输出、文档撰写、问题解答、文字翻译等文本答复。2024 年 2 月中旬，在 ChatGPT 发布后不到 15 个月的时间内，OpenAI 再次发布了具有里程碑意义的文本生产视频大模型 Sora。Sora 基于文本描述便可生成一段长度不等的高仿真视频，Sora 的问世标志着 AI 在解读真实世界场景，并与之进行互动方面的能力实现了重大突破。在人工智能领域，我国也在加大资金投入和研发力度，阿里的城市大脑、百度的无人驾驶、腾讯的智能医疗、土豆的洛书模型、商汤的图像与视频处理、科大讯飞的语音识别等均是 AI 技术应用的产物；同时，中国科学院的寒武纪、华为的麒麟、海康威视的智能物联等也成为 AI 技术的重要载体，其中很多都直接或间接和测绘地理信息行业息息相关。目前，我国已逐渐成为全球人工智能领域的重要参与者和行业发展的引领者之一。

在人工智能快速发展和广泛应用的背景趋势下，如何紧跟工业革命发展的步伐，将测绘地理信息行业与人工智能等技术进行深入融合，是测绘工作者急需面对和解决的问题。2023 年在长沙召开的全国测绘地理信息工作会议，以及 2024 年在北京召开的全国自然资源工作会议，均提出了“要推动测绘地理信息工作转型升级，提升服务支撑数字中国建设和数字经济发展的能力”，而从数字化测绘迈向智能化测绘，则是测绘地理信息行业转型升级的重要举措。为此，测绘界专家学者相继提出了泛在测绘、对地观测大脑、城市智慧大脑等新概念，为测绘技术的转型升级提供了理论基础，也为目前测绘生产服务过程中正在面临的数据获取自动化、信息处理智能化、服务应用泛在化等诸多新难题提供了解决方法，使得测绘 4.0（即智能化测绘）成为未来测绘技术发展的新趋势。

智能化测绘是指以知识和算法为核心要素，构建以知识为引导、算法为基础的混合型智能计算范式，将传统测绘算法、模型难以解决的高维、非线性空间求解问题，在知识工程、深度学习、逻辑推理、群体智能、知识图谱等技术的支持下，对人类测绘活动中形成的自然智能进行挖掘提取、描述与表达，并与数字化的算法、模型相融合，构建混合型智能计算范式，实现测绘的感知、认知、表达及行为计算，产出数据、信息及知识产品[5]。智能化测绘是信息化测绘发展的新阶段，更是测绘地理信息行业转型升级的重要机遇，其主要目标是解决时空信息数据高效泛在地获取和实时智能化处理的问题，将技术人员承担的简单性、重复性甚至危险性的工作任务交给机器（机器人）完成，以满足数字经济、国民经济多行业和面向大众的低成本、高精度、现势性的时空数据服务需求。

智能化测绘阶段的显著特征将是技术的深度融合与泛在应用。通过对测绘地理信息知识图谱、地理实体属性信息、时空演变信息及其不同场景、实体之间的相关关系进行深度学习和理解，最终实现时空信息数据的全息获取、智能处理、知识发现、泛在服务。智能化测绘不仅是测绘技术的融合和革新，还是测绘地理信息数据价值的挖掘融合，更是测绘服务应用范围的大幅提升。

智能化测绘阶段的主要任务是加快国产智能化测绘仪器设备的研制速度，构建宽覆盖、全流程的智能测绘应用系统，研究制定系统性和逻辑性智能测绘知识体系与理论方法，构建测绘自然智能解析与建模能力，提升深度学习、知识图谱、群体智能等混合计算能力，感知认知人文自然要素的地域分布、时空变化、关联关系规律。为此，国内测绘地理信息界专家学者围绕 AI + 测绘地理信息、实景三维中国、数字孪生进行了大量的研究，地理信息大模型、智能测量机器人、多源异构数据融合、综合 PNT 服务系统、智能化单波束测深系统、多传感器融合自动驾驶、云端遥感影像智能解译系统、时空数据管理与服务系统等等，都是智能化测绘阶段的热点研究方向。

1.2 城市勘测工作介绍

城市勘察测绘（Urban Geotechnical Investigation and Surveying），一般简称为“城市勘测”，是指为自然资源调查、监测以及城乡规划、建设和管理提供综合性勘察测绘技术服务和保障的行业，是一项基础性、先导性、综合性的工作，是测绘学在应用方向上的一个重要分支学科方向。

1.2.1 我国城市勘测工作发展历程

我国的城市勘测工作起步于建国初期，1953 年才构建起了国家统一管理的城市勘测工作机制，而很多城市的城市勘测工作最早是由可追溯至 20 世纪 50 年代为城市建设而专门设立的勘测机构承担。

城市勘测工作随着新中国的成立开始创建，在国家经济发展和城市建设的过程中实现了从无到有、从小到大、从弱到强，而改革开放的全面推进及我国城市化建设的迅速发展，又给城市勘察行业带来了持久的发展红利。

1985 年 3 月，原城乡建设环境保护部印发了《城市勘察测绘工作管理暂行规定》（〔1985〕城设字第 150 号），明确提出：“城市勘察测绘工作是城市规划和城市建设的基础条件和重要的组成部分”。1988 年 5 月，根据国务院机构改革方案，撤销“城乡建设环境保护部”，设立“建设部”，根据城市勘测工作的任务和特点，新组建的建设部确定由城市规划司主管全国城市勘测工作，并于 1989 年提出“要进一步加强城市勘察测绘管理，抓好资格管理、任务管理、质量管理‘三项管理’，把住验审资格、检查成果‘两个关口’”。1995 年 11 月，建设部印发了《关于加强城市勘测基础业务工作的通知》（〔1995〕建规字第 639 号），进一步明确“城市勘察和城市测量是编制城市规划、加强规划管理以及开发建设前期的一项重要基础业务工作”，同时对抓好城市勘测资料的完备性和现势性进行了工作部署。1998 年 3 月，新的国务院机构改革方案，将国家测绘局改由国土资源部管理，仍将“指导城市勘察和市政工程测量工作”的职能保留在调整后的建设部，由城乡规划司（村镇建设办公室）主管。2007 年 9 月 13 日，国务院发布了《国务院关于加强测绘工作的意见》（国发〔2007〕30 号），明确提出“测绘是经济社会发展和国防建设的一项基础性工作”。2008 年 3 月和 2018 年 3 月，经全国人大表决通过的国务院机构改革方案，分别组建住房和城乡建设部、自然资源部，将“建立空间规划体系并监督实施”和“测绘地理信息管理工作”两项相关职责确定为新成立的自然资源部的职能，伴随着自然资源部的组建和紧随其后全国各级政府机构改革的完成，城市勘测工作新增加了“为自然资源调查、监测与管理提供及时高效的勘察测绘技术服务保障”的职责。

1992 年 12 月颁布、2002 年 8 月和 2017 年 4 月相继修订的《中华人民共和国测绘法》是我国包括城市测量在内的所有测绘工作遵循的基本法律，是从事测绘活动的基本准则。其中第三条规定“测绘事业是经济建设、国防建设、社会发展的基础性事业”；第十五条规定“基础测绘是公益性事业”；第十九条规定“基础测绘成果应当定期更新，经济建设、国防建设、社会发展和生态保护急需的基础测绘成果应当及时更新”。由市级和区（县）级人民政府有关部门组织的基础测绘及城市规划、建设和管理相关的城市测量，通常属于城市勘测工作范围，因此，城市勘测（特别是城市测量）事业在我国经济建设和社会发展中的先期性、公益性、基础性的保障作用是具备国家法律保障的事业和工作。

2007 年 10 月颁布、2015 年 4 月和 2019 年 4 月相继修订的《中华人民共和国城乡规划法》第二十五条规定：“编制城乡规划，应当具备国家规定的勘察、测绘、气象、地震、水文、环境等基础资料”，“县级以上地方人民政府有关主管部门应当根据编制城乡规划的需要，及时提供有关基础资料”。由此可知，城市勘测工作形成的数据成果是城市规划、建设、管理不可缺少的基础资料。

1.2.2 城市勘测领域项目场景类型

不同于水利水电、地质矿产、交通运输等类型的勘测行业，城市勘测工作主要是为城乡规划建设和自然资源调查监测及其管理提供时空信息数据的技术支撑和服务保障，考虑其所处的工作环境，城市勘测主要可划分为以下项目场景类型：

1. 基础测绘类

一般为按照相关法律法规规定，由地方政府组织实施的基础测绘项目，主要包括：城市测绘基准、基础控制网、卫星导航定位基准站、似大地水准面精化模型建设、运行与维护，大比例尺地形图（数字线划图）、数字正射影像图、数字高程模型等数字化基础测绘产品的测制与更新；城市级实景三维模型、地形级实景三维模型及部分部件级实景三维模型的制作与更新；基础航空摄影、卫星遥感影像及其他基础遥感资料的获取与加工；基础地理底图、基本地图集（册）、标准地图和公益性地图等地图编制；地理实体、地名地址、电子地图等基础地理信息公共服务产品的测制与更新；基础地理信息数据库和系统、地理信息公共服务平台的建设、运行与维护；及其他类型基础性、公益性基础测绘项目。

2. 规划建设保障类

一般为保障城市规划或工程建设项目的顺利实施和验收，受政府部门、企事业单位或者个人委托开展的测绘项目。主要包括：用地测绘（土地征收勘测定界、权籍调查、用地界址测绘、土地整治测绘、面积计算、拆迁线定线等）、建（构）筑工程测量（多测合一、坐标放线、±0 检测、立面测绘等）、市政工程测量（道路面积测绘、道路工程测绘、市政定线、市政竣工、轨道交通测量等）、线路与桥隧测量（桥隧定线、桥隧竣工测绘等）、地下管线测量（管线定线、竣工测绘、管线探测检测等）、其他测绘（工程控制测量、地形测量、现状测绘、方格网测量、土石方测量、变形形变与精密测量、纵横断面测量、乔木等专项调查、水深与水底地形测量、工程测量监理等）。

3. 城市管理服务类

一般为提升政府部门信息化管理服务水平或行业综合管理水平，由政府部门或者政府部门管理的企事业单位组织开展的专项调查测绘项目。主要包括：地下管线普查、市政设施（部件）普查、界线与不动产测绘（行政区域界线测绘、村组界线测绘、不动产调查测绘）等。

4. 城市勘察保障类

一般为保障城市规划、建设与管理及工程施工进度与安全，对地形和地质构造及地下资源情况等进行实地调查与处理的项目。主要包括：工程地质勘察、工程水文勘察、地震地质勘察、环境地质勘察、工程地球物理勘探、岩土工程勘察综合评定、地基与基础工程施工、资源评价与凿井工程、工程咨询、岩土设计、边坡支护设计等。

5. 自然资源调查监测类

一般为保障自然资源主管部门对辖区内自然资源的确权登记、高效管理、开发利用而实施的自然资源基础调查、专项调查和监测项目。主要包括：国土空间调查、国土变更调查、城市基础地质调查、地理国情普查、“三区三线”划定测绘、永久基本农田划定测绘、耕地资源综合动态监测、森林资源综合动态监测、卫片执法监测、国家公园勘界定标、设施农用地勘测定界、地灾隐患点调查监测、地质灾害防治与评估等。

6. 应急勘测保障类

一般为针对防范公共突发事件和防灾减灾工作提供应急勘察测绘技术保障的项目。主要是为地震、滑坡、泥石流、洪涝、台风等自然灾害、事故灾难、公共卫生事件、社会安全事件等公共突发事件，高效提供现势性最强的灾区地图、影像数据、视频信息、基础地理信息数据、公共地理信息服务平台、地灾监测数据等勘测成果资料，并根据工作需要开展地图制作、导航定位、遥感监测等专业性技术服务，是贯通公共突发事件的预防、应对、处置和恢复全过程中的重要基础工作，是国家突发事件应急体系的重要内容之一。

1.3 三维激光扫描技术

三维激光扫描技术（3D Laser Scanning Technology），又被称为高清晰测量 HDS（High Definition Surveying），是一种实景复制技术，即利用激光测距的原理，通过对物体空间外形、结构及色彩进行扫描，并记录被测物体表面大量密集点的三维坐标、反射强度和纹理等信息，快速复制出被测目标的线、面、体及三维模型等各种图件数据的技术[6]。

1.3.1 三维激光扫描技术由来

激光（Light Amplification by Stimulated Emission of Radiation，Laser），是原子中的电子吸收能量后从低能级跃迁到高能级，再从高能级回落到低能级的时候，以光子的形式将能量释放出来，即原子由于受激发射出来的光子束，故名激光。激光是 20 世纪继核能、计算机、半导体之后，人类社会最重大的发明之一，也被称为“最准的尺、最快的刀、最亮的光”。

1916 年，物理学家爱因斯坦在研究光与物质相互作用时首次发现激光的原理，并于次年提出激光的技术理论，即组成物质的原子中，有不同数量的粒子（电子）分布在不同的能级上，任一时刻粒子只能处在某一能级上，粒子在与某种光子相互作用时，会从一个能级跃迁到另一个能级，并相应地吸收或辐射相同的光子，而且往往能出现一个弱光激发出一个强光的现象。1953 年底，美国物理学家查尔斯·哈德·汤斯（Charles Hard Townes）和他的学生戈登·古尔德（Gordon Gould）按照设想制作出产生微波束的装置，这也是世界上第一台激光器，作为激光的发明者之一，查尔斯·哈德·汤斯也被誉为“激光之父”。1957 年，戈登·古尔德第一次创造出“Laser”的单词，并沿用至今，在随后的数年时间内，科学家相继研制出红宝石激光器、氦氖激光器、砷化镓半导体激光器、半导体二极管激光器等[7]。

1960 年，美国物理学家西奥多·哈罗德·梅曼（Theodore Harold Maiman）获得人类历史上第一束激光（图 1.3-1），并第一次将激光引入实用领域。1964 年，在第三届全国光量子放大器学术会议上，正式采纳钱学森的建议，将“Laser”的中文名称翻译为“激光”。1969 年，激光第一次被用于遥感测绘——获取地球与月球之间的距离。激光被发明出来后，因其具备单色性好、方向性好、相关性好、亮度高、能量密度大的特点，不断被应用在通信、医学、测绘、打印、军事等经济发展和社会活动中。

图 1.3-1 世界上第一台红宝石激光器及其发明者西奥多·哈罗德·梅曼

随着激光技术和信息技术的发展，对激光测距技术的要求逐渐从传统的静态单点测量发展到动态的连续自动测量和跟踪测量，在这一背景下，三维激光扫描技术应运而生，并逐渐显现出旺盛的生命力。

三维激光扫描技术的核心技术之一便是激光测距技术（Light Detection And Ranging，LiDAR），中文又可译作激光雷达，是以发射激光束并接收回波获取目标的三维坐标、速度、纹理等特征信息的雷达系统，是在早期激光测距技术的基础上变革衍生出的一种扫描式激光测距技术。

1.3.2 三维激光扫描技术发展历程

三维激光扫描技术是激光测距技术发展的重要成果和阶段性产物，也是 20 世纪 90 年代中期激光应用研究的又一项重大突破，被誉为"继 GPS 技术以来测绘领域的又一次技术革命"[8]。与全站仪、RTK 等传统的单点测量方法不同，三维激光扫描技术具有高精度，高效率，高分辨率，数字化，可进行连续、实时、动态、全天候测量等特点，为时空数据的获取和处理工作提供了一种全新的技术手段，逐渐成为智能化测绘阶段的代表性技术之一。

自从 1969 年，美国在阿波罗计划中首次利用红宝石激光器成功获取地球与月球之间的距离后，以美国、德国等西方国家为首的多个国家的研究人员对激光测距技术进行了大量持续深入的研究，相继研制出基于机载模式的大气海洋激光雷达测深系统 AOL、机载地形测量系统 ATM 等，实现了对海底地形、森林区域陆地地形、大气中水蒸气和气溶胶密度等的测量。

1988 年，德国斯图加特大学的博士生 Peter Frie β 和 Joachim Lindenberger 在阿克曼（Fritz Ackermann）教授的指导下，开始了将 GPS 接收机、IMU 惯性测量单元和激光扫描仪进行集成的研究，尝试利用 GPS 接收机获取激光扫描仪中心位置的坐标信息，并通过 IMU 测定扫描仪的三个姿态角的数据，实现对地形地貌的高效测量，该项目研究出的系统成为机载三维激光扫描仪的雏形。1992 年，博士毕业后，两个博士联合成立了 TopScan 公司，开始商业化机载激光雷达的研制工作，并于次年与加拿大的 Optech 公司联合推出了世界上第一套真正意义上的商业化激光扫描仪 ALTM 1020，随后，由 TopScan

公司采集数据对系统进行了评估[7,9]。在随后的几年时间内，三维扫描技术得到了蓬勃发展，世界上先后出现了多种机载激光扫描系统产品，三维激光扫描技术自此逐渐从实验室走向商业化和产业化，其发展历程大致可划分为三个阶段[10]。

第一阶段（2001 年以前）：此时的三维激光扫描系统主要由 GPS 定位系统、惯导系统、激光测距测角系统、外部数据存储设备和电源等组成，仪器体积较大，测量精度较低，数据存储和电源都依赖于外部设备。代表性产品有瑞士徕卡（Leica）公司的 Cyrax 2400（世界上第一台三维激光扫描仪实用产品）、Cyrax 2500，奥地利 Riegl 公司的 LMS-390i、LMS-Z210，日本东京大学的 VLMS 数据处理系统（世界上第一台车载三维激光扫描系统），加拿大 Optech 公司的 ILRIS-3D 等。

第二阶段（2002—2009 年）：数据存储设备和电源实现了内部集成，仪器设备的体积得到了减少，扫描范围、精度和扫描点密度得到了明显提高，机载的最大测量距离达到了 4 000 m，地面扫描设备的最大激光发射频率达到了 12 万点/s。这一时期的代表性产品有瑞士徕卡（Leica）公司的 HDS 3000、HDS 4500，美国天宝（Trimble）公司的 CX 2000、GS 系列产品，英国 3DLM 公司的车载 StreetMapper，奥地利 Riegl 公司的全波形激光扫描仪 Riegl LMS-Q560，德国 IGI 公司的 LiteMapper 5600，加拿大 Optech 公司的 ALTM 3100EA，日本拓普康（Topcon）公司也开始进军三维激光扫描系统市场。同时期，我国的三维激光扫描系统软硬件的研发工作也逐渐开始起步，2008 年，北京航空航天大学和首都师范大学联合研制出我国首台地面架站三维激光扫描系统 AESINGCH MStar8000。

第三阶段（2010 年以后）：三维激光扫描系统的集成程度更高，同时集成了彩色的全景相机，彩色相机可获取目标物体的色彩纹理（R，G，B）信息，最大激光发射频率和扫描精度得到了进一步的提升。这一时期仪器品牌和仪器型号也更加趋于多样化，代表性产品有瑞士徕卡（Leica）公司 Scanstation 系列产品，美国天宝公司的 TX 系列产品，加拿大 Optech 公司的 Polarls 系列产品，奥地利 Riegl 公司的 VZ 系列产品，日本拓普康公司的 GLS 系列产品等。这一阶段我国的相关研发工作也取得了一系列的进展，北科天绘公司和广州中海达公司于 2011 年和 2012 年相继研发出三维激光扫描系统 U-machine 和 LS-300。

在三维激光扫描技术蓬勃发展的同时，与常规三维激光扫描技术并行的另一个关联学科，即时定位与地图构建（Simultaneous Localization and Mapping）技术，一般简称为 SLAM 技术，也在迅速发展。SLAM 的概念最早由 Smith、Self 和 Cheeseman 于 1986 年首次提出，起初被认为是实现真正全自主移动机器人的技术关键，随后在 1995 年 ISRR 国际机器人研究会议上，被明确采纳。2000 年，Davison 提出了可用于小车定位导航的 Mono-SLAM 理论算法，对 SLAM 技术的发展做出了里程碑意义的贡献，该算法使用局部图像块特征来表示地图中的地标，通过逐帧匹配迭代的方式更新特征深度的概率密度从而恢复目标的空间位置；2004 年和 2005 年，Richard Hartleyhe 等人和 Sebastian Thrun 等人分别编著的 *Multiple View Geometry in Compuer Vison*（《计算机视觉中的多视图几何》）和 *Probabilistic Robotics*（《概率机器人》）两本经典著作相继出版，此两本著作为

SLAM 技术的研究和发展奠定了重要的理论基础。其中的《概率机器人》一书更是对 2D SLAM 相关问题进行了透彻的研究和总结分析，确定了激光 SLAM 的基本理论框架[11]；此后的数年时间内，扩展卡尔曼滤波（EKF）、粒子滤波（Particle Filter）和 PTAM（Parallel Tracking and Mapping）算法被先后提出，推动 SLAM 技术实现了跟踪与建图过程的并行化与实时化发展，逐渐成为 SLAM 技术的通用处理方式；2010 年后，SLAM 技术迎来了新的发展时代，FAB-MAP、LSD-SLAM 和 ORB-SLAM 等新的算法和路径求解器被相继提出，并逐渐在扫地机器人、自动驾驶、虚拟现实（VR）等领域得到应用，推动 SLAM 技术正式进入“算法分析时代”。

1.3.3　三维激光扫描技术研究现状

除了三维激光扫描硬件设备外，国内外许多专家学者对相关技术的应用和数据处理进行了大量的研究和实验。早在 1988 年，德国阿克曼教授进行了机载动态 GPS 的实验研究，以少量的地面控制点成功实现了机载 GPS 空中三角测量，并随之开展了利用机载激光测量技术进行森林地区地形测绘的研究。荷兰测量部门自 1988 年也开始从事使用激光扫描测量技术提取地形信息的研究工作[12]。

相较而言，我国对三维激光扫描技术的研究起步较晚。2000 年，李清泉院士对激光雷达测量技术及其在堆体体积测量中的应用进行了深入的研究[12]；2003 年，武汉大学李必军教授团队对从激光扫描数据中提取建筑物特征信息进行了初步研究[13]，山东科技大学卢秀山教授团队开始了对车载三维激光扫描技术的研究工作[14]；2004 年，北京建筑工程大学周克勤教授将三维激光扫描技术应用于古建筑测绘与保护[15]；2005 年，河海大学郑德华教授对影响三维激光扫描数据精度的误差源进行了系统性梳理和分析[16]；2011 年，中国测绘科学研究院刘先林院士团队研制的 SSW 车载激光建模测量系统实现了我国车载移动测量系统研究的重大突破。在城市勘察领域，众多测绘工作者也将三维激光扫描技术尤其是设站式地面三维激光扫描技术广泛应用于城市工程建设监测测量中。例如，重庆市勘测院（现更名为重庆市测绘科学技术研究院）[17]在地铁隧道变形监测中、青岛市勘察测绘研究院[18]在地铁隧道开挖监测中、宁波市测绘设计研究院[19]在轨道交通高架竣工测量中、泉州市规划勘测研究院[20]在城市建构筑物规划竣工核实测量中、国家测绘地理信息局地下管线勘测工程院[21]对泥石流堆积物产量估算中、中国建筑西南勘察设计院[22]在储气罐变形监测中等，三维激光扫描技术的精度和效率已经得到验证，其精度达到亚厘米级，可满足城市规划竣工核实的精度要求。对于车载移动测量（车载三维激光扫描）等移动三维激光扫描技术的应用，我国的测绘地理信息技术人员近 10 年也进行了诸多深入的研究和实践，在大比例尺地形图质检[23]、建筑物立面建模[24]、市政道路测量高程精度控制[25]、道路竣工测绘[26]、大比例尺地形图修测[27]、市政管线地形图测量[28]、铁路线测量[29]等工作中对移动三维激光扫描技术进行了应用性研究。

近年，随着 SLAM 感知分析和数据处理能力的大幅提升，其与激光雷达技术的融合深度正在逐步加强，SLAM 也再次发展至“鲁棒性-预测性时代”。对此，国内外机构和学者对激光雷达的 SLAM 技术进行了大量深入的研究。2016 年，Google 公司将 Cartographer 实时 SLAM 算法纳为开源算法，对 SLAM 技术在 2D 和 3D 定位与制图领域的应用起到了重要作用；南京航空航天大学利用 LiDAR、视觉和光流 SLAM 实现对微小无人机的控制[30]；一系列的相关研究使得激光 SLAM 技术逐渐融合成为了移动三维扫描技术的重要组成部分，技术的应用领域更是扩展到地上地下、室内室外等各种项目场景类型中，正逐步发展成为引领城市勘测领域数据获取手段变革的重要技术力量之一。

参考文献

[1] 宁津生，陈俊勇，李德仁，等. 测绘学概论[M]. 3 版. 武汉：武汉大学出版社，2016.

[2] 白寿彝. 中国通史（第八卷　中古时代·元时期下）[M]. 上海：上海人民出版社，1997.

[3] 麻金继，梁栋栋. 三维测绘新技术[M]. 北京：科学出版社，2018.

[4] 陈瀚新，向泽君. 智能测绘技术[M]. 北京：中国建筑出版社，2023.

[5] 陈军，刘万增，武昊，等. 智能化测绘的基本问题与发展方向[J]. 测绘学报，2021，50（8）：995-1005.

[6] 李峰，王健，刘小阳，等. 三维激光扫描原理与应用[M]. 北京：地震出版社，2020.

[7] 谢宏全，谷风云. 地面三维激光扫描技术与应用[M]. 武汉：武汉大学出版社，2016.

[8] 张过，李德仁，袁修孝，等. 卫星遥感影像的区域网平差成图精度[J]. 测绘科学技术学报，2006，23（4）：239-241，245.

[9] 陈楚江，明洋，余绍淮，等. 公路工程三维激光扫描勘测设计[M]. 北京：人民交通出版社股份有限公司，2016.

[10] 杨敏. 泥石流沟谷地面三维激光扫描监测技术[M]. 武汉：中国地质大学出版社，2022.

[11] SEBASTIAN THRUN，WOLFRAM BURGARD，DIETER FOX. Probabilistic Robotics [M]. Cambridge，Massachusetts，American：The MIT Press，2005.

[12] 李清泉，李必军，陈静. 激光雷达测量技术及其应用研究[J]. 武汉测绘科学大学学报，2000，25（5）：387-392.

[13] 李必军，方志祥，任娟. 从激光扫描数据中进行建筑物特征提取研究[J]. 武汉大学学报（信息科学版），2003（1）：65-70.

[14] 卢秀山，李清泉，冯文灏，等. 车载式城市信息采集与三维建模系统[J]. 武汉大学学报（工学版），2003（3）：76-80.

[15] 周克勤，许志刚，宇文仲. 三维激光影像扫描技术在古建测绘与保护中的应用[J]. 工程勘察，2004（5）：43-46.

[16] 郑德华,沈云中,刘春. 三维激光扫描仪及其测量误差影响因素分析[J]. 测绘工程,2005（2）：32-34；56.

[17] 袁长征，滕德贵，胡波，等. 三维激光扫描技术在地铁隧道变形监测中的应用[J]. 测绘通报，2017，9：152-153.

[18] 孟庆年,张洪德,王智,等. 基于三维激光扫描技术的地铁隧道超欠挖检测方法[C]//中国测绘地理信息学会 2017 年学术年会论文集，2017：184-189.

[19] 刘炫，顾波. 三维激光扫描在轨道交通高架段竣工测量中的应用[J]. 城市勘测，2017，8（4）：146-148.

[20] 王文晖. 三维激光模型在规划中的应用[J]. 测绘通报，2017，9：100-103.

[21] 李胜，吴思，应国伟，等. 基于静态地面 LiDAR 的泥石流堆积物产量估算[J]. 测绘，2015，38（1）：17-20.

[22] 任志明，吴亚东，周磊. 三维激光扫描技术在储气罐变形监测中的应用[J]. 测绘，2013，36（3）：99-101.

[23] 侯亚娟，葛中华. 车载移动测量系统在大比例尺地形图质检工作中的应用研究[J]. 测绘通报，2015（11）：60-63.

[24] 龚键雅，崔婷婷，单杰，等. 利用车载移动测量数据的建筑物立面建模方法[J]. 武汉大学学报（信息科学版），2015，40（9）：1137-1143.

[25] 韩友美,杨伯钢. 车载 LiDAR 技术市政道路测量高程精度控制[J]. 测绘通报,2013（8）：18 – 35.

[26] 刘志勇,罗国康,刘晓华. 基于车载移动测量技术的城市道路竣工测绘的应用研究[J]. 测绘与空间地理信息，2021，44（3）：204-206 + 209.

[27] 冯志，李俊，郑智成，等. 车载移动测量系统在大比例尺地形图修测中的应用研究[J]. 测绘与空间地理信息，2018，41（11）：165 – 167.

[28] 王永红，陈宏强，杨晓锋，等. 车载移动测量系统在市政管线地形图测量中的精度分析[J]. 测绘通报，2017（5）：82 – 84.

[29] 李雪义，翟玉平，田源. 车载移动测量系统在铁路线测量中的应用[J]. 测绘通报，2015（12）：131 – 133.

[30] 张迪. 基于背包式移动测量系统室内外定位方法研究及应用[D]. 昆明：昆明理工大学，2019.

第 2 章　三维激光扫描技术概述

三维激光扫描技术虽然在我国测绘行业尤其是城市勘测行业的应用时间较短，但随着国内众多专家学者在此方面研究深度和广度的不断发展，以架站式三维激光扫描仪为代表的地面三维激光扫描技术已得到全面发展和广泛应用。与此同时，由地面架站三维激光扫描仪发展而来的移动三维扫描技术却依旧处在方兴未艾的发展阶段，正在城市勘测领域一步步扩大其实践应用的项目场景范围。

本章在对三维激光扫描系统分类、不同类型三维激光扫描技术原理及常用三维激光扫描数据格式进行简要介绍的基础上，对本书重点关注的移动三维扫描技术的系统组成、误差来源和技术特点等内容进行了总结分析和详细阐述。

2.1　三维激光扫描系统分类

在城市勘测领域，相较于传统的架站式或者 RTK 对中杆等静态数据采集方式，三维激光扫描系统不仅可以同样以三脚架等固定架站的方式进行“静态”三维激光扫描数据采集，还可以搭载在不同的移动载体上，实现测量方式由静态向动态的重大转变。搭载在运动载体上的三维激光扫描系统，在载体的运动过程中，可以不间断地获取扫描线路周围通视，甚至部分遮挡、隐蔽空间范围内目标物体的位置信息和属性信息数据，实现了“全息采集、按需提取、重复利用”的全息测绘工作模式。

按照载体（搭载平台）的不同，三维激光扫描系统可分为地面式、便携式（含 SLAM）、车载（船载）式、机载式、星载式等类型，其中的便携式、车载（船载）式、机载式、星载式均属于本书移动三维激光扫描技术范畴。由于星载三维激光扫描系统在城市勘测领域项目场景中应用范围和使用频率较低，本章不专门进行介绍。

2.1.1　地面架站三维激光扫描仪

地面架站三维激光扫描仪，类似于传统测绘活动中的全站仪，是将三维激光扫描仪通过与基座连接固定在三脚架等固定支架上，整平后开始激光扫描作业，可以架设一站或者多站，故也被称为架站式三维激光扫描仪。系统通常由站式三维激光扫描仪、脚架、标靶、控制系统和数据预处理软件等组成，其中地面站式三维激光扫描仪由一个激光扫描仪和一个内置或者外置的数码相机组成。扫描仪一般没有集成 GNSS 定位模块和惯导模块，依靠对标靶的扫描，通过点云配准方式把不同站点获取的点云数据变换拼接到同一坐标系统中；标靶是用一定材质制作的具有规则几何形状的标志，该类标志在点云中能够很好地被识别和量测，从而可用于点云数据质量检查及点云配准等工作[1]。

地面架站三维激光扫描仪和全站仪作业不同之处在于，全站仪是通过对中控制点整平后，后视测量设置在另一个控制点上的棱镜，以方位角控制和坐标传递的形式采集离散的单点三维坐标；而架站式三维激光扫描则不需要对中控制点，对 3 个及以上的标靶点进行扫描，相邻站点依靠扫描同一组标靶进行数据拼接，或者重新扫描新的一组标靶点进行重新定位，需求用户要求空间坐标系统的成果数据时，还需要利用全站仪测量初始定位标靶点的三维坐标，采集到的数据是带有纹理信息的系列点云数据，图 2.1-1 为地面架站式三维激光扫描作业现场。

图 2.1-1　地面架站式三维激光扫描作业现场

为便于对地面三维激光扫描标准进行规范，2015 年 7 月 6 日，原国家测绘地理信息局发布了行业标准《地面三维激光扫描作业技术规程》（CH/Z 3017—2015），对地面三维激光扫描的专业性术语、技术准备与技术设计、数据采集、数据预处理、成果制作、质量控制与成果归档等方面的内容进行了规定，该行业标准已于 2015 年 8 月 1 日开始实施[1]。2016 年 12 月 5 日，国家能源局发布了行业标准《石油天然气工程地面三维激光扫描测量规范》（SY/T 7346—2016），对地面三维激光扫描技术在石油天然气工程测量工作中的应用进行了规定，该行业标准已于 2017 年 5 月 1 日开始实施。2018 年 4 月 3 日，国家能源局又发布了行业标准《水电工程三维激光扫描测量规程》（NB/T 35109—2018），对地面激光扫描和机载激光雷达扫描在水电工程测量工作中的应用进行了规定，该行业标准已于 2018 年 7 月 1 日开始实施。2023 年 2 月 6 日，国家能源局再次发布了行业标准《矿用三维激光扫描仪》（NB/T 11139—2023），对矿用三维激光扫描仪的产品分类、技术要求、试验方法、检验规则等进行了规定，该行业标准已于 2023 年 8 月 6 日开始实施。除上述行业标准外，浙江、山东、山西、湖北还发布了《城市轨道交通工程三维激光扫描技术规范》（DB33/T 1308—2023）等相关地方标准。此外，中国工程建设标准化协会也于 2020 年 12 月 25 日发布了团体标准《地面三维激光扫描工程应用技术规程》（T/CECS 790—2020），对地面固定式三维激光扫描技术在工程领域的应用过程与质量检验等作了规定，该团体标准已于 2021 年 5 月 1 日开始实施。众多的行业、地方和团体标准，给地面三维激光扫描的作业过程与质量控制等提供了全方位的技术指导和理论支撑。

2.1.2　便携式三维激光扫描系统

便携式三维激光扫描系统（Portable Three Dimensional Laser Scanning System）是由作业人员以特定方式随身携带三维激光扫描仪，通过激光探头的自动旋转进行连续的三维空间无死角扫描的一种移动三维激光扫描系统，因三维激光扫描仪可随身携带，因而被称为便携式。它一般集成有惯导传感器、多线激光雷达和 SLAM 算法，体积小、质量轻、操作简单、作业效率高，适合室内室外、地下空间、隧道管廊、密集建成区、农村场镇等多种城市勘测领域项目场景下的数据采集。

1. 系统分类

按照携带方式的不同，便携式三维激光扫描系统可分为手持便携式三维激光扫描和背包便携式三维激光扫描（图 2.1-2）。手持便携式三维激光扫描以单手手持的方式进行扫描，可将扫描仪举向特定空间位置或方向方位有所侧重的重点目标物体或者狭小空间环境进行定点定向扫描，一般没有集成 GNSS 定位模块，需借助额外控制点进行点云坐标转换；背包便携式三维激光扫描以背包背负的方式进行扫描，在重点扫描区域，可降低行走速度或者转身侧向扫描区域，以提高扫描数据质量，通常集成 GNSS 定位模块，可通过参数设置直接测定用户需要坐标系统的成果数据。

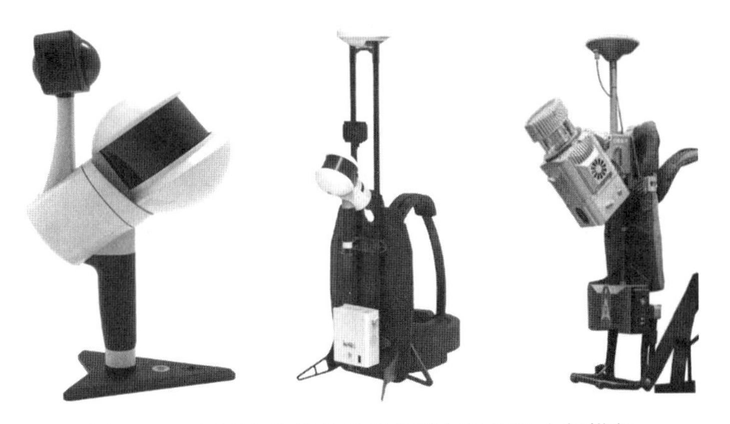

图 2.1-2　某国产品牌的手持和背包三维激光扫描仪

按照 GNSS 定位模式不同，便携式三维激光扫描系统又可分为基于 PPK 模式便携式三维激光扫描系统和基于 RTK 模式便携式三维激光扫描系统。PPK 模式便携式三维激光扫描定位模式，与车载式、机载式三维激光扫描类似，采用 PPK（Post Processing

Kinematic）动态后处理差分定位模式，即在三维激光扫描的同时，架设一台基准站对GNSS卫星进行同步观测，移动中的激光扫描仪作为流动站，基准站和流动站仅需要记录瞬间GNSS静态数据，彼此之间不需要进行实时数据传输和通信，作业完成后进行联合数据处理，从而计算出流动站（激光扫描仪）在对应时间上的坐标位置；采用PPK定位模式，可使激光扫描系统在初始化后不易失锁，而且相对于RTK定位模式，PPK定位精度更高、作业效率更高、作业半径更大，还更容易操作。RTK模式便携式三维激光扫描，与传统测绘时使用的RTK测量类似，由于要与CORS基准站进行实时数据传输和通信，CORS站可将观测到的GNSS差分改正值通过无线电数据电台或者移动网络及时传输给激光扫描系统，精化其GNSS观测值，从而得到流动站较为准确的实时位置，不需要再进行事后联合数据处理。图2.1-3为便携背包式三维激光扫描作业现场。

图2.1-3　便携背包式三维激光扫描作业现场

2. SLAM

如前文所述，SLAM是一种特殊的移动扫描技术，单纯的SLAM技术和通常意义上的三维激光扫描技术存在诸多差异，它是利用内置传感器作为感知输入，帮助机器人等移动设备绘制地图，并支持其规划、导航和控制等功能运行的一种方法，按照传感器的不同，可以分为视觉SLAM和激光SLAM两类。

（1）视觉SLAM。

视觉SLAM又称为VSLAM，其传感器多为单目、双目、鱼眼或者RGB-D相机，没有附加激光传感器和IMU惯性测量单元。在实际作业过程中，首先通过对传感器捕捉到的外部环境图像数据进行读取和畸变、降噪等预处理，再利用多视图几何视觉方法或者卷积神经网络等深度学习视觉方法，对图像进行角点、边缘、SIFT等特征提取，并对相邻帧图像之间的特征进行匹配，根据匹配的结果，利用视觉里程计算方法，估计出相机的运动和局部地图的结果，然后利用后端滤波器或者非线性优化法进行进一步的全局或局部优化，同时根据回环（闭环）检测纠正累计误差与闭合地图，最后确定位置姿态，并在此基础上完成建图。因视觉 SLAM 不属于本书关注内容，本节仅进行简要介绍。

（2）激光 SLAM。

激光 SLAM 也称为 LSLAM，其传感器为单线或者多线的激光雷达，通常辅助配置有相机和 IMU 惯性测量单元，其作业原理与视觉 SLAM 类似，依旧采用“传感器数据读取与预处理—前端配准—后端优化—回环检测—成图建模”的框架流程（图 2.1-4）；所不同的是，视觉 SLAM 的数据源是图像数据，而激光 SLAM 的数据源则是激光雷达获取的点云数据。LSLAM 系统中的多线激光雷达传感器通常由激光投射器、衍射光学元件（DOE）、光学透镜系统和电路控制系统组成。其中：DOE 是生产多线激光的关键，可通过精密的光学设计和微纳米级的加工制造，在光栅片表面有规律地刻画划痕，以实现对激光束传播方向的精确控制，使得多条激光线能够聚焦在同一平面上；光学透镜系统用于聚焦、准直激光束，以便在对应目标距离平面上实现清晰的激光聚焦效果。

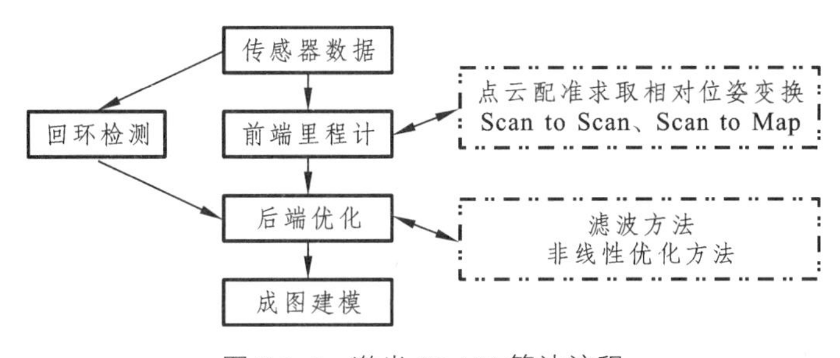

图 2.1-4　激光 SLAM 算法流程

实际上，在测绘领域 SLAM 已经很少作为一种单纯的 SLAM 技术进行使用，目前激光SLAM常常被集成在各类便携式三维激光扫描系统中，与多种传感器组合使用。其中：仅依靠 IMU 进行导航定位的 SLAM，一般以手持方式进行扫描，即本节所描述的手持便携式三维激光扫描系统；同时配置有 GNSS 定位模块的 SLAM，一般以背负方式进行扫描，即基于 RTK 模式的背包便携式三维激光扫描系统。

2.1.3　车载三维激光扫描系统

车载三维激光扫描系统，即通常说的车载移动测量系统（Vehicle-Borne Mobile Mapping System），是在车载平台上，集成控制系统、定位测姿系统及一种或多种其他测量传感器（激光扫描仪、数字相机、视频摄像机等）的综合测量系统[2,3]。车载激光扫描系统不仅集成度高，集成有激光扫描仪、全景相机、视频摄像机等多种测量传感器，还集成有 IMU 惯性测量单元、GNSS 定位系统、DMI 车轮编码里程计等装置设备，而且可多平台安放，不仅可通过车载支架安放在汽车上，还能安放在摩托车、船舶等移动载体上。图 2.1-5 为车载移动测量激光与全景平台，图 2.1-6 为伸缩式车载支架。

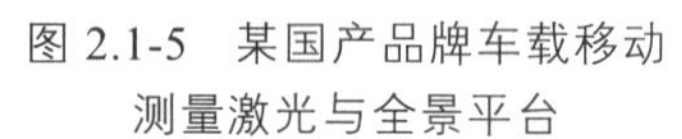

图 2.1-5 某国产品牌车载移动测量激光与全景平台

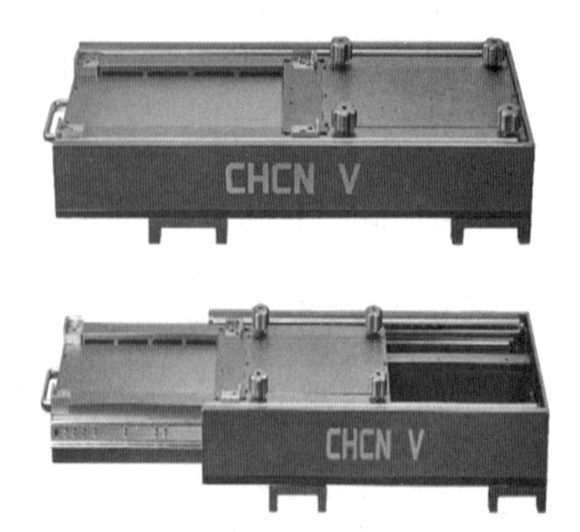

图 2.1-6 伸缩式车载支架（收缩模式和伸长模式）

车载激光扫描系统在工作时（图 2.1-7），GNSS 定位系统为各类传感器提供统一的时间系统，并为行驶中的车载平台提供实时的位置信息，全景相机负责记录路线的影像数据，IMU 惯性测量单元实时获取激光扫描仪与大地坐标系在三个坐标轴方向的夹角（侧滚角、仰俯角、偏航角）。根据获取到的同一时刻的位置和姿态数据，在数据预处理过程中计算出目标物体反射点云的三维坐标值，经过与影像数据融合处理后，即可得到彩色三维点云数据。

图 2.1-7 车载移动测量作业现场

2016 年 12 月 29 日，原国家测绘地理信息局同时发布了行业标准《车载移动测量数据规范》（CH/T 6003—2016）和《车载移动测量技术规程》（CH/T 6004—2016），分别对车载移动测量的成果数据和数据采集处理过程作了规定，两项行业标准均已于 2017 年 3 月 1 日开始实施[2,3]。2022 年 4 月 15 日，国家市场监督管理总局和国家标准化管理委员会联合发布了国家标准《车载移动测量三维模型生产技术规程》（GB/T 41452—2022），对基于车载移动测量技术三维模型生产的基本要求、技术设计、数据要求、生产要求、成果要求等内容作了规定，这是为数不多的关于移动三维激光扫描相关内容的国家标准，该标准自发布之日起实施。此外，江西等多个省份也有发布和车载移动测量相关的多项地方标准。

2.1.4　机载三维激光扫描系统

机载三维激光扫描系统（图 2.1-8），又被称为机载激光雷达（Airborne LiDAR），即在航空平台上，集成激光雷达、定位定姿系统、数码相机和控制系统所构成的综合系统[4,5]。机载激光雷达作为一种重要的对地观测技术手段，在实际作业过程中，通过主动发射一束激光束，以较高频率对地面上的目标物体进行扫描，激光束照射到目标物体后产生反射现象，系统设备通过接收反射回来的激光信号，记录激光束的发射时间、接收时间以及激光波长等信息，利用计算机计算出目标物体的三维坐标，进而生成相应的图纸或者模型。在城市勘测中一般可根据获取的激光点云数据和影像数据，生成数字高程模型（DEM）、数字表面模型（DSM）、数字正射影像（DOM）、实景三维单体 MESH 模型等，并广泛应用于河道湖泊测量、林业资源调查、铁路与电力调查测量、应急测绘、交通测量等相关项目场景中。

图 2.1-8　某国产品牌机载三维激光扫描系统

按照搭载平台的不同，机载式三维激光扫描系统还可以细分为有人机载三维激光扫描系统和无人机载三维激光扫描系统，或者分为固定翼机载激光扫描系统和旋翼机载激光扫描系统。固定翼机载激光扫描作业效率高，一般可达到 25 km²/h，适合 1∶1 000 以下比例尺的大面积测绘，但也存在前期准备工作多、准备时间长、点云密度低、空域要求高的劣势；旋翼无人机机载激光扫描一般安置在四旋翼或多旋翼无人机上，该方式机动性、灵活性相对较强，准备时间短，扫描精度高，适合 1∶500 地形图测绘等多种项目场景，但是作业效率稍低，一般为 1 ~ 2 km²/h。

在机载三维激光扫描作业时（图 2.1-9），因航空平台飞行速度很快，所需要的定位频率要求较高，RTK 基站发射和接收频率一般为 1～2 Hz，很难达到飞行平台的定位要求，而 PPK 技术可支持高达 50 Hz 的定位频率，完全可以满足机载激光雷达的相关频率要求；再者，RTK 定位模式需要配置电台或者网络通信模块，PPK 定位模式则不要增加相应模块，在减少飞行平台负荷的同时，可增加续航时间；因而包括机载三维激光扫描在内的多种移动三维激光扫描系统更适合基于 PPK 定位模式进行作业。

图 2.1-9　机载三维激光扫描作业现场

早在 2011 年 11 月 15 日，原国家测绘地理信息局就已经发布了行业标准《机载激光雷达数据处理技术规范》（CH/T 8023—2011）和《机载激光雷达数据获取技术规范》（CH/T 8024—2011），分别对机载激光雷达的成果数据和数据采集处理过程进行了规定，两项行业标准均已于 2012 年 1 月 1 日开始实施[4,5]；此后，原国家测绘地理信息局和机构改革后的自然资源部还先后于 2014 年 12 月 18 日和 2019 年 12 月 24 日，分别发布了《数字表面模型机载激光雷达测量技术规程》（CH/T 3014—2014）和《机载激光雷达数据获取成果质量检验技术规程》（CH/T 3023—2019），国家市场监督管理总局（原国家质量监督检验检疫总局）与国家标准化管理委员会也先后于 2018 年 3 月 15 日和 2020 年 12 月 14 日联合发布了《机载激光雷达点云数据质量评价指标及计算方法》（GB/T 36100—2018）和《机载激光雷达水下地形测量技术规范》（GB/T 39624—2020）。以上国家（行业）标准均已先后被批准实施。此外，湖北、四川、广西、吉林、宁夏等省（自治区），在 2019—2023 年，也先后发布了《机载激光雷达数据制作 1∶5 000　1∶10 000 数字高程模型技术规程》等多项相关地方标准。

2.2　移动三维激光扫描系统组成

移动三维激光扫描技术（Mobile Three Dimensional Laser Scanning Technology）是将三维激光扫描仪放置在移动的载体平台上，同时集成控制系统、定位测姿系统及其他测量传感器（数码相机、视频摄像机、里程计等），获取被测物体表面三维坐标、反射光强度、RGB 等多种信息的综合三维激光扫描技术，是由地面三维激光扫描技术发展而来的新型三维激光扫描技术。移动三维激光扫描系统一般由测量传感器、载体、控制系统、电源系统及数据后处理软件等部分组成，其中测量传感器包括激光扫描仪、定位定姿系统、相机系统。

2.2.1　激光扫描仪

激光扫描仪（Laser Scanner），也称为激光雷达（Laser Radar 或者 Light Detection And Ranging），简称 LiDAR，是移动三维激光扫描系统的核心单元之一。它通过发射激光束，利用激光测距的原理，获取被测物体表面大量密集点的三维坐标、反射率等信息，如图 2.2-1 所示。

图 2.2-1　某国产品牌三维激光扫描仪主机

激光扫描仪通常则由激光发射系统、激光接收系统、信息处理系统三部分组成。激光发射系统能将电脉冲变成光脉冲，以高能量窄带激光束的形式发射出去，并控制激光束的强度和方向，激光束打在目标物体上反射回来，被激光接收系统所接收，发射系统的质量直接影响到激光的测量精度，一般情况下，激光束的质量越高，测量精度则越高；激光接收系统主要功能是接收反射回来的激光信号，并将其转化为电信号以便信息处理系统进行处理，该系统通常含有光学镜头、光学滤波器等部件，其中光学镜头可以使目标物体表面反射回来的激光脉冲能够聚焦到图像传感器上；信息处理系统能准确地测量出激光脉冲从发射到接收的传播时间，并在较短的时间内记录大量的扫描数据，输出到计算机上进行进一步处理。

一束激光脉冲的一次回波信号只能得到一个激光脚点的扫描信息，为了获得大量连续的面状点云信息，需要加入一些机械设置进行连续扫描。目前，激光扫描仪的扫描方式一般可分为振荡摇摆镜式、旋转多边形镜（多面镜）式、章动镜式和光纤式等[6]。其中，振荡摇摆镜式扫描仪生成的是“Z”字形或者正弦形扫描线；旋转多边形镜（多面镜）式扫描仪生成的是倾斜平行扫描线；章动镜式扫描仪生成的是椭圆形扫描线；光纤式扫描仪生成的是竖直平行扫描线。在上述扫描方式的基础上，扫描仪的扫描方向均可再细分为单向扫描和双向扫描。

2.2.2 定位定姿系统

定位定姿系统 POS（Position and Orientation System）是 GNSS、IMU 等组合导航硬件系统，通过组合导航算法和精密数据处理软件，获取扫描仪在每一瞬间的空间位置与姿态，并为整个系统提供精确的时间基准。移动三维激光扫描系统所包括的 POS 一般包含 GNSS 定位模块、惯性导航模块、车轮编码里程计（车载平台上使用）等。

1. GNSS 定位模块

GNSS 定位模块可以跟踪并接收 GPS、北斗、GLONASS 等卫星信号，采用事后数据差分或是实时动态差分处理模式，确定扫描设备的位置信息。

2. 惯性导航模块

惯性导航模块也称惯性测量单元（Inertial Measurement Unit，IMU），是指能够测量和报告物体的姿态角、三轴基本线性运动（加速度）、三个基本角运动（角速度）或者增量速度的装置，一般用于估计扫描设备的姿态。IMU 的核心部件通常为一组加速度计和一个三轴陀螺仪，特殊情况下还包含一个磁力计。加速度计用于测量物体在载体坐标系统独立 *X*、*Y*、*Z* 三轴的加速度信号，陀螺仪可以测量载体相对于导航坐标系的角速度信号，磁力计用于测量物体周围的磁场强度和方向；最终根据测得物体在三维空间中的角速度和加速度解算出物体的姿态。图 2.2-2 为 IMU 传感器设备。

图 2.2-2 某品牌 IMU 传感器设备

通常情况下，IMU 性能受到陀螺仪随机漂移 ARW、加速度计随机噪声 VRW、带宽 BW、采样率 FS、温度漂移 TAR、动态范围 DR、对震动和冲击的耐受性等多个指标共同影响。一个较好的 IMU 应该在上述多个方面都有较高的性能，表 2.2-1 为市场上常见的几款 IMU 传感器设备及相关参数。惯性测量单元测量值通常可以表示为[7]：

$$\begin{cases} \tilde{\omega}_{ib}^{b} = \omega_{ib}^{b} + \left(I + S_{\omega}\right).\omega_{ib}^{b} + \delta\omega_{ib}^{b} + \varepsilon_{\omega} \\ \tilde{f}_{ib}^{b} = f_{ib}^{b} + \left(I + S_{f}\right).f_{ib}^{b} + \delta f_{ib}^{b} + \varepsilon_{f} \end{cases} \tag{2.2-1}$$

式中：$\tilde{\omega}_{ib}^{b}$、ω_{ib}^{b} 分别为陀螺仪测量出的角速度与真实角速度；

$\tilde{f}_{ib}^{b}$、f_{ib}^{b} 分别为加速度计测量出的比力加速度与真实比力加速度；

S_{ω}、S_f 分别为陀螺仪速度计的乘数因子误差，含比例因子误差和交叉耦合误差；

$\delta\omega_{ib}^{b}$、δf_{ib}^{b} 分别为陀螺仪和加速度计的零偏误差，即零偏稳定性；

ε_{ω}、ε_f 分别为角速度和比力测量随机噪声。

表 2.2-1　市场上常见的几款 IMU 传感器设备及相关参数

产品型号	STIM300	KVH1775	HG4930	AP20
品牌	诺瓦泰	KVH	霍尼韦尔	天宝
质量/g	55	700	140	280
零偏稳定性/［（°）/h］	0.5	0.05	0.25	0.5
采样频率/Hz	125	200	600	200
翻滚/俯仰精度/（°）	0.006	0.005	0.005	0.015
航向精度/（°）	0.019	0.017	0.010	0.025
位置精度/cm	水平 1，高程 2		2～5	
产地	加拿大	美国	美国	美国

3. 车轮编码里程计

车轮编码里程计 DMI（Distance Measurement Indicator）是安置在汽车车轮上通过车轮的旋转来测量汽车行驶距离（里程）的一种装置，如图 2.2-3 所示，主要使用非接触式电磁或者光电速度传感器来获取数据。里程计一般在车载移动测量中使用，机载等其他方式移动三维激光扫描则很少使用，其在车载 POS 中的作用是辅助 IMU 进行组合导航 POS 轨迹解算，同时还可作为控制相机系统曝光的信号控制器。

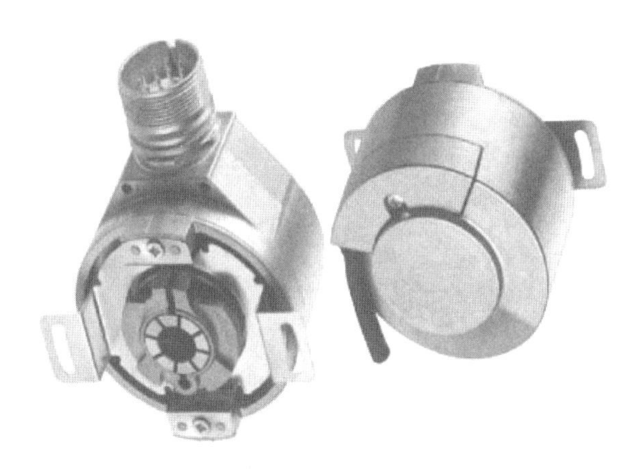

图 2.2-3　车载增量型 DMI 车轮编码里程计

2.2.3　相机系统

相机系统（Camera System）如图 2.2-4 所示，是通过数字成像技术获取对应目标物体的彩色数码影像信息，可为激光点云数据提供更为丰富的纹理信息及色彩信息，通过与点云数据的融合可生产彩色点云。移动三维激光扫描系统中常用的相机系统包含 CCD 相机、CMOS 相机、全景相机等。

图 2.2-4 移动三维激光扫描相机系统

在移动三维激光扫描系统中，组合导航为相机系统提供曝光时刻的外方位角元素，通过立体像对的内外方位元素以及同名像点的像点坐标，便可解算出目标点的物方坐标[8]：

$$\begin{cases} x - x_0 + \Delta x = -f \dfrac{a_1(X - X_s) + b_1(Y - Y_s) + c_1(Z - Z_s)}{a_2(X - X_s) + b_2(Y - Y_s) + c_2(Z - Z_s)} \\ y - y_0 + \Delta y = -f \dfrac{a_3(X - X_s) + b_3(Y - Y_s) + c_3(Z - Z_s)}{a_2(X - X_s) + b_2(Y - Y_s) + c_2(Z - Z_s)} \end{cases} \tag{2.2-2}$$

式中：x、y 为像点像平面坐标；x_0、y_0、f 为像对的内方位元素；X_s、Y_s、Z_s 为曝光时刻相机的物方空间坐标；X、Y、Z 为目标点的物方坐标；a_i、b_i、c_i（$i = 1, 2, 3$）为影像的 3 个外方位角元素组成的余弦向阵。

2.2.4 载 体

载体是搭载三维激光扫描仪的平台，如固定翼飞机、旋翼无人机、汽车、摩托车、无人船、背包等，不同的载体平台可用于不同的作业场景，同时由于行驶速度的差异，其获取的点云密度也存在一定差异。

2.3 三维激光扫描技术原理

激光测距技术是三维激光扫描技术的理论基础，其测距原理被不同类型三维激光扫描系统所采纳，此后由此依次逐渐发展形成地面三维激光扫描技术、移动三维激光扫描技术。而 SLAM 激光扫描技术作为一种特殊的移动三维激光扫描技术，其技术原理与常规移动三维激光扫描技术存在诸多差异，本节会单独进行简要介绍。

在室内空间、地下空间等特殊作业环境下，由于常规移动三维激光扫描技术定位定姿系统作用受限，扫描精度被大幅削弱，SLAM 技术凭借其不同地图构建与位置、姿态估计算法，正逐渐显现出其独有优势。

2.3.1　激光测距技术原理

激光测距（Laser Distance Measuring）技术是三维激光扫描技术的主要技术之一，是指通过激光器发射的激光对目标物体进行距离测量。激光是方向性极强的光束，当激光器功率较大时，连续发射的激光测程可以达到 40 km 甚至更远，普通激光器的测程一般为几百米到几千米不等。激光测距的原理是激光器向目标物体发射一束极细的光束，再由激光器上附带的光电元件对目标物体反射的激光束进行接收，同时由计时器测定激光从发射到接收的时间差，进而计算出从激光器到目标物体的距离。目前，激光测距的方法主要有脉冲测距法、相位测距法、激光三角法、脉冲相位测距法 4 种类型[9]。

1. 脉冲测距法

脉冲测距法是由激光测距系统向空间目标发射一个脉冲信号，然后由接收装置接收目标反射回来的信号，通过记录脉冲信号在空间传播的时间，计算出与目标的距离，其工作原理如图 2.3-1 所示。

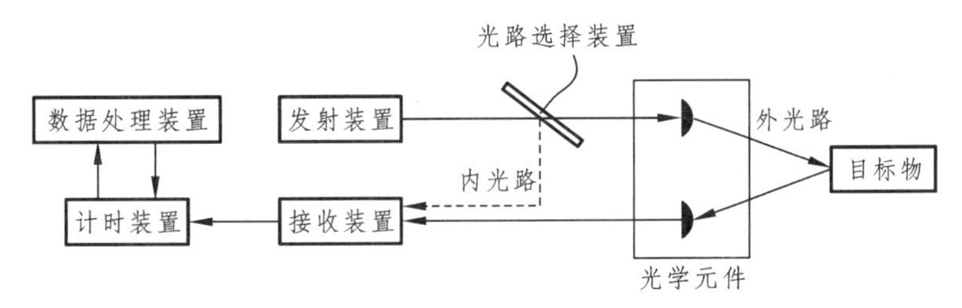

图 2.3-1　激光脉冲测距法工作原理

假设脉冲信号在空间传播的时间为 t，则激光器到空间目标的距离 L 为：

$$L=\frac{ct}{2} \tag{2.3-1}$$

式中：c 为光波在真空中的传播速度，约为 3×10^{8} m/s；t 为脉冲信号从发射到接收的时间间隔。

由于发射脉冲信号时瞬时功率较大，持续时间却较短，其能量在时间上相对集中，因此脉冲信号理论上可以达到很远的距离，更适用于超长距离目标物的距离测量，精度可达到米级。基于此种测距方法的仪器扫描范围通常为几百米至几千米不等。

2. 相位测距法

相位测距法是由激光测距系统向空间目标发射一束不间断的整数波长的激光，通过计算从目标物反射回来的激光波相位差，进而计算并记录激光器与目标物的距离。该方法一般需要在待测物体处放置反射镜，将激光原路反射回激光测距系统，再由鉴相器进行数字处理，其工作原理如图 2.3-2 所示。

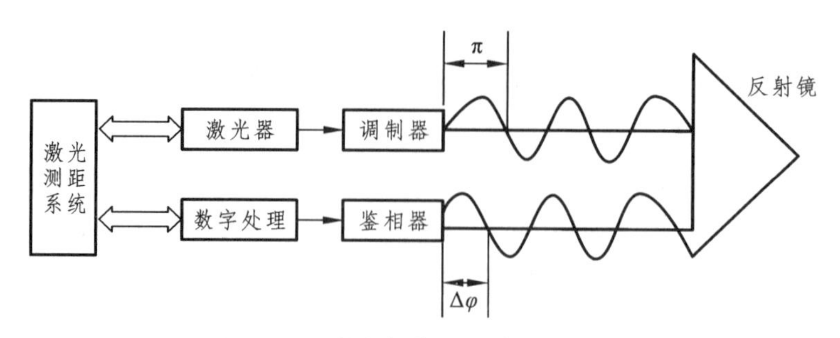

图 2.3-2 激光相位测距法工作原理

激光经过调制器频率被调制为 f，则激光器到反射镜的距离 L 可推导为[10]：

$$L=\frac{ct}{2}=\frac{c\varphi}{2\omega}=\frac{c\left(N\pi+\Delta\varphi\right)}{4\pi f}=\frac{c}{4f}\left(N+\Delta N\right) \tag{2.3-2}$$

式中：c 为光波在真空中的传播速度，约为 3×10^{8} m/s；

φ 为信号往返一次产生的总相位延迟；

ω 为调制信号的角频率，$\omega=2\pi f$；

f 为调制频率，单位为 Hz；

N 为测程所包含调制半波长个数；

$\Delta\varphi$ 为信号往返测程一次产生相位延迟不足 π 部分；

ΔN 为测程所包含调制波不足半波长的小数部分，$\Delta N=\Delta\varphi/\omega$。

相位测距法是一种间接测定时间的激光测距方法，是一种被动式激光测距技术。此方法需要激光能被连续发射，因而激光功率就会较低，测量范围也较小，更适用于中等距离目标物的扫描测量，精度可达到毫米级。基于此种测距方法的仪器扫描范围通常为 100 m 以内[9]。

3. 激光三角法

激光三角法是利用光线在传播过程中会发生光学反射，可由接收透镜对反射激光进行成像，目标物和成像物之间便可构成三角关系，根据相近三角形的原理，利用边角关系计算出待测距离。在扫描过程中，先由扫描仪发射激光到物体表面，利用在基线另一端的 CCD 相机接收物体反射信号，由记录单元对入射角与反射光的夹角进行记录，而激光光源与 CCD 之间基线长度是固定已知的，便可计算出扫描仪和目标物体之间的距离[9,11]，其工作原理如图 2.3-3 所示。

此种测距方法主要应用于工业测量、逆向工程重建和文物保护中，扫描激光通常较短，只有几米到几十米，但测量精度最高，可达到亚毫米级。

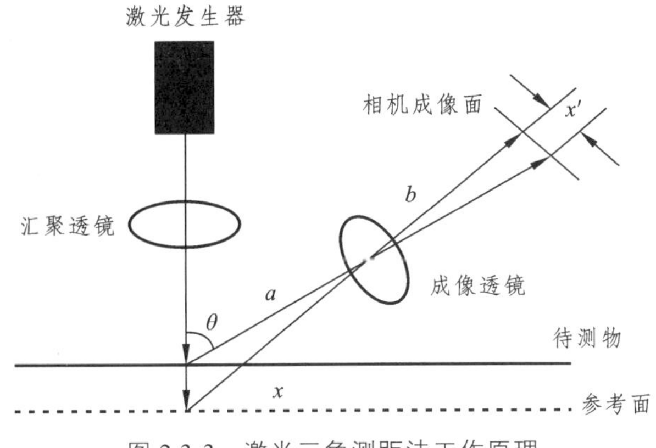

图 2.3-3　激光三角测距法工作原理

4. 脉冲相位测距法

脉冲相位测距法，顾名思义就是将脉冲测距法和相位测距法进行结合，从而产生一种新的激光测距方法。这种方法是在利用脉冲法对距离进行粗测的基础上，再利用相位法实现对距离的精测。该方法是一种常见的激光测距方法，具有稳定性好、精度高、适用范围广等优点，广泛应用在工业生产、军事防卫中。

2.3.2　地面三维激光扫描技术原理

地面三维激光扫描技术（Terrestrial Three Dimensional Laser Scanning Technology），是指基于地面固定站的一种通过发射激光获取被测物体表面三维坐标、反射光强度等多种信息的非接触式主动测量技术[1]。地面三维激光扫描测量系统由三维激光扫描仪（通常集成有内置数码相机）、电源、三脚架支架、计算机、数据后处理软件及其他附属设备组成。其中，三维激光扫描仪是三维激光扫描测量系统的核心组成部分，主要由激光发射器、接收器、时间计数器、电机控制且可旋转的滤光镜、控制电路板、彩色 CCD 相机、微电脑及软件等组成[9,12]。而彩色 CCD 相机一般可拍摄全景影像数据，并为点云数据提供纹理信息。图 2.3-4 为某知名品牌两款地面三维激光扫描仪。

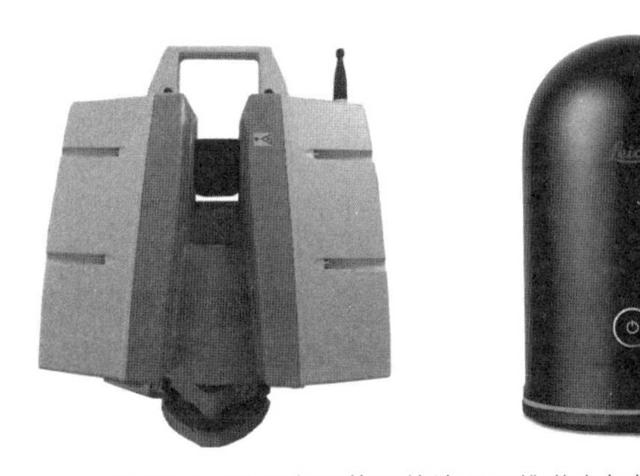

图 2.3-4　某知名品牌两款地面三维激光扫描仪

地面三维激光扫描仪在通电扫描时，首先由激光脉冲发射器周期性地驱动二极管发射出激光脉冲信号，经过旋转棱镜射向目标，由接收器接收目标物体反射回来的激光脉冲信号，利用一个稳定的计时器对反射信号与接收信号的时间差进行记录，再由微电脑利用软件按照指定算法对原始记录数据进行处理，最后转换成能够直接识别处理的数据信息，通过接口传输至外部计算机进行数据处理和使用，其工作原理如图 2.3-5 所示。

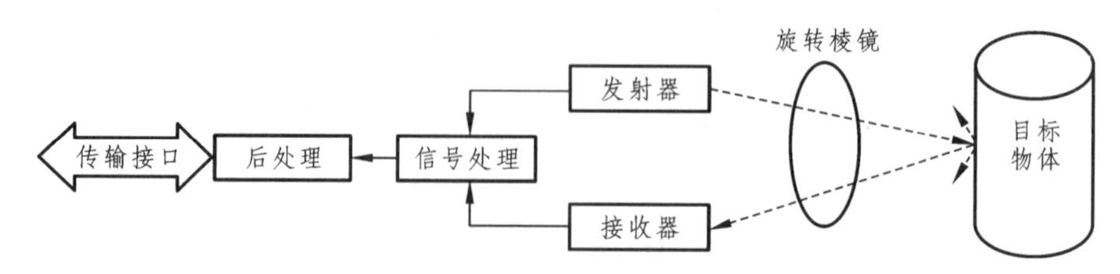

图 2.3-5　地面三维激光扫描测量的基本原理

地面三维激光扫描测量时，一般使用以仪器为坐标原点的自定义内部坐标系统，X 轴在横向扫描面内，Y 轴在横向扫描面内与 X 轴垂直，Z 轴与横向扫描面垂直，假定任一待测目标点位，扫描仪微电脑所处理的待测点原始测量数据为 S、α、θ，则待测点在仪器自定义坐标系统里的三维坐标的计算公式为[13,14]：

$$\begin{cases} X = S\cos\theta\cos\alpha \\ Y = S\cos\theta\sin\alpha \\ Z = S\sin\theta \end{cases} \tag{2.3-3}$$

式中：S 为待测点到扫描仪中心的距离；

α，θ分别为控制编码器同步测量每个激光脉冲横向扫描角度观测值和纵向扫描角度观测值。

然后根据地面固定站扫描仪在地方独立坐标系（或国家坐标系）中的坐标，及扫描仪的初始方位角，通过外部计算机，经过旋转、平移，将目标点位数据换算至用户需要的坐标系统[14]：

$$\begin{cases} X_n = X_0 + X\cos\beta \\ Y_n = Y_0 + Y\sin\beta \\ Z_n = Z_0 + Z \end{cases} \tag{2.3-4}$$

式中：X_n、Y_n、Z_n 为待测点在用户需要坐标系中的坐标；

X_0、Y_0、Z_0 为扫描仪在用户需要坐标系中的坐标；

β为扫描仪初始方位与用户需要坐标系中北方向的夹角。

2.3.3　移动三维激光扫描技术原理

如前文所述，移动三维激光扫描技术是三维激光扫描、GNSS、惯导等多种技术的融合。在将 GNSS 接收机、IMU 惯性测量单元、激光扫描仪、相机等系统时间进行严格同步的基础上，通过 GNSS 接收机提供移动载体（车辆、飞机、船舶等）精确的位置信息，IMU 提供扫描仪的姿态信息，从而解算出扫描仪每时每刻的 POS 位置和姿态信息，与扫描仪获取的激光点云数据和相机拍摄的影像进行数据融合，最终可以得到带有用户要求坐标系统的三维彩色点云数据，其定位原理模型为[8,15]：

$$\begin{bmatrix} X_p \\ Y_p \\ Z_p \end{bmatrix} = R_{LH}^{W}(t) R_{IMU}^{LII}(t) \left[R_L^{IMU} \begin{bmatrix} X_L \\ Y_L \\ Z_L \end{bmatrix} + \begin{bmatrix} X_L^{IMU} \\ Y_L^{IMU} \\ Z_L^{IMU} \end{bmatrix} \right] + \begin{bmatrix} X_{LH}^{W}(t) \\ Y_{LH}^{W}(t) \\ Z_{LH}^{W}(t) \end{bmatrix} \tag{2.3-5}$$

式中：X_{p}、Y_{p}、Z_{p} 为激光角点在 WGS84 坐标系中的坐标；

$R_{LH}^{W}(t)$、$R_{IMU}^{LH}(t)$ 为 IMU 坐标系到 WGS84 坐标系的旋转矩阵，和当前位置有关；

R_L^{IMU} 为激光扫描仪坐标系到 IMU 坐标系的旋转矩阵，即扫描仪安置误差旋转矩阵；

X_L、Y_L、Z_L 为激光角点在激光扫描仪坐标系中的坐标，即激光脚点在顺势激光束坐标系中的位置向量；

X_L^{IMU}、Y_L^{IMU}、Z_L^{IMU} 为激光扫描仪中心在 IMU 坐标系中的坐标，即天线相位中心、激光发射参考中心与惯导平台参考中心的偏移量；

X_{LH}^{W}、Y_{LH}^{W}、Z_{LH}^{W} 为 IMU 中心在 WGS84 坐标系中的坐标。

其中：$R_{IMU}^{LH}(t)$ 和 IMU 测到的 3 个姿态角，即偏航角（Yaw）、仰俯角（Pitch）、侧滚角（Roll）直接相关，按照旋转顺序分别以 Y、P、R 表示三个姿态角角度值，则旋转矩阵 $R_{IMU}^{LH}(t)$ 可表示为[8]：

$$\begin{aligned} R_{IMU}^{LH}(t) &= R(Y_t)R(P_t)R(R_t) \\ &= \begin{bmatrix} \cos Y & \sin Y & 0 \\ -\sin Y & \cos Y & 0 \\ 0 & 0 & 1 \end{bmatrix} \begin{bmatrix} 1 & 0 & 0 \\ 0 & \cos P & \sin P \\ 0 & -\sin P & \cos P \end{bmatrix} \begin{bmatrix} \cos R & 0 & -\sin R \\ 0 & 1 & 0 \\ \sin R & 0 & \cos R \end{bmatrix} \\ &= \begin{bmatrix} \cos Y \cos R + \sin Y \sin P \sin R & \sin Y \cos P & -\cos Y \sin R + \sin Y \sin P \cos R \\ -\sin Y \cos R + \cos Y \sin P \sin R & \cos Y \cos P & \sin Y \sin R + \cos Y \sin P \cos R \\ \cos P \sin R & -\sin P & \cos P \cos R \end{bmatrix} \end{aligned} \tag{2.3-6}$$

通过以上公式和相关系统的检校参数，可将激光角点在激光扫描仪坐标系中的坐标转换到 WGS84 坐标系中，然后根据用户实际需要再将相应坐标转换到地方独立坐标系中，以便进一步使用。

2.3.4　SLAM 技术原理

SLAM 技术也称为并发建图与定位 CML（Concurrent Mapping and Localization）技术，是指载体搭载特定传感器，在自身位置不确定的条件下，在完全未知的环境中，运动时通过传感器自动建立周围环境的地图模型，同时利用地图进行自主定位和导航的技校，是一种在人工智能领域广泛应用的技术[16]。该技术主要解决物体在移动过程中根据位置估计和特征点迭代匹配，利用SLAM算法实时进行自主定位并构建增量式地图问题，能够实现室内、室外一体化连续扫描、建模和测量，无论场景中是否具有GNSS信号都能获得高精度的三维点云模型。整个SLAM的过程是一个状态估计与反复修正的过程，可概括为“观测—估计—再观测—再估计”的循环过程。

SLAM主要技术原理之一，便是物体在运动过程中自身位置和姿态估计的问题需要利用概率的方法进行最优值建模[17]：

$$\left(x^{*},m^{*}\right)=\operatorname{argmin}F\left(x,m\right)=\operatorname{argmin}\sum e_{ij}\left(x,m\right)^{\mathrm{T}}\Omega_{ij}e_{ij}\left(x,m\right) \tag{2.3-7}$$

式中：x 为载体运动过程中所有位置的姿态向量，m 为地图模型，e_{ij} 为预测值与观测值之间的距离差值，Ω_{ij} 为相应的信息。

上式中，最小化非线性函数 $F(x, m)$ 一般使用牛顿、高斯赛德尔或梯度下降法来局部近似[17]。

目前，SLAM算法可以分为扩展卡尔曼滤波类（EKF-SLAM）、基于图像类（Graph-SLAM）、基于扫描匹配的SLAM算法等。EKF-SLAM是最先被提出的SLAM算法，也是迄今最为流行的算法，该算法建立在运动模型和观测模型的高斯噪声假设基础上，从而解决SLAM点云拼接的问题[18]；Graph-SLAM实际上是一种基于图、网络的SLAM算法，又称为基于图优化的SLAM，通过构建完整的网络图来对移动机器人的位姿进行描述[19]；基于扫描匹配的SLAM算法是采用扫描匹配的方法，通过对两个连续的扫描信息进行匹配，利用机器人在每个位置对周围环境的观测，让局部地图与全局地图建立几何关系，进而在全局范围内得到准确的结果。目前，常用的激光SLAM算法及其特点如表2.3-1所示。

表2.3-1　激光SLAM常用算法框架及特点

SLAM类型	激光SLAM算法	算法框架	算法特点
2D激光	EKF－SLAM	递归滤波器、自回归滤波器	处理非线性问题，速度快
	Gmapping	后端采用粒子滤波	依赖里程计
	Hector-SLAM	scan-matching	初值敏感
3D激光	Loam	scan-to-scan，submap-to-map	实时性好，匀速运动假设，无回环检测
	Lego-Loam	scan-to-scan 图优化，回环检测	LOAM＋图优化＋回环检测
	LIO-SAM	IMU＋LiDAR 求取里程计，GPS 因子辅助后端优化	LOAM＋融合 IMU 和 GPS 约束
2D、3D激光	cartographer	scan to submap 图优化，回环检测	引入 submap

2.3.5　移动三维激光扫描误差来源

在较长距离范围内对目标物体的实际测绘工作中，往往需要的是测程在 100 m 以上，甚至是数千米的三维激光扫描仪，因而城市勘测领域项目使用的三维激光扫描仪一般是基于脉冲测距法或者脉冲相位测距法进行距离测量的。和其他测绘仪器或测绘技术一样，对于包含移动三维激光扫描在内的所有三维激光扫描测量，影响其数据精度和质量的因素虽然是多种多样的，但基本上都可归纳为系统性和偶然性两种，即其误差来源均可分为系统误差和随机误差（偶然误差）两类。

系统误差一般具有重复性、单向性、可量测性的特点，其数值大小带有一定的规律性，系统误差引起的移动三维激光扫描点云坐标偏差，往往可以通过公式改正或者数据修正予以减小或消除，对于移动三维激光扫描技术，其系统误差一般包含 GNSS 定位误差、惯导误差、激光测距误差、扫描测角误差、系统集成误差等。

随机误差，也称为偶然误差，是随机波动且不具任何规律性的误差，该类误差一般可相互抵偿。移动三维激光扫描技术存在的随机误差一般包含因地形、地貌、植被等作业环境产生的误差，数据采集过程中因仪器操作引起的误差，数据处理过程中因软件操作引起的误差，成果制作过程中因点云捕捉产生的误差等。

1. 系统误差

（1）GNSS 定位误差。

GNSS 定位误差是影响移动三维激光扫描测量精度的主要系统误差之一。和日常的 GNSS 静态测量及 RTK 测量类似，GNSS 定位误差一般包括卫星轨道误差、卫星钟钟差、接收机钟钟差、大气折射误差、天线相位中心误差、多路径效应误差、整周模糊度求解误差等。

GNSS 定位误差在行业内已众所周知，大面积水域、信号塔、高压线、高层建（构）筑物等，都会极大影响到 GNSS 测量精度。对于移动三维激光扫描，如果扫描线路周边比较空旷，没有影响 GNSS 信号质量的环境因素，其 GNSS 定位精度一般可达到 2 ~ 5 cm，但是很多时候，由于载体平台处在时刻变化过程中，即便采用任何高精度的 GNSS 设备，在载体运动过程中，都难免会受到建筑物、过街天桥、茂盛乔木等城市环境的影响，GNSS 信号失锁现象会经常发生，即便有 IMU 的辅助，如果长时间没有 GNSS 信号数据，也无法对 POS 轨迹进行准确的控制。因此，需要在扫描线路布设一定数量的纠正控制点及精度检校点，从而较好地控制并纠正扫描数据的精度。

（2）惯导误差。

在惯性测量单元中，无论是加速度计还是陀螺仪，都会存在零偏误差、比例因子误差、测量随机噪声误差以及交叉耦合误差[7]，其中零偏误差指的是 IMU 传感器本身存在的数值偏差，通常包括动态和静态两部分。动态部分会随着时间而不断变化，即常说的零偏稳定性；静态部分则在每一次运行中都保持不变，但每次启动时数值都不相同；零偏误差过大将会导致惯导误差的快速累积，短时间内就会超过限值，同时也是惯导误差的主要部分。比例因子误差是指输入量的乘数项，会使得加速度计和陀螺仪输出误差分别与输入的比力和角速度成正比[7]。测量随机噪声误差是指受到诸如机械振动、信号处理等因素的影响，经过时间累计积分之后产生的姿态和速度随机游走误差。交叉耦合误差则是由于受到工艺限制，因IMU器件各敏感轴不正交引起的，在每一次运行中都会保持不变，但每次启动时数值都可能会出现变化，此项误差参数不易观测，需谨慎估计。

（3）激光测距误差。

在激光测距过程中，通常都会存在多种影响激光测距的误差因素，包括系统性和随机性的。其中，系统性误差大多取决于不同的移动三维激光扫描系统、反射介质、地形地貌等外界条件，而对激光测距影响较大的误差源则为光学电子电路对激光脉冲回波信号处理时引起的误差，主要包括时延估计误差、时间测量误差[20]。激光脉冲光束在传播过程中，遇到物理特征不同的地物后发生不同的散射，导致回波信号出现变形，激光接收装置就可能存在不能准确辨认回波信号的现象，进而产生时延估计误差，时延估计误差将造成循环混淆和数据突变现象；同时，由于扫描仪计时器存在一定的时间分辨率，短于该分辨率的时间将无法被精确地测量，进而产生时间测量误差。此外，激光测距误差还包括信号发射路径与接收路径不平行产生的误差，激光镜头旋转、振动误差，激光脉冲信号零点误差等。针对上述误差，一方面可以进行频率倍乘微调去分辨和处理突变误差，另一方面还可以通过室内仪器检定确定测距误差的大小，检校后的残余误差通常可以控制在厘米级的精度，一般为2～3 cm。

（4）扫描测角误差。

扫描测角误差一般包含水平扫描角度误差、竖直扫描角度误差、姿态角度误差、发散角度误差几种[20]。其中，水平扫描角度误差、竖直扫描角度误差是由于系统设计及部件安装等造成的扫描系统转轴方向偏离了理论值，使得扫描的起始角度不为零，另外，扫描镜的微小震动、扫描电机的非匀速转动等因素也会影响扫描角测量；姿态角度误差主要包括加速度计常数误差与比例误差、陀螺仪漂移误差、轴承间非正交误差、大地水准面误差等，可通过降低载体平台与地面的间距高度，减弱姿态角度误差对定位的影响。因实际的激光光束存在一定的发散角，扫描到目标物体时会以激光脚点光斑的形式呈现，因而激光发散角最大会产生一个相对于1/2发散角数值的发散角度误差[21]。

（5）系统集成误差。

系统集成误差是指移动三维激光扫描系统各部件在集成过程中由于设计、安装等造成的观测值与理论值之间存在的偏差，一般包括系统安置误差、时间同步误差、位置内插误差、偏心向量误差、坐标转换误差等[8,20]。

系统安置误差是指传感器设备安装安置时，各传感器之间会一定程度上存在偏心角，无法达到完全意义上的同心同轴所造成的误差，主要为激光扫描仪坐标系与IMU参考坐标系不平行引起的误差，包括偏航角误差、仰俯角误差、侧滚角误差。安置误差会使激光扫描系统数据结果出现系统性偏差，因此作业前需要检校确定该安置误差。

时间同步误差是将相互独立的激光扫描仪系统、GNSS系统、IMU系统和相机系统等传感器的时间基准统一到标准UTC（Universal Coordinated Time）时间系统上而产生的误差，如果各传感器时间系统不一致或者存在偏差，获取激光脚点的距离、位置和姿态将无法得到准确匹配，进而影响激光点云的测量精度。目前，GNSS 系统可以根据 GNSS 信号时间码将时间计数器改正为 UTC 时间，其他传感器观测值的时间信息则需要由时间计数器标记。

位置内插误差是由于移动三维激光扫描系统各传感器的采样频率不同，需要对原始观测数据进行内插而产生的误差。目前，移动激光扫描仪的数据采样频率普遍在 300 ~ 1 000 kHz，IMU 的数据采样频率一般为 200 kHz，而 GNSS 设备的数据采样频率最高为 100 kHz，为了得到每个激光脚点的位置和姿态信息，就需要对 IMU 和 GNSS 观测数据进行数据内插，在进行数据内插时，一般我们采用多项式插值算法即可。

偏心向量误差主要是激光发射参考点和 GNSS 天线相位中心在 IMU 参考坐标系中的偏心向量误差。GNSS 测量的是天线相位中心的位置坐标，而 POS 轨迹解算时需要的却是扫描镜中心点的位置坐标，由于两者之间不重合，会存在一个固定差值，这个差值就是 GNSS 偏心分量，因而需要将两者归算到同一坐标系下进行检校，从而确定准确的偏心量数值。

坐标转换误差是移动三维激光扫描系统在进行多源数据融合时，由于各传感器坐标系转换引起的误差，此误差一般影响很小，通常可以忽略不计。

（6）其他误差。

除了上述移动三维激光扫描系统误差外，还会存在动态时延误差、二类高程误差、组合导航滤波误差等其他误差。

2. 随机误差

（1）作业环境产生的误差。

作业环境产生的误差主要体现在对激光脉冲信号的漫反射、散射、折射、遮挡影响，信号塔、高压线、高层建筑物、过街天桥、茂盛乔木等对 GNSS 定位精度的影响，地下空间或者室内空间对 POS 轨迹解算质量的影响，等等。

由于水能吸收大部分红外激光信号，在扫描区域存在水体时，反射的激光信号就会很少，对于静止水面，鉴于镜面反射的原因，激光信号甚至根本无法反射；当对不平坦的地面或者植被覆盖较多的区域进行扫描时，激光信号可能需要多次反射后才会真正反射回去，最后的实际时间延迟就不能代表真实的时间延迟，原有的时延估计误差也就无法产生作用；当信号照射到光滑物体表面时，则会产生镜面反射，由于反射信号无法被接收，将造成激光信号大量丢失；当对漫反射地物进行扫描时，接收器则会同时接收大量的反射信号，从而产生较大的噪声信号；当对地下空间、室内场所或者 GNSS 信号较差区域进行扫描时，由于缺少 GNSS 定位信息，仅依靠 IMU 惯导信息，随着时间的延长，解算出的 POS 轨迹质量则会越来越差；和平台载体并行移动的行人、车辆、其他物体以及晃动的树枝树叶，也都会影响到观测点云的质量；对于部分仅能处理首次反射回波信号的扫描仪，当目标物体表面粗糙程度较高时，目标物体反射表面的粗糙程度将引起激光脚点位置的测量偏差，偏差量值可达到物体粗糙粒度极值的 1/2[21]。此外，受扫描时的气温、气压、湿度等影响，激光脉冲信号会产生大气延迟和大气折射误差。一般而言，垂直方向的大气误差仅有几个毫米，使用简单的模型改正即可，改正后的残差也可以忽略不计；水平方向因大气折射产生的测距误差能达到厘米级水平，需要谨慎考虑。目前，部分移动三维激光扫描系统逐渐开始使用双频激光的方式以削弱大气误差的影响。

（2）数据获取过程中的误差。

数据获取过程中的误差主要表现在点云和影像数据采集及处理过程中产生的误差。在数据采集过程中，基于 PPK 模式的移动三维激光扫描需要架设 GNSS 基准站，基准站在架设过程中的对中、整平、仪器高量取会存在不同程度的误差；数据采集时，载体平台的抖动、急加速减速，扫描线路规划设计，校核纠正点的选取测量，静态、动态初始化和结束化的不规范操作，扫描频率的选取，仪器操作流程等，同样会不同程度上产生数据获取误差。在数据处理过程中，处理软件的使用、软件参数的选择、POS 轨迹解算的方法、点云纠正点的选用、滤波参数的设置等，也会产生一定的数据处理误差。

（3）成果制作过程中的误差。

成果制作过程中的误差主要是成果点、线、面的绘制计算等产生的误差。因点云成图软件分辨率与渲染效果、点云数据的扫描及着色效果、作业人员视觉差异等，在点云上进行点、线、面提取绘图时，会存在点位捕捉偏差、错位等现象，最终可能会造成提交的成果存在一定的随机误差。

2.4 常用三维激光扫描数据格式

点，是描述自然环境和人类社会地形、地貌以及地物等要素最简单的几何图形，传统测量手段采集的原始数据大多以“点”的形式表现或描述，例如全站仪采集的散点数据、GNSS-RTK 获取的测点数据等。点云是三维激光扫描的主要数据成果，是大量点的集合，即通过激光扫描仪等设备采集的、符合测量规则、能够描述目标物体表面特征、以离散和不规则方式分布在三维空间的密集点的集合，通常包含三维坐标、反射强度等必要信息，经过处理后还可能包含 RGB 颜色信息，是继矢量数据、影像数据后的第三类空间数据[22]。和其他类型空间数据相比，点云数据具有以下特点[23]：

（1）三维。

点云中的点都具有三维坐标信息，可以在立体空间进行显示和展现，具有影像数据不具备的三维特征。

（2）非结构化[22]。

点云中的点与点之间都是独立存在的，彼此之间没有明显的空间结构关系，和传统测量手段采集的散点数据一样，均具有非结构化特征。

（3）高密度、高精度。

点云是大量点的集合，通常每平方米物体表面含有成千上万个甚至数十万个点，且这些点均具有较高的平面和高程精度。

（4）信息丰富。

点云不仅具有三维特征，还包含反射强度、纹理信息等丰富的属性，可以呈现出和现实世界高度相似的视觉效果。

（5）非均匀分布。

基于激光扫描仪的扫描方式及扫描原理，通常距离扫描仪（扫描路线中心）较近区域的点云间隔较窄，密度较大；反之，距离较远的点云间隔较宽，密度较小。这使得点云在空间分布上呈现非均匀分布的特征。

激光点云数据一般包括各点的三维空间信息、强度、色彩、类别、回波次数、时间标记等信息[24]，这些信息需要以一定的形式进行存储，以便后续高效地使用、处理、融合和管理。目前常用的点云存储格式有 LAS（LAZ）、ASCII、PCD、PLY、STL、OBJ 等。

2.4.1 LAS（LAZ）格式

LAS 格式文件是目前最常用的激光雷达点云数据存储格式之一，由美国摄影测量与遥感协会（American Society for Photogrammetry and Remote Sensing，ASPRS）于 2003 年 5 月提出并发布，是一种满足工业标准的公开通用格式文件，目前有 LAS1.0 ~ LAS1.4 共计 5 个版本。最新版本的 LAS1.4 于 2013 年 7 月发布，不仅可全面兼容 LAS1.1 ~ LAS1.3 版本数据，还将文件结构从 32 位扩展到 64 位，回波数量增加到 15 个，点类数量扩展到 256 类，扫描角字段扩展到 2 字节，并设置有传感器通道段位。此版本不仅支持精细角度分辨率数据记录与移动测图，还为每个点增设用于描述多余字节的可选多余字节可变长记录[6]。

LAS 格式文件记录有 LiDAR 方式采集的三维坐标、强度、分类、回波次数等点云数据信息，其存储格式虽比 ASCII PTS 等格式文件复杂，需要专业软件进行读写，但却是一种开放的统一标准格式，允许不同生产商的不同 LiDAR 软硬件工具进行无障碍读取、输出等互相操作。LAS 作为一种开放二进制数据的格式文件，具有规定的文件头结构和严密的数据组织，能够包含更多的扫描数据信息，且占用的存储空间相对较小，其组成部分包括公共头部分、任意数量可选的可变长度记录部分（Variable Length Records，VLRs）、点数据记录部分（Point Data Records）及任意数量可选的扩展可变长度记录部分（Extended Variable Length Records，EVLRs），上述数据通常按字节顺序排列[6]：

（1）公共头部分为泛型通用数据信息，一般包括 LASF 文件签名（File Signature）、文件源 ID（File Source ID）、全局编码（Global Encoding）、项目 ID（GUID 数据）、版本号（Version Number）、系统识别符（System Identifier）、生成软件（Generating Software）、文件创建年月（File Creation Day of Year）、文件创建年（File Creation Year）、头大小（Header Size）、点数据偏差（Offset to Point Data）、可变长记录数（Number of Variable Length Records）、点数据记录格式（Point Data Record Format）、点数据记录长度（Point Data Record Length）、点记录遗留数（Legacy Number of Point Records）、回波点遗留数（Legacy Number of Point by Return）、坐标比例因子（Coordinate Scale Factors）、坐标偏差

（Coordinate Offset）、最大和最小 X、Y、Z（Max and Min X、Y、Z）、点记录数（Number of Point Records）、回波点数（Number of Point by Return）等项目信息。

（2）可变长度记录部分为变量类型数据信息，一般包括投影信息、元数据、波形包信息和用户应用数据等项目信息。

（3）点数据记录部分记录点云位置及属性数据信息，一般包括所属类 C（Class）、航线号 F（Flight）、GPS 时间 T（Time）、回波强度 I（Intensity）、第几次回波 R（Return）、回波次数 N（Number of Return）、扫描角 A（Scan Angle）、颜色值 RGB（Red Green Blue）等扫描点的项目信息。

（4）扩展可变长度记录部分类似于 VLRs，但具有比 VLRs 更大的数据空间，并能被追加到 LAS 文件末尾。

LAZ 格式文件则是 LAS 格式文件的压缩版本，和 LAS 一样，LAZ 格式也是一种符合工业标准要求的二进制数据文件格式，由于是 LAS 压缩后的格式，所以其占用的存储空间仅为 LAS 格式的 1/3，且在总体读取速度上比 LAS 格式更快。

2.4.2 ASCII 格式

ASCII（American Standard Code for Information Interchange）是基于拉丁字母的美国信息交换标准代码，其最早于 1967 年以规范标准的形式发表。ASCII 格式则是由满足标准 ASCII 字符集编码的字符组成的文本文件格式，通常仅含有字母、数字和常见符号。ASCII 格式激光点云数据文件是各类硬件设备和计算机操作系统普遍采用的一种数据格式，一般记录方式灵活、读写方便，但占用存储空间相对较大，数据读取慢，对于海量点云数据，不仅存储和处理困难，还易丢失 LiDAR 特有的数据信息。ASCII 格式文件一般以 PTS、PTX、ASC、XYZ、TTX、CSV 等为文件后缀名进行数据存储。

1. PTS

PTS 格式点云文件是最简便的点云格式之一，包含每个点的三维坐标、反射强度和颜色信息，直接按 X、Y、Z 顺序存储点云数据，用空格或者逗号分隔，其字符数据可以是整型或者浮点型。PTS 格式文件第一行记录激光扫描总点数，随后每一行记录一个激光扫描数据点及其信息，每行可有 7 个值，前三个是激光点的坐标（X，Y，Z），第四个是反射强度值，最后三个是颜色估计值（R，G，B），强度和颜色估计值的范围均为 0 ~ 255。

2. PTX

PTX 格式和 PTS 格式类似，同样结构简单，可被多数仪器和软件支持，数据的存储样式也相似。不同的是，PTX 格式使用单独扫描的概念，将每个扫描点都定义在自己的坐标系中，并对反射强度值进行了归一化处理，是一种常用的点云数据的 ASCII 交换格式。

3. ASC

ASC 格式文件是 ASCII 字符流。该字符流由按行列排序的数据值组成，各行由行定界符分隔，每行的同一列定义均相同，由开始和结束的位置（由 IMPORT 参数指定）来定义。

4. XYZ、TXT、CSV

XYZ 格式、TXT 格式、CSV 格式基本一样，都是一种简单的文本格式，文件由多行组成，均不包含文件头信息或其他元数据，只有纯粹的点云位置数据。文件每行表示一个点，没有额外的属性信息，易于创建、编辑和阅读，可快速查看和处理点云的几何数据。其中：XYZ 格式数据一般每行有 6 列数据，前三列分别为点的 *X*、*Y*、*Z* 坐标值，后三列为点的法向量，每列之间以空格分隔；TXT 格式数据一般每行只有 3 列数据，分别为点的 *X*、*Y*、*Z* 坐标，以空格、逗号等制表符进行分隔。

2.4.3　PCD 格式

PCD（Point Cloud Data）格式文件为 PCL（Point Cloud Library）跨平台开源 C++库最常用的一种点云数据存储格式，是对部分其他格式点云数据无法基于 PCL 进行处理，而进行的一些扩展和对现有文件格式的有效补充，通常以“PCD_V*x*”为编号，其中“*x*”表示 PCD 版本号。

PCD 格式也是一种二进制点云格式文件，用于存储三维点云数据的坐标、强度等信息，文件通常由文件头（文件说明）和点云数据两部分组成。其中，文件头部分由 11 行组成，均为 ASCII 编码，用于标识和描述文件中点云数据的整体信息，分别表示注释行、版本号、数据点字段名称、字段维度字节大小、坐标信息数据类型、坐标信息偏移量、坐标信息变量名、坐标信息维度数、点数总数等信息；点云数据部分可使用 ASCII、二进制（Binary）、压缩二进制（Binary Compressed）三种不同模式存储点的坐标、强度等信息，以空格为分隔符。

PCD 格式文件不仅为实时应用、增强现实等研究领域存储和处理点云提供了有组织的点云数据集，还支持对不同数据类型的 *N* 维点云进行灵活高效地存储和处理，更能通过对文件格式的控制，更好地适应 PCL 库。

2.4.4　PLY 格式

PLY（Polygon File Format）格式是由美国斯坦福大学（Stanford University）Turk 等人设计开发的一种三维 mesh 模型数据格式，也被称为斯坦福三角格式。PLY 格式作为一种多边形模型数据文件格式，每个 PLY 文件可通过存储点云（顶点）、多边形网格等多种几何结构，对一个多边形几何模型对象进行描述，其不仅结构简单，而且允许以 ASCII 编码或二进制形式存储文件，还能满足包括多边形模型在内的大多数图形应用的需求[6]。

PLY 格式文件通常由文件头和数据区两部分组成。文件头部分以行为单位，记录点云文件相关的文件类型、格式版本、元素类型和属性等，该部分以 ply 开头，以 end_header 结尾；数据区部分包含顶点数据列表、面片数据列表及其他元素列表。

2.4.5 STL 格式

STL（Stereo Lithography）格式是由美国 3D Systems 公司设计发布的用于 3D 打印的二进制文件格式，是一种对一系列空间小三角形面片（网格）进行无序排列组合，来近似逼近三维实体表面的数据模型，其结构简单且应用广泛，目前已被工业界认为是快速成形系统领域的标准文件格式[6]。

STL 格式文件的数据，通过给出三角形的 3 个顶点坐标及组成三角形法向量的 3 个分量来实现。一个完整的 STL 文件记载有组成三维实体模型的所有三角形面片法向量数据和顶点坐标数据，这些数据通常以 ASCII 码或二进制文件形式进行存储。

2.4.6 OBJ 格式

OBJ 格式是一种由加拿大 Alias Wavefront Techonologies 公司为 3D 建模和动画设计等设计开发的 3D 模型文件格式，用于存储模型的点云数据和每个点的法向量信息。OBJ 格式文件既可以存储点云的离散点，又可以记录直线、多边形和自由曲边数据，易于数据的显示与建模，但缺乏点的属性信息，不利于推广普及应用。

OBJ 格式文件通常用以“#”为开头的注释行作为文件头，但此类文件头却不是 OBJ 文件的必要组成部分，数据部分的每一行都需要由 1 ~ 2 个关键字开头，以说明此行所表示的数据类型和模型元素，多行数据可以通过连接符“\”连接，表示成一行数据。

2.5 移动三维激光扫描技术特点

当前，移动三维激光扫描技术已逐渐在城市勘测领域进行推广应用，但其项目场景应用深度和应用广度仍需持续提升。相较而言，GNSS-RTK 技术、全站仪、高分辨率卫星遥感技术、低空大比例尺航测技术仍是目前城市勘测领域应用的主流技术设备。而 GNSS-RTK 技术和全站仪等传统测量技术设备作为一种单点测量方式，劳动强度较大；高分辨率卫星遥感技术和低空大比例尺航测技术受制于地面分辨率、平面或高程测图精度的影响，仅能应用于工程选址（选线）设计、1∶2 000 比例尺以下测图等项目场景中，其成果精度暂时无法满足大比例尺测图、规划竣工核实、调查监测等多数城市勘测领域项目场景的应用要求。

与目前常用的传统城市勘测技术手段相比，移动三维激光扫描技术是信息化测绘阶段，甚至是智能化测绘阶段新技术的主要代表之一，更是对传统时空数据获取方式和手段的重大突破和变革；它能够自动、连续、快速地采集和获取物体表面的三维位置数据和纹理属性信息（点云数据和影像数据），使得人们从传统的人工机械式单点数据获取变为自动连续面状、体状数据获取，也使数据处理的自动化、智能化成为可能，具有传统城市勘测技术手段不具备的优势和特点。总体上，移动三维激光扫描技术具有以下诸多特点[9,14,25]：

1. 全息采集

移动三维激光扫描技术以应采尽采为原则，可对激光雷达视野范围内的所有地物、地貌的位置、形状、反射率数据进行全方位采集，配置相机的移动三维激光扫描系统还能同时采集相应的外观、纹理数据；不仅避免了传统数据获取方式的过滤采集、多次采集、反复采集，还实现了自然属性和社会属性信息的同步采集，更实现了对室内室外、地上地下、水域陆地的二维三维位置信息、属性信息和时间信息的一体化采集。

2. 按需提取

基于移动三维激光扫描技术采集到的全息数据，可按照项目场景应用需要和时间节点要求，从中提取项目成果资料需要的相应时间节点的一种或几种时空信息数据类型，以便进行不同比例尺的综合、专题图形绘制和不同精细程度的模型制作，还能实现同一场景历史数据的回溯和校核。移动三维激光扫描技术更加满足应用为先的需求导向和按需组装的定制应用，实现了数据资源的反复利用和高效使用。

3. 穿透性数据采集[26]

激光的强穿透性和激光雷达的多次回波信息获取能力，使得移动三维激光扫描系统能够获取目标表面不同层面几何信息的采样点数据。可穿透树木、花草等稀疏植被，获取乔木的冠幅、树高等信息，植被覆盖下的底层地面高程等地形信息，以及准确获取房屋的房顶、房檐、室内高、室外高等信息。

4. 非接触性测量[26,27]

包含移动方式在内的三维激光扫描技术均采用完全非接触扫描的方式对目标进行测量，无须反射棱镜，无须人员达到待测物体位置，无须进行任何表面处理，便可直接对待扫描目标物体表面进行完全真实可靠的三维坐标数据采集，真正做到模型原型的快速重构。可解决危险目标、危险环境、柔性目标及作业人员不易或难以达到位置的扫描测量工作，这是传统测量手段难以做到的。

5. 数据采集速度快、采样率高、劳动强度低

目前，移动三维激光扫描系统的最大激光发射频率（采样点速率）普遍可达到数十万甚至上百万点每秒，在载体平台快速移动过程中，即可实现对作业场景大面积目标物体位置和属性信息的实时连续自动化获取，搭载在大飞机上的固定翼机载激光雷达数据采集效率甚至高达 25 km^2/h，大幅降低了作业人员人工外业工作时长、劳动强度和工作量，这是传统单点方式的测量手段难以比拟的。

6. 可全天候动态作业

移动三维激光扫描技术采用主动发射扫描光源（激光束），通过探测自身发射的激光回波信号，来获取目标物体的数据信息。在扫描过程中，不受光线、扫描环境和作业时间的约束，如果不需要相机影像数据，便可像 GNSS 一样进行全天候作业[28]；相较于基于可见光的全站仪和倾斜摄影测量，其有效作业时间更长，而且，晚间进行扫描作业时，可最大程度减小扫描线路上流动车辆和行人对扫描数据质量的影响。

7. 数据高分辨率、高精度

三维激光扫描技术可连续获取高密度、高精度的海量点云数据，准确反映出目标物体的表面特征，在使成果数据分辨率大幅提升的同时，还能解决常规测量手段不易解决的物体表面近似误差[29]；相较于地面架站式三维激光扫描技术毫米级的单点测量精度，移动三维激光扫描技术的单点测量精度虽有所降低，但除了直升机（固定翼）机载激光扫描测量精度为 10 cm 左右，其他类型的移动三维激光扫描技术单点测量精度基本可控制在 5 cm 以内，基本可满足大多数城市勘测领域项目场景对数据精度的要求。此外，采样点数据的点间隔距离还可以根据项目需要进行针对性设置，从而使获取的点云分布更均匀。

8. 数字化采集，自动化程度高，兼容性好

移动三维激光扫描技术所获取的点云数据和影像数据均具有全数字化特征，便于后期由计算机进行自动化、智能化数据处理、加工与输出。点云和影像数据格式具有较强的通用性，便于不同的数据处理和成果制作软件对其进行数据调用、交换与共享，使得扫描系统、扫描数据和与其他软件具有较强的兼容性和互操作性。

9. 多传感器集成融合

移动三维激光扫描技术可实现与数码相机、视频系统、GNSS 系统、IMU、编码里程计等多种传感器的集成与融合，极大地扩展了三维激光扫描技术的使用场景范围和工程应用深度，整个扫描系统对信息数据的获取更加全面、准确。其中，外置数码相机或视频系统可获取目标物体的 RGB 纹理色彩和属性信息，使得点云数据可被着色为彩色点云数据，GNSS 系统、IMU 和编码里程计可进一步提升系统定位定姿的准确性，进而提升成果数据的扫描精度和匹配准确性，减少点云数据的分层与错位程度。

10. 集成程度高，防护能力强，通用性强

移动三维激光扫描系统各组成部分结构紧凑、集成程度高，且具备防水、防潮、防震动、防辐射等特性，环境适应能力和设备通用性强，有利于在城市勘测领域各种场景或多种野外环境下的操作与使用，还可根据不同的项目场景类型和成果需求，选用不同类型的移动三维激光扫描作业方式和扫描线路。

参考文献

[1] 国家测绘地理信息局. 地面三维激光扫描作业技术规程：CH/Z 3017—2015[S]. 北京：测绘出版社，2016.
[2] 国家测绘地理信息局. 车载移动测量数据规范：CH/T 6003—2016[S]. 北京：测绘出版社，2017.
[3] 国家测绘地理信息局. 车载移动测量技术规程：CH/T 6004—2016[S]. 北京：测绘出版社，2017.
[4] 国家测绘地理信息局. 机载激光雷达数据处理技术规范：CH/T 8023—2011[S]. 北京：测绘出版社，2012.
[5] 国家测绘地理信息局. 机载激光雷达数据获取技术规范：CH/T 8024—2011[S]. 北京：测绘出版社，2012.
[6] 李峰，王健，刘小阳，等. 三维激光扫描原理与应用[M]. 北京：地震出版社，2020.
[7] 申志恒. 车载场景高精度定位定姿理论与即时建图应用研究[D]. 武汉：武汉大学，2022.
[8] 徐寿志. 车载移动测量系统检校技术及其精度评定方法[D]. 武汉：武汉大学，2016.
[9] 谢宏全，谷风云. 地面三维激光扫描技术与应用[M]. 武汉：武汉大学出版社，2016.
[10] 梁静. 三维激光扫描技术及应用[M]. 郑州：黄河水利出版社，2020.
[11] 龚剑，左自波. 三维扫描数字建造[M]. 北京：中国建筑工业出版社，2020.
[12] 梅文胜，周燕芳，周俊. 基于地面三维激光扫描的精细地形测绘[J]. 测绘通报，2010（1）：53-56.
[13] 郑德华，雷伟刚. 地面三维激光影像扫描测量技术[J]. 铁路航测，2003（2）：26-28.
[14] 廉旭刚，胡海峰，蔡音飞，等. 三维激光扫描技术工程应用实践[M]. 北京：测绘出版社，2017.
[15] 韩友美，杨伯钢. 车载 LiDAR 技术市政道路测量高程精度控制[J]. 测绘通报，2013（8）：18-35.
[16] 闫利，戴集成，谭骏祥，等. SLAM 激光点云整体精配准位姿图技术[J]. 测绘学报，2019，48（3）：313-321.
[17] 张迪. 基于背包式移动测量系统室内外定位方法研究及应用[D]. 昆明：昆明理工大学，2019.
[18] 王文晶. EKF-SLAM 算法在水下航行器定位中的应用研究[D]. 哈尔滨：哈尔滨工程大学，2007.

[19] 张国良，姚二亮，汤文俊，等. 一种自适应的 Graph SLAM 鲁棒闭环算法[J]. 信息与控制，2015，44（3）：316-320；327.

[20] 陈楚江，明洋，余绍淮，等. 公路工程三维激光扫描勘测设计[M]. 北京：人民交通出版社股份有限公司，2016.

[21] 郑德华，沈云中，刘春. 三维激光扫描仪及其测量误差影响因素分析[J]. 测绘工程，2005（2）：32-34；56.

[22] 杨必胜，董震. 点云智能处理[M]. 北京：科学出版社，2020.

[23] 陈瀚新，向泽君. 智能测绘技术[M]. 北京：中国建筑出版社，2023.

[24] 中国测绘学会. 地理空间点云数据管理服务规范：T/CSGPC 011—2023[S]. 北京：中国建筑工业出版社，2023.

[25] 谢宏全，侯坤. 地面三维激光扫描技术与工程应用[M]. 武汉：武汉大学出版社，2013.

[26] 马立广. 地面三维激光扫描测量技术研究[D]. 武汉：武汉大学，2005.

[27] 董秀军. 三维激光扫描技术及其工程应用研究[D]. 成都：成都理工大学，2007.

[28] 王峰，林鸿，李长辉. 地面三维激光扫描技术在城市测绘中的应用[J]. 测绘通报，2012（05）：47-49.

[29] 李清泉，李必军，陈静. 激光雷达测量技术及其应用研究[J]. 武汉测绘科学大学学报，2000，25（5）：387-392.

第 3 章　移动三维扫描主流软硬件设备

近年来，三维激光扫描进入了新发展阶段，移动三维激光扫描硬件设备在扫描速度、扫描距离、测量精度、设备国产化等方面发展迅速，相关软件的计算能力、速度和数据处理量也得到了大幅提升。在移动三维扫描硬件设备市场，相关国产品牌设备实现了市场占有率的大幅提升，尤其是在便携式三维激光扫描仪和无人机飞行平台方面，国产品牌设备已占据一定的主导优势。在移动三维扫描软件市场，虽然国内品牌软件有了长足的发展与进步，但国内外相关软件整体上的集成性、智能化发展均严重滞后，这制约着相关技术在城市勘测领域项目场景中应用的进一步扩大和普及。

因移动三维扫描技术为本书重点关注和介绍的内容，在前两章已对测绘技术、三维激光扫描技术及城市勘察等相关知识进行了详细的介绍。从第 3 章开始，本书将主要围绕移动三维扫描技术的相关知识、实践应用等内容逐一展开阐述。

本章主要介绍目前市场上主流的国内外移动三维激光扫描硬件设备的品牌情况，对其不同型号设备产品的技术指标参数等进行了详细对比，最后简要介绍了目前市场上常见的三维激光扫描数据通用处理软件，所涉及的各个品牌软硬件排序无先后和轻重之分，统一按照先国内品牌再国外品牌及品牌中文拼音首字母顺序的原则进行排序。

3.1　移动三维扫描硬件设备

在三维激光扫描技术推广应用初期，国外相关扫描设备在中国市场占据了一定的主导地位和大量的市场份额，随着三维激光扫描技术的不断发展及国内厂商技术实力和创新能力的持续提升，在进入移动三维激光扫描新的发展阶段，国产移动三维激光扫描系统已逐渐成为城市勘测领域主流扫描硬件系统的主要提供者。有关资料显示，国内城市勘测领域市场上有众多仪器制造商的数十种型号的移动三维激光扫描系统产品，其中不仅包括瑞士徕卡（Leica）、美国天宝（Trimble）、奥地利瑞格（Riegl）、加拿大 Optech、英国 Goslam、日本拓普康（Topcon）、美国法如（FARO）等众多国外厂商，更包括华测导航、中海达、南方、欧思徕、数字绿土、其域创新、飞马、思拓力、北科天绘等一众国内品牌厂商。在机载激光扫描无人机飞行平台方面，我国更是拥有占据 100%国内市场份额的大疆、飞马、千寻等测绘无人机国产设备生产厂商[1]。

本节主要对目前城市勘测领域市场上部分品牌的代表性型号移动三维激光扫描硬件设备的指标参数进行了简单介绍，实际上，仍有很多其他品牌或型号的相关扫描设备产品也已经在城市勘测领域进行了一定应用，因篇幅限制，本节未对这些品牌和设备进行一一介绍。

3.1.1 便携式三维激光扫描系统

当前，随着三维激光扫描技术与SLAM等新技术的深度融合与不断升级迭代，以便携式三维激光扫描为代表的移动三维扫描技术正在快速发展，其在城市勘测领域项目场景中的应用深度和应用广度正在与日俱增。下面对市场上部分代表性国产便携式三维激光扫描系统（扫描仪）产品性能指标进行简要介绍。

1. 飞马便携式三维激光扫描仪

深圳飞马机器人股份有限公司（以下简称飞马机器人），成立于2015年，是国家级高新技术企业和专精特新“小巨人”企业。成立以来，公司专注于全球无人机和移动测量设备的研发与生产，迄今，飞马机器人发布有包括F系列、D系列、V系列、P系列在内的共19种智能无人机航测、遥感、巡检与应急系统，以及多种型号的SLAM、RTK、背包等移动三维扫描测量平台。

目前，飞马机器人公司旗下拥有SLAM100、SLAM2000等型号的便携式三维激光扫描仪（图3.1-1），其主要技术指标参数见表3.1-1。

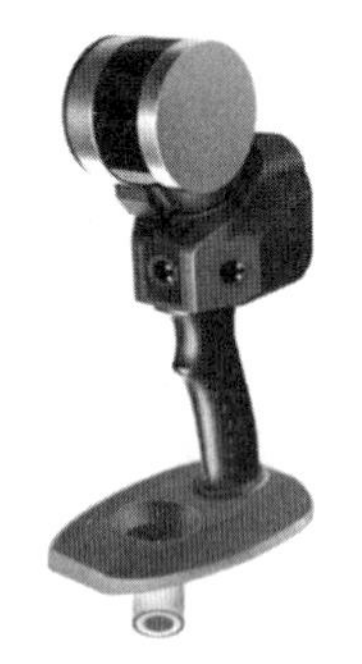
（a）SLAM100手持式

（b）SLAM100背包式

（c）SLAM2000手持式

（d）SLAM2000背包式

图3.1-1 飞马机器人SLAM100、SLAM2000便携式三维激光扫描仪外观

表3.1-1 飞马机器人SLAM100、SLAM2000便携式三维激光扫描仪主要技术参数

仪器型号	SLAM100	SLAM2000
扫描线束/线	16	16
扫描频率/（点/s）	32万	20万
扫描距离/m	120	0.1～70
扫描视场角/（°）	360×270	360×59（－7～52）
相机数量/个	3	2
影像有效像素	500万×3	1 200万
卫星系统	支持4种卫星信号	
RTK精度	平面：1 cm＋1 mm/km，高程：1.5 cm＋1 mm/km	

续表

仪器型号	SLAM100	SLAM2000
成果相对精度/cm	±2.0	±2.0
成果绝对精度/cm	±5.0	±5.0
存储空间	32 GB（标配）	512 GB SSD
手持尺寸/mm	372×163×106	170×173.8×364.5
手持质量/kg	1.59（不含电池）	1.45（含手柄、底座）
工作温度/°C	−10～45	−20～50
建图原理	RTK-SLAM、PPK-SLAM、纯 SLAM	
搭载平台	手持、背包	手持、背包、站式

2. 华测导航便携式三维激光扫描仪

上海华测导航技术股份有限公司（以下简称华测导航），成立于 2003 年 9 月，公司长期专注于高精度导航定位相关核心技术及其产品与解决方案的研发、制造、集成和产业化应用。2013 年 4 月，华测导航公司正式推出车载移动测量系统，开始全面进军三维激光扫描技术与设备研发领域；2017 年 3 月，公司在深交所创业板上市；2021 年，公司推出融合视觉测量、图像识别技术的“视觉 RTK”高精度智能接收机，并在视觉 RTK 和多平台三维激光扫描技术的基础上，于 2023 年成功推出公司首款激光 SLAM 和高精度 RTK 融合的便携式三维激光扫描产品——如是 RS10 测量系统（图 3.1-2）。该系统通过将 RTK 与激光 SLAM 及视觉 SLAM 进行深度融合解算，实现高精度免回环扫描测量，其主要技术指标参数见表 3.1-2。

图 3.1-2　华测导航公司如是 RS10 测量系统扫描仪外观

表 3.1-2　华测导航公司如是 RS10 测量系统主要技术参数

指标内容	激光等级	激光波长	激光通道数
激光器	1 级	905 nm	16
	扫描频率	扫描距离	回波次数
	32 万点/s	0.05 ~ 120 m	2
RTK 系统	卫星系统	RTK 平面精度	RTK 高程精度
	支持 5 星 19 频	0.8 cm + 1 mm/km	1.5 cm + 1 mm/km
IMU 系统	输出频率	后处理位置精度	后处理姿态精度
	200 Hz	水平 1 cm，高程 2 cm	R/P：0.005° H：0.01°
相机系统	相机数量	影像有效像素	影像分辨率
	3	1 500 万像素（500 万 ×3）	2 592×1 944
扫描系统	扫描视场角	持续扫描时间	成果相对精度
	360°×270°	1 h	≤1 cm
	存储空间	质量	成果绝对精度
	512 GB	1.9 kg（含 RTK、电池）	≤5 cm
	工作温度	建图原理	搭载平台
	− 20 ~ 50 °C	RTK-SLAM	手持、RTK 对中杆

注：表中后处理姿态精度中的 R、P、H 分别代表横滚角（Roll）、仰俯角（Pitch）、航向角（Heading），本章后文同。

3. 欧思徕便携式三维激光扫描仪

欧思徕（北京）智能科技有限公司（以下简称欧思徕），成立于 2016 年，长期致力于推动人工智能和机器人技术在测绘地理信息、数字孪生等领域的应用与发展。2018 年 3 月，成功研制并推出第一代移动式 SLAM 彩色三维激光扫描仪 DLP6-Premium，此后又相继推出了多款拥有自主知识产权的移动便携式三维激光扫描仪。

目前，欧思徕公司旗下拥有 R6、R8、R8 + 、D8 等多种型号的主流高精度便携式三维激光扫描系列产品（图 3.1-3），支持手持、背包、移动平台等多样性的作业方式，可以高效实现室内外一体的数据采集任务，轻松获取高精度全空间真彩色点云，其主要技术指标参数见表 3.1-3。

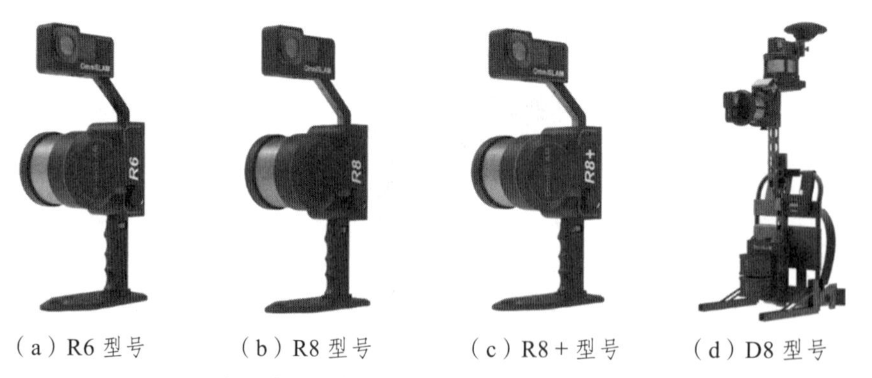

（a）R6 型号　（b）R8 型号　（c）R8 + 型号　（d）D8 型号

图 3.1-3　欧思徕公司多款代表性便携式三维激光扫描仪外观

表 3.1-3　欧思徕公司多款代表性便携式三维激光扫描仪主要技术参数

仪器型号	R6 型号		R8 型号			R8＋型号		D8 型号	
仪器类型	通用测量型		专业测绘型			精密建模型		增强现实型	
结构样式	旋转式单激光雷达							固定式双激光头	
激光器类型	R6-16	R6-32	R8-16	R8-32	R8-300	R8＋32	R8＋300	D8-32	D8-300
扫描线束/线	16	32	16	32		32		32×2	
扫描频率/（点/s）	32 万	64 万	32 万	64 万		64 万		128 万	
扫描距离/m	120		120		300	120	300	120	300
卫星系统	支持 5 星 16 频，支持各类 CORS 系统								
RTK 精度	平面：0.8 cm＋1 mm/km，高程：1.5 cm＋1 mm/km								
相机镜头/个	徕卡 F2.2×2							徕卡 F2.2×4	
全景图像	360°6K 全景影像							360°12K	
成果相对精度	≤1 cm					≤2 mm			
成果绝对精度/cm	≤3		平面：≤1.8，高程：≤2.5						
点云密度/（点/m²）	1 万					50 万		100 万	
点云厚度	1 cm					2 mm			
建图原理	RTK-SLAM；纯 SLAM		RTK-SLAM；PPK-SLAM；纯 SLAM						
搭载平台	手持、背包							背包	

4. 其域创新便携式三维激光扫描仪

深圳市其域创新科技有限公司 XGRIDS（以下简称其域创新），成立于 2020 年，同样是国家级高新技术企业和专精特新企业。公司融合边缘计算、高性能计算、计算机图形学等技术，突破了厘米级到千米级的跨尺度高精度 3D 实时建模技术，已初步形成三维扫描重建与处理应用软硬件完整产品线。2022 年 7 月，公司发布其研发的第一代手持三维实景实时重建设备灵光 Lixel L1 及配套的 AI 智能模型后处理软件 HumuStudio，该设备融合了激光雷达和视觉相机，是新一代的高精度、高集成、实时处理生产彩色点云模型的手持三维采集设备。此后又相继推出了多款灵光系列移动便携式三维激光采集设备。

目前，其域创新公司旗下共拥有 Lixel L1、Lixel L2、Lixel K1 等型号便携式手持三维采集设备，此外还拥有另一款由中海达公司代理销售的 Lixel X1 手持实时三维重建设备（图 3.1-4），上述产品设备的主要技术指标参数见表 3.1-4。

（a）Lixel L1　（b）Lixel L2　（c）Lixel K1　（d）Lixel X1

图 3.1-4　其域创新公司多款手持三维激光扫描仪外观

表 3.1-4　其域创新公司多款手持三维激光扫描仪主要技术参数

仪器型号	Lixel L1	Lixel L2		Lixel K1	Lixel X1
扫描线束/线	16	16	32	40	16
激光器类型	Class 1	Class 1	Class 1	Class 1	Class 1
激光波长/nm	905	905	905	905	905
扫描频率/（点/s）	32 万/64 万	32 万	64 万	20 万	32 万
扫描距离/m	0.05～120	0.5～120	0.5～300	0.1～70	0.05～120
扫描视场角/（°）	360×270	360×270	360×270	360×59（－7～52）	360×270
相机数量/个	4	3	3	4	4
里程累计误差/%	0.01	—	—	—	0.01
水平度精度/（°）	—	≤0.015	≤0.015	≤0.015	—
扫描精度/cm	±1.5	相对精度±1.2，绝对精度≤3.0			±1.5
存储空间	1TB SSD	1TB SSD	1TB SSD	256 GB TF 卡	1TB SSD
手持端质量/kg	≤1.9	≤1.9	≤1.6	1.0	≤1.9
工作温度/°C	－20～50	－20～50	－20～50	－20～50	－20～50
建图原理	纯 SLAM	RTK-SLAM、PPK-SLAM、纯 SLAM			
搭载平台	手持	手持	手持	手持	手持

5. 数字绿土便携式三维激光扫描仪

北京数字绿土科技股份有限公司（以下简称数字绿土），成立于 2012 年 9 月，是一家专注于三维激光雷达扫描设备及点云与影像处理软件系统研发的国家级高新技术企业和专精特新“小巨人”企业，产品服务遍及全国并远销美国、欧洲、澳大利亚、日本、新加坡等 130 多个国家和地区。

目前，数字绿土旗下主流便携式三维激光扫描产品为 LiGrip O1 Lite 轻量化三维激光扫描仪、LiGrip H120 手持旋转激光扫描仪、LiGrip H300 手持激光扫描仪、GHJS12（MA）矿用本安型三维激光扫描仪、LiBackpack DGC 50 和 LiBackpack DGC 50 H 背包激光扫描系统等产品设备，部分型号如图 3.1-5 所示，其主要技术指标参数见表 3.1-5。

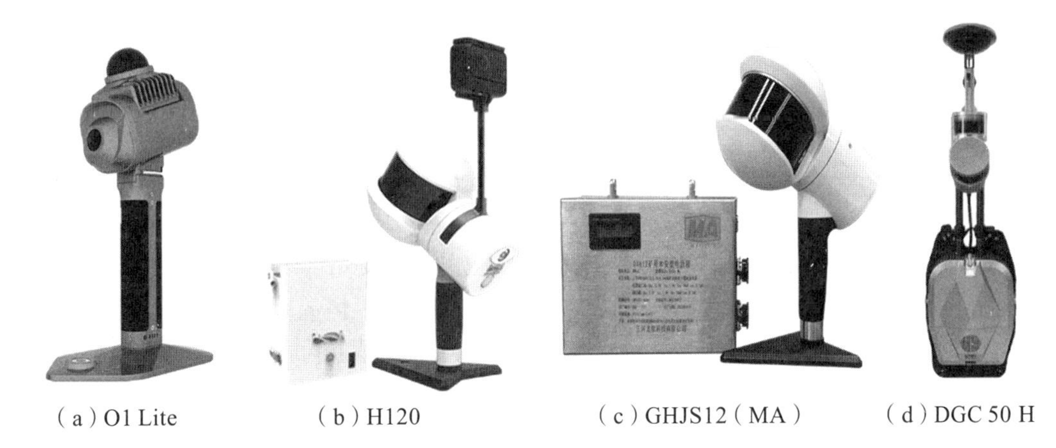

（a）O1 Lite　（b）H120　（c）GHJS12（MA）　（d）DGC 50 H

图 3.1-5　数字绿土公司多款代表性便携式三维激光扫描仪外观

表 3.1-5　数字绿土公司多款代表性便携式三维激光扫描仪主要技术参数

<table>
<tr><td>仪器型号</td><td>O1 Lite</td><td>H120</td><td>H300</td><td>GHJS12</td><td>DGC50</td><td>DGC50 H</td></tr>
<tr><td>激光器类型</td><td>Mid360</td><td>XT-16</td><td>XT-32</td><td colspan="3">XT-16</td></tr>
<tr><td>扫描频率/（点/s）</td><td>20 万</td><td>32 万</td><td>64 万</td><td>32 万</td><td>60 万</td><td>64 万</td></tr>
<tr><td>扫描距离/m</td><td>70</td><td>120</td><td>300</td><td>120</td><td>100</td><td>120</td></tr>
<tr><td>扫描视场角/（°）</td><td>360×59
（−7～52）</td><td colspan="3">360×280</td><td colspan="2">360×180</td></tr>
<tr><td>相机类型</td><td>LiCam</td><td>360°全景镜头组合</td><td>INSTA ONE RS 全景版</td><td>—</td><td colspan="2">360°全景镜头组合</td></tr>
<tr><td>影像分辨率/有效像素</td><td>3 840×2 160</td><td>6 080×3 040</td><td>6 528×3 264</td><td>—</td><td colspan="2">1 800 万</td></tr>
<tr><td>视频分辨率</td><td>—</td><td>5 760×2 880</td><td>6 144×3 072</td><td>—</td><td>3 840×1 920</td><td>5 760×2 880</td></tr>
<tr><td>卫星系统</td><td>5 星 14 频</td><td colspan="2">5 星 16 频</td><td>—</td><td>3 星 12 频</td><td>4 星 17 频</td></tr>
<tr><td>RTK 精度</td><td>0.8 cm＋1 mm/km</td><td colspan="2">1 cm＋1 mm/km</td><td>—</td><td colspan="2">1 cm＋1 mm/km</td></tr>
<tr><td>成果相对精度/cm</td><td>≤2</td><td colspan="2">≤1</td><td colspan="3">≤3</td></tr>
<tr><td>成果绝对精度/cm</td><td>≤5</td><td colspan="2">≤5</td><td colspan="3">≤5</td></tr>
<tr><td>点云格式</td><td>Laz、LiData</td><td colspan="3">Las、Ply、LiData</td><td colspan="2">Las、LiData</td></tr>
<tr><td>存储空间/GB</td><td colspan="2">256</td><td>512</td><td>256</td><td colspan="2">512</td></tr>
<tr><td>手持尺寸/mm</td><td>184×115×304</td><td>204×130×385</td><td>195×125×350</td><td>204×130×307</td><td colspan="2">展开：1 135×318×315
收缩：960×318×315</td></tr>
</table>

续表

仪器型号	O1 Lite	H120	H300	GHJS12	DGC50	DGC50 H
手持质量/kg	1.00	1.83	1.67	1.89	8.60（含相机）	
建图原理	RTK-SLAM，PPK-SLAM，纯 SLAM			纯 SLAM	RTK-SLAM，PPK-SLAM，纯 SLAM	
搭载平台	手持	手持、背包、车载		手持	背包	
适用场景	室内、室外多场景均适用			煤矿巷道	室内、室外多场景	

除上述国产化便携式三维激光扫描仪外，市场上还有南方测绘公司的 ROBOT SLAM 型号，北科天绘公司的星探 iSureStar 系列，广州思拓力公司的 H7 SLAM 型号等其他国产品牌便携式三维激光扫描仪。此外，也存在徕卡公司的 Pegasus：Backpack 移动背包扫描系统，英国 Goslam 手持激光扫描仪，FARO 公司的 ScanPlan、Freestyle、Orbit 型号等国外品牌的便携式三维激光扫描仪。

3.1.2 机载三维激光扫描系统

早在 20 世纪末，TopScan 公司与 Optech 公司就已经联合推出了最早的机载三维激光扫描仪 ALTM 1020。经过近 30 年的发展，机载三维激光扫描仪在扫描速度、扫描距离、测量精度等方面取得了重大突破，其搭载平台更是拓展为固定翼机载与旋翼机载、有人机载与无人机载，应用范围也逐步由最初的森林地区地形测绘扩展到城市勘测领域，实现了城市勘测领域项目场景中应用的从无到有，从少到多。下面对市场上常见的包含有人机载和无人机载搭载平台在内的部分纯机载三维激光扫描仪产品性能指标进行简要介绍。

1. 华测导航机载三维激光扫描系统

华测导航作为移动三维激光扫描设备的国产化领军品牌之一，在机载三维激光扫描技术领域进行了大量持续的深耕研究，形成了以 AA 系列为代表的机载长测程激光雷达测量系统等诸多代表性软硬件产品，其产品多次登上 *GPS WORLD* 等行业国际权威杂志的封面。华测导航 AA10、AA15、AA1400 等型号机载三维激光扫描设备（部分型号如图 3.1-6 所示）的主要技术指标参数见表 3.1-6。

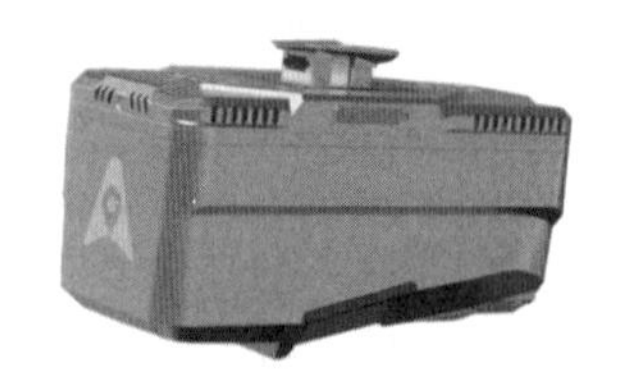

（a）AA15 机载激光雷达测量系统

（b）AA1400 机载激光雷达测量系统

图 3.1-6　华测导航部分型号机载三维激光扫描系统外观

表 3.1-6　华测导航部分型号机载三维激光扫描系统主要技术参数

仪器型号	AA10	AA15	AA1400
系统精度/cm	平面：5；高程：5		
最大发射点频/（点/s）	50 万	200 万	180 万
扫描线速/（线/s）	50～250	50～600	50～400
测距范围/m	10～800	最大 1 800	1.5～1 430
扫描视场角/（°）	75	75	100
最大回波次数/次	8	16	15
零偏稳定性/[（°）/h]	—	—	—
测距精度/mm	15	10	10
重复测距精度/mm	5	5	5
卫星系统	支持 4 星	支持 5 星	支持 4 星
数据更新频率/Hz	500	600	600
后处理姿态精度/（°）	R/P：0.006；H：0.019	R/P：0.005；H：0.010	R/P：0.005；H：0.010
后处理位置精度/cm	平面：1.0，高程：2.0		
影像有效像素	4 500 万	4 500 万	4 200 万
影像分辨率	8 184×5 460	8 192×5 460	7 952×5 304
存储空间	512 GB×2	512 GB	1 TB
扫描设备尺寸/mm	210×112×131	247×126×156	270×117×167
扫描设备质量/kg	1.55	2.50	2.98
工作温度/°C	－20～50	－20～50	－20～50
搭载平台	无人机载		

2. 数字绿土机载三维激光扫描系统

数字绿土公司作为国内新兴测绘仪器设备供应商之一，拥有以 LiAir 系列为代表的无人机三维激光扫描硬件产品，其 LiAir H800、LiAir H1500F 等型号机载三维激光扫描设备（图 3.1-7）的主要技术指标参数见表 3.1-7。

（a）LiAir H800 无人机激光雷达系统

（b）LiAir H1500F 小型激光雷达系统

图 3.1-7　数字绿土公司部分型号机载三维激光扫描系统外观

表 3.1-7　数字绿土部分型号机载三维激光扫描系统主要技术参数

仪器型号	LiAir H800	LiAir H1500F
成果绝对精度/cm	≤5	≤5
最大发射点频/（点/s）	100 万	200 万
测程/m	1 000	1 500
扫描视场角/（°）	100	75
重复测量精度/mm	5	5
最大回波次数/次	7	7
GNSS 卫星系统	4 星	4 星
IMU 数据频率/Hz	500	1 000
后处理姿态精度/（°）	R/P：0.006；H：0.019	R/P：0.005；H：0.010
影像有效像素	2 600 万	4 500 万
影像分辨率	6 252×4 168	8 184×5 460
扫描设备尺寸/mm	—	—
扫描设备质量/kg	2.25	3.50
存储空间	内置 256 GB TF 卡	内置 256 GB TF 卡
工作温度/°C	－20～50	－20～50
搭载平台	无人机载	

3. 中海达机载三维激光扫描系统

广州中海达卫星导航技术股份有限公司（以下简称中海达），成立于 1999 年，2011 年 2 月在深圳创业板上市。2012 年，中海达收购苏州迅威光电科技有限公司，并成立武汉海达数云技术有限公司，开始进军全站仪和三维激光市场，同年成功研发出 LS300 三维激光扫描仪，开启高精度三维激光扫描仪完全自主知识产权国产化的篇章。

目前，中海达已经构建出以 ARS 系列激光雷达、航测无人机为代表的全套机载三维激光扫描装备系统，其 R2（Lite）、S2（Lite）、智喙 S1 轻小型机载激光测量系统，ARS-1200、智喙 PM-1500 机载激光测量系统等代表性机载三维激光扫描系统（图 3.1-8）的主要技术指标参数见表 3.1-8。

（a）R2 轻小型机载激光测量系统

（b）S2 轻小型机载激光测量系统

（c）智喙 S1 轻小型机载激光测量系统

（d）智喙 PM-1500 机载激光测量系统

（e）ARS-1200 机载激光测量系统

图 3.1-8　中海达部分型号机载三维激光扫描系统外观

表 3.1-8　中海达部分型号机载三维激光扫描系统主要技术参数

仪器型号	R2/S2	R2 Lite/ S2 Lite	智喙 S1	智喙 PM-1500	ARS-1200
系统测量精度/cm	平面≤10，高程≤5		平面≤5，高程≤5		
最大发射点频/（点/s）	192 万	64 万	72 万	200 万	180 万
测程/m	300	120	450	1 650	1 430
扫描视场角/（°）	360×40.3	360×30	70.4×4.5	75	100×20
最大回波次数/次	3	2	3	7	—
后处理位置精度/cm	—	—	平面：1.0；高程：2.0		
后处理姿态精度/（°）	—	—	R/P：0.010； H：0.040	R/P：0.005； H：0.010	R/P：0.005； H：0.010
影像有效像素	2 600 万	2 600 万	2 600 万	4 240 万	6 100 万
影像分辨率	6 252×4 168	6 252×4 168	6 252×4 168	—	9 504×6 336
扫描设备尺寸/mm	—	—	—	293×165×164	—
扫描设备质量/kg	1.00	1.30	1.00	4.40	2.80
存储空间	内置 512 GB，拓展 512 GB			—	—
工作温度/°C	−20～50	−20～50	−20～50	−20～60	—
搭载平台	无人机载				

4. 徕卡机载三维激光扫描系统

徕卡（Leica）公司最早可追溯于 1819 年在瑞士北部城市阿劳（Aarau）成立的 Kern 公司，1994 年 Kern 公司被瑞士威特（Wild）公司和德国徕茨（Leitz）公司合并成立的 Wild Leitz 集团收购，此后于 1997 年再次与英国剑桥（Cambridge）公司合并，组建 Leica 集团，徕卡品牌正式进入大众视野。1997 年，Leica 集团被分为徕卡相机公司、徕卡微系统公司和徕卡测量系统公司三个独立公司；徕卡品牌由徕卡微系统公司持有，并授权另外两家公司使用；2005 年，徕卡测量系统公司被位于瑞典的海克斯康集团全资收购。

徕卡公司早在 1995 年就推出了世界上第一个三维激光扫描仪原型产品，1998 年又进一步推出了世界上第一台三维激光扫描仪实用产品 Cyrax 2400（扫描速度为 100 点/s），随后，在 2001 年推出扫描速度为 4.5 万点/s 的机载激光扫描系统 ALS40，2011 年再次推出全球首款 50 万点/s 的高发射点频机载激光扫描系统 ALS70。目前，徕卡公司旗下已形成以 ALS 系列、SPL 系列、TerrainMapper 系列为代表的机载三维激光扫描装备系统。其中：徕卡 SPL100 机载单光子激光雷达系统更是具备 600 万点/s 的能力；TerrainMapper 机载激光雷达系统能和倾斜相机组合形成混合型机载城市航空摄影系统 CityMapper，这是全球首台将倾斜相机和激光雷达合二为一的机载传感器，一次飞行能同时获取 5 个视角的倾斜影像和三维点云数据。

当前，徕卡公司主流的机载三维激光扫描系统主要为 SPL100、TerrainMapper、TerrainMapper-2 等（图 3.1-9），其产品设备的主要技术指标参数见表 3.1-9。

（a）SPL100 机载单光子激光雷达系统

（b）TerrainMapper 机载激光雷达系统

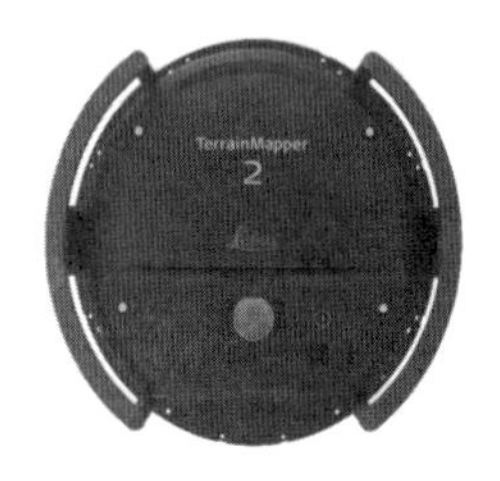

（c）TerrainMapper-2 机载激光雷达系统

图 3.1-9　徕卡部分型号机载三维激光扫描系统外观

表 3.1-9　徕卡部分型号机载三维激光扫描系统主要技术参数

仪器型号	SPL100	TerrainMapper	TerrainMapper-2
激光波长/nm	532	1 064	1 064
最大发射点频/（点/s）	600 万	200 万	200 万
适用相对航高/m	2 000 ~ 4 500	300 ~ 5 500	300 ~ 5 500
扫描点密度/（点/m^2）	20 ~ 4 000	—	—
扫描方式	倾斜扫描	倾斜扫描	倾斜扫描
扫描视场角/（°）	20/30/40/60（可选）	20 ~ 40	20 ~ 40
最大回波次数/次	10	15	15
平面精度/cm	15	≤13	≤13
高程精度/cm	10	≤5	≤5
IMU	SPAN CUS6/CNUS5-H（可选）	SPAN CNUS5-H/US ECCN 7A994（可选）	SPAN CNUS5-H/US ECCN 7A994（可选）
系统组成	1 个 SPL100 激光器 + 1 个 RCD30 CH82 多光谱相机	TerrainMapper 激光雷达 + RCD30 CH82 下视角相机（可选）	Hyperion2 + 激光雷达 + MFC150 下视 RGB 相机 + MFC150 下视 NIR 相机

续表

仪器型号	SPL100	TerrainMapper	TerrainMapper-2
设备尺寸/mm	858.8×530.1×611.9	747×408	747×408
设备质量/kg	83.8	37～41（依配置）	48
激光存储空间/TB	1	4.8（含相机）	15.36（含相机）
工作温度/°C	0～40	0～35	-10～35
搭载平台	有人机载		

5. 瑞格机载三维激光扫描系统

瑞格（RIEGL）激光测量系统公司于 1978 年成立于奥地利，由毕业于维也纳科技大学的 Johannes Riegl 博士创办并以自己名字命名。RIEGL 公司一直致力于机载 LiDAR、移动三维激光测图系统、地面三维激光扫描系统和工业三维激光扫描系统的研发与生产。20 世纪 90 年代，瑞格就成功实现了从单点测量向二维和三维激光扫描领域的重大突破，并于 2004 年成功推出第一款真正意义上全回波信号数字化和波形处理商业化的机载激光雷达 LMS-Q560。RIEGL 公司已经构建出以 VZ 系列地面三维激光扫描仪、VUX 系列无人机载激光雷达、VQ 系列大型机载激光雷达、VMX 系列移动激光雷达测图系统等为代表的多种类全套移动测量装备系统，公司的全线产品在中国区由中测瑞格测量技术（北京）有限公司代理和销售。

RIEGL 公司的 VQ-1260、VQ-1460、VQ-1560i-DW、VQ-1560 Ⅱ-S 等代表性机载三维激光扫描系统（图 3.1-10）的主要技术指标参数见表 3.1-10。

（a）VQ-1260 机载激光雷达系统

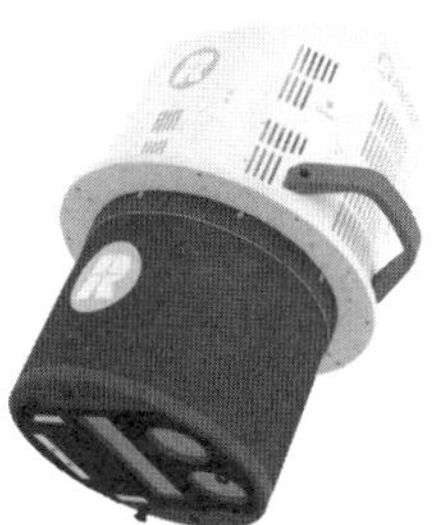

（b）VQ-1460 机载激光雷达系统

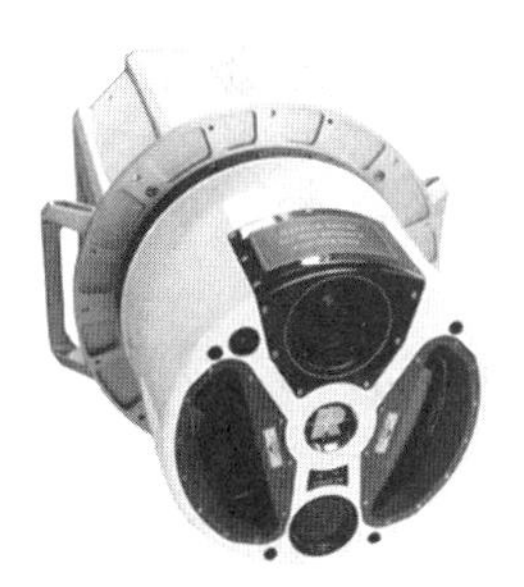

（c）VQ-1560i-DW 机载激光雷达系统

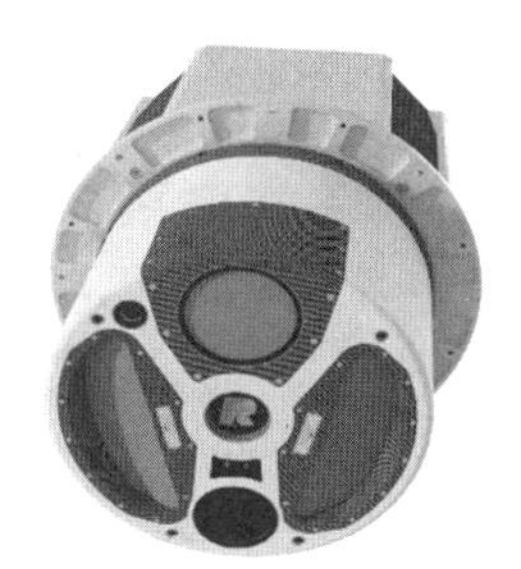

（d）VQ-1560 Ⅱ-S 机载激光雷达系统

图 3.1-10　RIEGL 部分型号机载三维激光扫描系统外观

表 3.1-10　RIEGL 部分型号机载三维激光扫描系统主要技术参数

仪器型号	VQ-1260	VQ-1460	VQ-1560i-DW	VQ-1560 Ⅱ-S
激光类型	近红外	近红外	绿激光、近红外	近红外
扫描原理	旋转多面镜，每个通道平行线扫描			

续表

仪器型号	VQ-1260	VQ-1460	VQ-1560i-DW	VQ-1560 Ⅱ -S
最大发射点频/（点/s）	220 万	440 万	200 万	400 万
最大测量距离/m	7 890	7 900	5 800	7 100
最小测量距离/m	100	100	100	100
最大作业航高/m	6 450	6 450	4 700	5 800
后处理位置精度/cm	平面：5；高程：10			
后处理姿态精度/（°）	R/P：0.002 5；H：0.005			
扫描视场角/（°）	60	60	58	58
重复测量精度/mm	20	20	20	20
设备尺寸/mm	524×743	524×743	524×708	524×780
设备质量/kg	60	70	60（不含相机）	55（不含相机）
工作温度/°C	−5 ~ 35	−5 ~ 35	0 ~ 40	−5 ~ 35
搭载平台	有人机载			

注：本表设备尺寸均为直径×高度，不包含法兰安装搬运手柄；设备质量均不包含任何相机，但包含 IMU 和 GNSS 单元。

除上述机载三维激光扫描仪外，市场上还有南方测绘公司的 SAL-1500、SZT-V100、SZT-R250 机载激光扫描测量系统，北科天绘公司的蜂鸟 Genius 微型无人机 LiDAR 系统、云雀轻型无人机 LiDAR 系统、AP 系列有人机载激光雷达，加拿大 Optech 公司的 Eclipse、Galaxy 系列有人机载三维激光扫描系统等国内外众多品牌和产品。

3.1.3 多平台三维激光扫描系统

前面两小节介绍了多款便携式三维激光扫描系统、有人机载与无人机载三维激光扫描系统，除此之外，在移动三维激光扫描硬件系统领域，还存在诸多专用于车载、轨道交通等搭载平台或者多平台均可使用的三维激光扫描系统（扫描仪），下面将对这些多平台三维激光扫描设备的性能指标逐一进行简要介绍。

1. 华测导航多平台三维激光扫描系统

华测导航除了在便携式和机载等移动三维扫描技术领域研制有多种型号的产品设备外，在多平台激光雷达测量系统领域，也形成了以 AU（Alpha Uni）系列为代表的硬件产品，在竞争激烈的国内外移动三维激光扫描设备市场上，占据了一定的市场份额和较高的行业话语权。华测导航 AU20、AU900、AU1300 等型号多平台移动扫描设备如图 3.1-11 所示，不同作业模式设备组装方式如图 3.1-12 所示，主要技术指标参数见表 3.1-11。

（a）AU20 多平台激光雷达测量系统

（b）AU1300 多平台激光雷达测量系统

图 3.1-11　华测导航部分型号多平台三维激光扫描系统外观

（a）多平台设备车载作业模式

（b）多平台设备机载 + 正射相机作业模式

图 3.1-12　华测导航多平台三维激光扫描系统不同作业模式设备组装方式

表 3.1-11　华测导航部分型号多平台三维激光扫描系统主要技术参数

仪器型号	AU20	AU900	AU1300
系统精度/cm	机载：平面 5，高程 5；车载：平面 5，高程 2		
最大发射点频/（点/s）	200 万	55 万	82 万
扫描线速/（线/s）	10 ~ 200	10 ~ 200	10 ~ 200
测距范围/m	1.5 ~ 1 500	3 ~ 920	5 ~ 1 350
扫描视场角/（°）	360	330	330
最大回波次数/次	16	—	15
零偏稳定性/[（°）/h]	—	0.05	0.25
测距精度/mm	15	10	15
重复测距精度/mm	5	5	10
卫星系统	支持 5 星	支持 4 星	支持 4 星
数据更新频率/Hz	600	200	100/600
后处理姿态精度/（°）	R/P：0.005；H：0.010	R/P：0.005；H：0.017	R/P：0.005；H：0.010
后处理位置精度/cm	平面：1.0；高程：2.0		
影像有效像素	4 500 万	2 430 万	4 200 万
影像分辨率	8 184 × 5 460	6 000 × 4 000	7 952 × 5 304
存储空间/GB	512	800	240
扫描设备尺寸/mm	262.3 × 141.5 × 161	305.4 × 208 × 154.5	335 × 204 × 156
扫描设备质量/kg	2.82	4.85	3.75
工作温度/°C	− 20 ~ 50	− 20 ~ 50	− 20 ~ 40
搭载平台	车载、机载、背包、船载等		

2. 数字绿土多平台三维激光扫描系统

数字绿土公司作为国内城市勘测领域激光扫描设备主要供应商之一，其主要产品便是移动三维激光扫描软硬件设备与系统。除前文介绍的便携式三维激光扫描仪和纯机载三维激光扫描仪外，数字绿土还拥有 LiAir 系列无人机激光雷达扫描系统（同时支持手持或车载方式作业）、LiMobile 系列车载移动激光扫描系统、LiCrop 系列多平台表型数据采集系统等诸多代表性移动三维扫描硬件产品。作为激光扫描设备国产品牌之一，数字绿土已快速走出国门，成为移动三维激光扫描领域一张靓丽的名片，其 LiAir X3、LiAir X3-H、LiAir X3C-H、LiAir 250Pro、LiMobile M1、LiCrop 等型号移动扫描设备（部分型号如图 3.1-13 所示）的主要技术指标参数见表 3.1-12 和表 3.1-13。

（a）LiAir X3-H 轻型无人机激光雷达系统

（b）LiAir 250Pro 轻量化激光雷达扫描系统

（c）LiMobile M1 车载移动激光扫描系统

（d）LiCrop 表型数据采集系统

图 3.1-13　数字绿土公司部分型号多平台三维激光扫描系统外观

表 3.1-12　数字绿土部分型号多平台三维激光扫描系统主要技术参数

仪器型号	LiAir X3	LiAir X3-H	LiAir X3C-H
成果绝对精度/cm	≤5	≤5	≤5
最大发射点频/（点/s）	72 万	72 万	192 万
最大测程/m	450	450	300
扫描视场角/（°）	70.4×77.2	70.4×4.5	360×40.3
扫描方式	非重复扫描模式	重复扫描模式	重复扫描模式
最大回波次数/次	3	3	3
GNSS 卫星系统	4 星	3 星	4 星
IMU 数据频率/Hz	200	200	200

续表

仪器型号	LiAir X3	LiAir X3-H	LiAir X3C-H
后处理姿态精度/（°）	R/P：0.008；H：0.038		
影像有效像素	2 600 万		
影像分辨率	6 252×4 168		
扫描设备尺寸/mm	136×106×129		
扫描设备质量/kg	1.25		1.12
手持单元尺寸/mm	181.8×108×88		
手持单元质量/kg	0.68（含底座）		
存储空间	内置 256 GB TF 卡		
工作温度/°C	−20～50		
是否支持 SLAM	支持		
搭载平台	机载、手持		

表 3.1-13　数字绿土部分型号多平台三维激光扫描系统主要技术参数

仪器型号	LiAir 250Pro	LiMobile M1	LiCrop
成果绝对精度/cm	≤5	≤10	—
最大发射点频/（点/s）	10 万	128 万	200 万
最大测程/m	330	0.05～120	—
扫描视场角/（°）	360×360	360×31 （−16～15）	360×120
重复测量精度/mm	—	10	2 mm@10 m
最大回波次数/次	5	2	—
GNSS 卫星系统	—	4 星	—
IMU 数据频率/Hz	200	300	—
后处理姿态精度/（°）	R/P：0.008；H：0.038	—	—
影像有效像素	2 600 万	3 000 万（全景）	—
影像分辨率	6 252×4 168	8 192×4 096	5 472×3 647
扫描设备尺寸/mm	—	265×270×240	—
扫描设备质量/kg	2.10	4.70	—
存储空间	内置 256 GB TF 卡	512 GB SSD＋2 TB 可插拔硬盘	—
工作温度/°C	−10～40	−20～50	—
是否支持 SLAM	不支持	—	—
搭载平台	机载、车载	车载	机载、背包等

3. 中海达多平台三维激光扫描系统

作为深耕测绘仪器装备国产化研究的主要品牌之一，中海达拥有从架站、便携到机载、车载、船载门类较为齐全的三维激光扫描产品型号，在移动三维扫描领域，中海达已经构建出以 ARS 系列激光雷达为代表的多种类全套移动测量装备系统。其 ARS-1000 系列多平台激光雷达测量系统（图 3.1-14）、HiScan-R 轻量化车载移动测量系统、iAqua 船载测量系统等主流移动三维激光扫描测量系统的主要技术指标参数见表 3.1-14。

图 3.1-14　中海达 ARS-1000 型号多平台三激光雷达测量系统外观

表 3.1-14　中海达部分型号多平台三维激光扫描系统主要技术参数

仪器型号	ARS-1000	ARS-1000L	ARS-1000P	HiScan-R	iAqua
系统测量精度/cm	平面≤5，高程≤5				≤20（水上）
最大发射点频/（点/s）	50 万	75 万	150 万	100 万	50 万
测程/m	920	1 350	1 845	420	450/650/1 200
扫描视场角/（°）	360×330	360×330	360×360	360×60	360×100
最大回波次数/次	15			—	—
后处理位置精度/cm	平面：1.0；高程：2.0				—
后处理姿态精度/（°）	R/P：0.005；H：0.010			R/P：0.003； H：0.004	—
影像有效像素	—	—	—	3 000 万	3 000 万/7 500 万
扫描设备质量/kg	4.50			—	—
搭载平台	机载、车载、背包、船载等			车载、船载	船载

4. 徕卡多平台三维激光扫描系统

徕卡品牌为世界知名品牌，徕卡公司的测量系统更是具有 200 余年历史，拥有众多产品系列，为全球专业人士所信赖。其不仅拥有 ScanStation 系列，RTC360、BLK360 等架站式三维激光扫描仪，BLK2GO 手持实景扫描仪，Pegasus Backpack 移动测量背包系统，还拥有 Pegasus Stream 系列、ProScan 系列、SiTrack One 系列、Pegasus Two 系列、Pegasus TRK 系列等多种车载或多平台三维激光扫描系统，其主流的 Pegasus Two 移动激光扫描系统，Pegasus TRK Neo、Pegasus TRK 100、Pegasus TRK 500Evo、Pegasus TRK

700Evo 智能化多平台实景采集系统等产品设备（部分型号如图 3.1-15 所示）的主要技术指标参数见表 3.1-15。

（a）Pegasus Two 移动激光扫描系统

（b）Pegasus TRK Neo 多平台实景采集系统

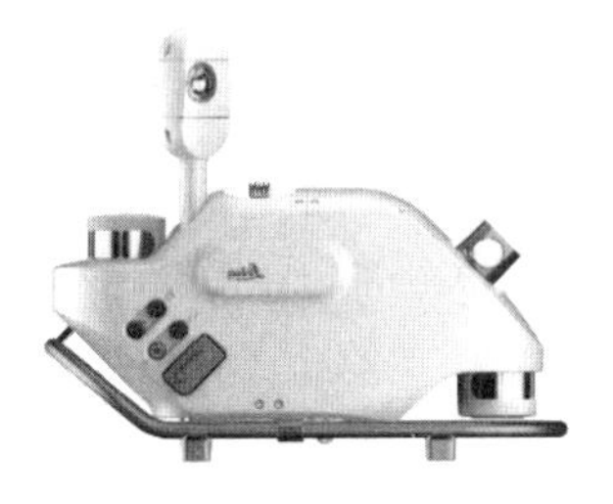

（c）Pegasus TRK 500Evo 多平台实景采集系统

图 3.1-15　徕卡部分型号多平台三维激光扫描系统外观

表 3.1-15　徕卡部分型号多平台三维激光扫描系统主要技术参数

仪器型号	Pegasus Two	TRK 100	TRK Neo（500）	TRK 500Evo	TRK 700Evo
成果绝对精度/mm	平面：20；高程：15	平面：19；高程：11	GNSS 未失锁平面、高程：11 失锁 60 秒平面：14；高程：16		
最大发射点频/（点/s）	100 万	60 万	50 万	100 万	200 万
测程/m	0.4 ~ 270	0.4 ~ 100	1.5 ~ 490	0.3 ~ 182	0.3 ~ 182
扫描视场角/（°）	360×290	360	360	360	360
单块电池运行时间/h	9	8	7	3.5	2.5
最大回波次数/次	—	2	4	1	1
GNSS 卫星系统	4 星	555 通道、全星座（含北斗）、多频率			
SLAM 集成情况	不支持	集成双 SLAM 扫描仪			
后处理位置精度/mm	平高 20	平面：21，高程：13	平面：12；高程：12		
相机类型（可选）	7 个 CCD 相机	全景相机	侧边相机	路面相机	前置相机
影像有效像素（可选）	—	2 400 万	4 800 万	2 400 万	2 400 万
设备尺寸/cm	60×79×76	70×33×49	70×33×56	70×33×56	70×46×56
设备质量/kg	51	14	18	21	29
存储空间	1 TB 固态硬盘	2×2 TB 或者 2×3.8 TB 高性能可拆卸 SSD			
工作温度/°C	0 ~ 40	− 10 ~ 50	− 10 ~ 50	− 10 ~ 50	− 10 ~ 50
搭载平台	车载、轨道交通	车载、船载、轨道交通等			

除上述多平台三维激光扫描系统外，市场上还有南方测绘公司的 SZT-R1000 车机载一体（多平台）移动测量系统，北科天绘公司的 RA 系列车载三维激光扫描仪，广州思拓力公司的 SV500 车载移动测量系统，天宝公司的 Trimble MX2、MX9 等车载移动测绘系统。

在本章节前文介绍的多款移动三维激光扫描硬件设备中，有人机载三维激光扫描系统在城市勘测领域项目场景中的应用范围较窄、应用频率较低，为便于读者对相关知识进行基本了解，仅本章对相关品牌的有人机载三维激光扫描系统进行简单介绍，后文不再对其相关设备作业流程及实践应用进行详细介绍。

3.2 三维激光扫描处理软件

海量三维激光扫描点云影像数据处理软件多种多样，除了数字绿土的 LiFuser-BP、LiGeoreference 软件，欧思徕的 Mapper 软件，其域创新的 LixelStudio 软件，飞马的无人机管家，徕卡的 Pegasus Manager、Pegasus OFFICE 软件等各公司自有扫描设备的配套软件外，还有诸多可用于轨迹解算，点云去噪、分割、分类与可视化，点云成图与三维建模等的商业软件。对于扫描设备的配套处理软件，因其通用性有限，本章节不再进行详细介绍，下文仅针对部分市场上主流非配套的移动扫描轨迹解算、点云影像数据处理及成果制作软件进行简单介绍。

3.2.1 北京山维 EPS 地理信息工作站

EPS 地理信息工作站是北京山维科技股份有限公司（原北京清华山维）历时 20 余年自主研发的高度集成的专业软件平台。其采用数据库方式进行数据存储，可提供基于全野外、倾斜、点云、立体的二三维数据采集编辑、数据建库更新与共享分发等的一体解决方案，支持采、编、检、库的内外业一体化项目生产，支持海量高密度点云数据的高效渲染、分类识别、实时捕捉、自动或人机交互采编、DEM 输出、多视角、多数据源、多人协同生产等。该平台包含点云矢量对象化协同处理、立体测图、三维实景模型处理、基础测绘图库一体成图、“多测合一”生产、管线调查、不动产权籍调查生产、自然资源确权建库等功能模块或子系统，实现了在横向上支持各种测绘业务进行数据生产、加工，在纵向上贯穿信息化测绘的各个环节，已成为测绘数据生产与管理单位进行测绘生产技术工艺体系改造与升级换代的主体产品之一[2]。

3.2.2 华测导航 CoPre 与 CoProcess 软件

CoPre 和 CoProcess 分别是上海华测导航公司自主研发的三维数据智能解算软件与三维数据成果智能生产软件。其中：CoPre 可将移动三维激光扫描（不含 SLAM）采集的数据处理为点云、全景影像、正射影像等成果，具有数据拷贝、POS 轨迹解算、点云解析、图像重建、坐标转换、质量检查、质量优化等数据预处理全流程功能，集成有天工软件算法引擎，不仅操作简便，省时高效，还能实现多工程同时解算、无人值守的效果；CoProcess 支持海量点云的三维浏览、查询、管理和编辑，具有矢量图形绘制与符号化表示、DEM 一键生产、纵横断面提取、等高线自动生成、方量计算、道路边线与市政部件智能提取等功能，可用于地形图测绘、道路竣工、堆体体积计算等相关项目场景。

3.2.3　瞰景科技 Smart 3D 系列软件

Smart 3D 系列软件是瞰景科技发展（上海）有限公司自主研发的实景三维建模系统软件，包含 Smart 3D 实景三维建模系统、Smart 3D LiDARPro 三维地理实体建模软件、Smart 3D Sat 卫星影像实景三维建模软件等系列产品，其中 LiDARPro 是专门用于点云、影像、Mesh 模型等数据源的三维地理实体建模软件，具备点云影像配准、点云滤波、点云分类、结构化建模、三角网简化、建筑单体化、纹理映射、多源数据联合处理等功能，支持鱼眼镜头照片拼接处理为全景影像，支持基于三维数据提取平面单元、基于二维数据提取三维直线、基于三维模型生产 DLG 线划图。目前，该系列软件已广泛应用于城市勘测单位实景三维建设与产品生产中。

3.2.4　南方数码 CASS 3D 与 iData 软件

CASS 3D 和 iData 分别是广东南方数码科技股份有限公司自主研发的三维点云绘图软件与测绘数据生产平台系统。其中，CASS 3D 是一款挂接式插件软件，需要挂接并基于 CASS（南方地形地籍成图软件）环境下运行，支持多源点云数据与影像模型数据的加载浏览、智能点位捕捉、图形绘制与编辑等功能，其操作方式、快捷命令、图形编码与很多单位现有行业作业习惯类似，操作简单、上手快，可用于 DLG 线划图的新测和补测、竣工测绘等项目场景；iData 数据工厂是不依托于任何第三方平台的新一代国产化测绘数据生产平台，同时包含 CAD 采集功能和 GIS 建库功能，可提供从数据采集、编辑、检审、分发，到数据更新、入库管理的一整套生产方案，具有倾斜三维测图、点云测图、航测采编、地理实体、地下管线、多测合一、地籍测量等多个功能模块，被广泛应用于行业单位项目生产中。

3.2.5　数字绿土 LiDAR360 与 LiDAR360 MLS 软件

LiDAR360 和 LiDAR360 MLS 分别是北京数字绿土公司自研的激光雷达点云数据处理分析软件与三维要素智能提取分析软件。其中：LiDAR360 包含点云数据预处理、全属性渲染、质量检查分析、点云分类、数据拼接、坐标转换、矢量编辑等功能，支持 TB 级海量点云和影像等多源数据，内置 10 余种国际领先的点云处理与 AI 算法，目前已广泛应用于 4D 测绘产品、等高线测绘、断面测量、体积（土方）变化监测、林业调查分析等领域；LiDAR360 MLS 可基于海量点云数据索引结构和 AI 算法，进行点云数据的编辑、提取、分析等处理及要素目标的快速全自动矢量化、符号化操作，可在高精地图生产、立面测量、道路与其部件普查养护等领域发挥重要作用。此外，数字绿土还拥有用于电力线验收与巡检的 LiPowerline 软件、用于作物群体与单株参数提取分析的 LiPlant 表型数据处理软件等移动三维激光扫描相关软件。

3.2.6 中海达点云融合与点云处理软件

点云融合软件与点云处理软件均为广州中海达卫星导航技术股份有限公司自主研发的点云预处理与分析软件。其中：点云融合软件可用于机载、车载、背包等各类移动三维扫描系统所采集原始文件的轨迹解算、点云融合、点云质检、精度检核、点云纠偏、点云赋色等多功能融合解算，经解算后可输出为带大地坐标的海量合格点云成果文件；点云处理软件可提供点云渲染浏览、点云去噪、点云质检、滤波分类、点云赋色、3D 地形模型生成、地物提取测量等多种三维激光点云专业处理与分析功能，并支持处理机载三维激光扫描系统采集的海量点云数据，广泛适用于地形测绘、林业普查、矿山体方测量、形变监测等领域。

3.2.7 徕卡 Cyclone 与 CloudWorx 软件

Cyclone 和 CloudWorx 分别是徕卡公司研发的三维点云数据处理软件与点云应用扩展插件。其中：Cyclone 原为针对徕卡扫描仪功能特点量身打造的数据后处理软件，后演变为综合点云处理软件平台，根据用途不同被划分为 Basic、Register、Model、Survey、Importer、Publisher、Scan、Server、TruView 等功能模块，以满足综合处理、点云拼接、数据转换、点云切片、点云建模、数据发布、协同处理、成果生产等功能需求，广泛应用于工程测量、制图及各种改扩建工程的点云数据处理[3,4]；CloudWorx 是针对不同行业及用户需求，充分利用并基于第三方软件的功能设计与操作环境，对点云数据进行瞬时加载、快速渲染、二维绘图、详细绘制、基本三维设计、多角度切片、分析处理和建模管理，目前，该插件有可加载于 AutoCAD、Revit、Navisworks、Smart 3D、MicroStation、PDMS、SP3D 等多种软件的版本系列。此外，在 Cyclone 软件的基础上，徕卡公司还研发有综合型点云数据成果处理软件 Cyclone 3DR。

3.2.8 诺瓦泰 Inertial Explorer 软件

Inertial Explorer 软件（以下简称 IE 软件）是加拿大诺瓦泰（NovAtel）公司 Waypoint 产品组研发的 POS 轨迹事后定位解算处理专业软件，适用于处理所有可用的 GNSS、IMU 数据，并提供高精度位置、速度和姿态组合导航信息，也是一款强大的、可配置度高的事后处理软件。IE 软件可用于大多数的移动三维激光扫描系统的 POS 轨迹解算，具有稳定性强、解算精度高、松紧耦合处理、动基线处理、兼容多种数据格式等特点，且支持长距离 RTK 解算、PPP 精密单点定位、航拍数据处理、ZUPT 零速修正，通过后处理的方式对基准站和运动中的扫描设备 GNSS 移动站之间的基线进行高精度的数据处理，能够实现厘米级位置解算精度和千分之一级测姿精度。

3.2.9　TerraSolid 系列软件

TerraSolid 系列软件是由位于芬兰赫尔辛基的 TerraSolid Oy 公司在 Bentley 公司 Microstation 软件的基础上开发形成的点云数据处理软件。该软件不仅是全球第一套商业化 LiDAR 数据处理软件，还是迄今为止最为全面、高级、强大的操作、处理和分析 LiDAR 数据的软件。它包含 TerraScan、TerraModeler、TerraPhoto、TerraMatch 四个主要模块，可借助 Microstation 软件的可视化、标注、绘图等功能，像在 AutoCAD 环境下一样，对海量点云数据进行快速加载、渲染与处理[4]。其中：TerraScan 模块可实现对 XYZ、二进制等不同点云格式文件的读取，并通过将大数据量点云分割成小块的方式快速进行地物数字化、房屋矢量化、电力线探测、点分类输出等功能操作；TerraModeler 是功能齐全的地形模型生成模块，以三角网的形式建立点云地形模型，对地形模型进行编辑操作并将其应用于彩色渲染图创建、剖面显示、等高线生成、方格网图与坡向图绘制和堆体体积计算等功能；TerraPhoto 模块可对点云和影像数据进行融合，在没有控制点的条件下，利用激光点云数据对航空影像进行正射纠正，镶嵌形成正射影像图，并将正射影像叠加到地面模型上；TerraMatch 模块能作为一个激光扫描仪校正或数据质量改正工具，解决系统不同组成单元间的未对准、不同航线航带间点云未匹配等问题，同时对全部或者单条航线的激光点数据进行改正。除上述四个主要模块外，TerraSolid 软件还包括 TerraSurvey、TerraPhoto Viewer、TerraScan Viewer、TerraPipe、TerraSlave、TerraPipeNet 等功能模块单元。

3.2.10　天宝 RealWorks 与 EdgeWise 软件

Realworks 和 EdgeWise 均为天宝公司独立开发的点云处理软件。其中：RealWorks 点云后处理软件是一款集点云全自动拼接、DLG 线画图与三维模型成果半自动快速提取、方量容量报告一键生成、监测检测成果自动输出、正摄影像制作等多功能于一体的强大软件，能够可视化浏览和直接处理市面上几乎所有主流品牌扫描仪获取的点云数据，具有无目标全自动配准、点云分类、检测监测目标物体与山体形变等功能，能自动提取并分类管理道路中心线、建筑物、线杆、树木等地物，快速提取生成平立剖面图、等高线图、横纵断面图与三维模型，计算待测物体（场地）表面积与土方量；EdgeWise 工厂点云数据处理软件则是一款强大的工厂建模工具软件，能快速识别并自动化提取海量点云中的管线、管道、沟渠、横梁、混凝土结构、墙壁和门窗等结构性元素，利用共用元素库中的尺寸和形状准确地完成相应元素物体的建模，配合 RealWorks 软件效果更加明显。此外，天宝 TBC 软件也具备一定的点云数据查看、提取与处理能力。

除了上文介绍的移动扫描数据处理软件外，市场上还有 Applied Imagery 公司的 Quick Terrain Modeler（QT Modeler）、雨滴（Raindrop）公司的 Geomagic Studio、北京易慧的 eFeature、武汉峰岭科技的 SummitMap、中国测绘科学研究院的 LiDAR Station、西安煤航的 LiDAR-DP 等诸多相关三维激光扫描处理软件。

参考文献

[1] 中国地理信息产业协会. 中国地理信息产业发展报告（2022）[M]. 北京：测绘出版社，2022.

[2] 麻金继，梁栋栋. 三维测绘新技术[M]. 北京：科学出版社，2018.

[3] 谢宏全，侯坤. 地面三维激光扫描技术与工程应用[M]. 武汉：武汉大学出版社，2013.

[4] 谢宏全，谷风云. 地面三维激光扫描技术与应用[M]. 武汉：武汉大学出版社，2016.

第 4 章　移动三维扫描技术外业数据获取与内业数据处理

移动三维扫描技术作为一种在城市勘测领域的新兴技术，弥补了 GNSS、全站仪等传统测绘手段的数据采集效率低、内业数据采编不直观等缺点，正逐渐推广普及应用，学习掌握移动三维扫描技术将极大地提高测绘从业人员的专业技术能力。

本章将对移动三维扫描技术外业数据获取常规流程及注意事项进行详细介绍，意在使外业作业员采集到质量合格、内容完整的点云数据；对移动三维扫描技术扫描数据预处理及点云数据处理进行详细介绍，意在使内业作业员熟悉点云处理流程，得到满足内业采编需求的成果点云数据。

4.1　外业数据获取常规流程

移动三维扫描技术外业数据的获取流程通常包括准备阶段、测区踏勘与线路规划、基站布设与施测、控制点布设与施测、扫描数据采集等。

4.1.1　准备阶段

在准备阶段需要做的工作有测区资料收集与设备检查。

1. 测区资料收集

测区资料收集应细致全面，已有的资料可以为外业踏勘提供方向、为项目规划与实施提供指导依据，主要包括下列资料收集：

（1）控制点收集。

收集测区范围周边的高等级控制点，分析控制点的坐标系统、高程系统、精度等级，筛选出适用的控制点，以供外业踏勘巡视使用。

（2）测区概况调查。

对测区的人文风俗、自然地理条件、交通运输情况（限行、单行道等）、气象情况、禁飞区范围等进行调查与收集。

（3）空域申请。

对适合机载作业的项目，需提前申请空域。

（4）其他资料收集。

与测绘项目相关的函件、作业申请表等。

2. 设备检查

为了保证外业测量工作顺利开展，设备申领后需要检查设备配件、对电池充电和清理存储空间。

（1）检查设备配件。

移动三维激光扫描仪配件较多、结构复杂，在准备阶段不仅需要检查扫描仪的激光雷达、相机、操作手簿等部件的工作状态，还需要检查移动载体的工作状态是否正常，通常需要逐一检查手持设备的支架、背包套件、车载平台和无人机平台的完整性与稳定性。

（2）电池充电。

传统测量设备能耗较低，隔天或隔周对电池进行充电是常态，但对于移动三维激光扫描仪则不行，由于设备在点云与影像数据采集时能耗较高，设备配备的电池最多仅能坚持一天的作业时长，若项目工作量较大，中途可能还需要更换电池或临时充电，因此在准备阶段，检查移动三维激光扫描仪的电池电量并保证电池处于满电状态，是非常重要的事情。扫描仪电池静置时的电量流失不可忽视，在领取设备后需及时对电池充电，确保外业作业满电开展。

（3）清理存储空间。

传统测量设备外业采集数据量较小，很少会关心设备存储空间是否占满，是否需要清理设备存储空间。但三维激光扫描仪每天采集的数据动辄几十甚至上百 GB，检查并清理设备存储空间，也是准备阶段必须要做的事项。

4.1.2 测区踏勘与路线规划

测区踏勘工作主要是对测区进行大致的了解和观察，查找可用的高等级控制点，以确保测量工作的顺利开展，同时防止测量流程不完整、获取数据不准确、作业人员及仪器设备在危险区域作业造成事故等情况发生。踏勘时可拍摄一些测区的照片，或是携带区域已有大比例尺影像图，对测量路线、激光扫描方案进行预先粗略规划。测区踏勘完成后即可对扫描路线进行规划与调整。

扫描仪设备类型不同，踏勘与路线规划的侧重点也会相应调整，下面将针对不同类型的三维激光扫描仪，分别介绍其踏勘与路线规划的方法及注意事项。

1. 手持便携式三维激光扫描仪测区踏勘与线路规划

对于手持便携式三维激光扫描仪，其 POS 解算算法为 SLAM 算法，在测区踏勘与线路规划时，应对每一个测量时段对应的扫描区域有一个大致的划分，并对每个测段做到闭环操作，闭环操作是提高 SLAM 算法精度的重要手段，需要从不同方向进入到同一地点，而沿着一条路线往复采集，则能形成闭环。典型的闭环路线通常有：绕着建筑物走一圈回到起点（图 4.1-1）；在室内多楼层之间，从不同楼梯进入同一楼层；室内房间有多个门时，从一个门进入，从不同的门出去等。在外业数据采集过程中，尽量避免作业路径形成的假闭环（图 4.1-2）。此外，闭环操作还需要有一定的重叠度，不同厂商及数据处理软件的要求各不相同，一般需要 15 ~ 20 m 的闭环重叠度。

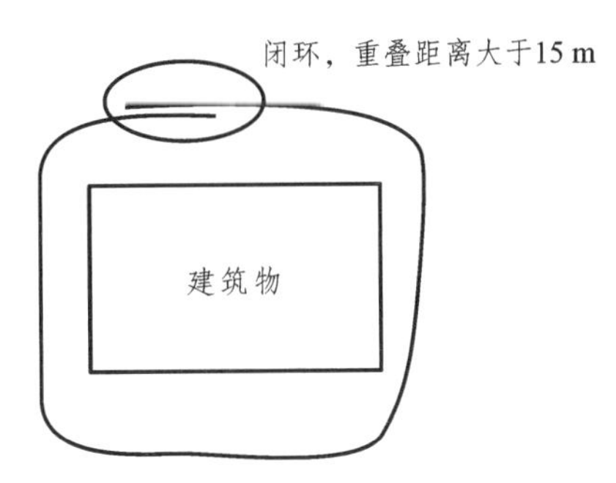

图 4.1-1　正确的闭环路线方式

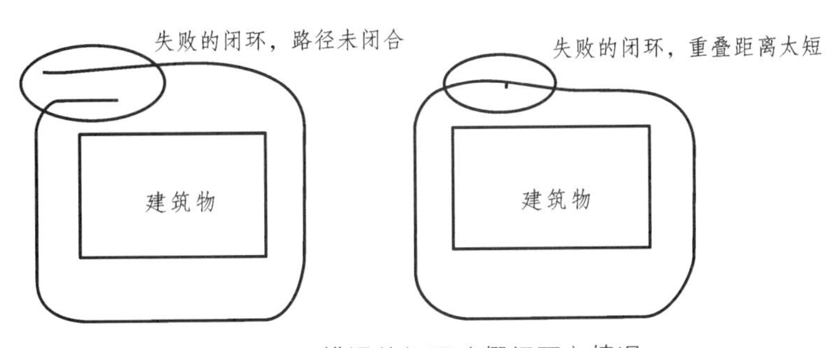

图 4.1-2　错误的闭环（假闭环）情况

在室内封闭环境下作业，测区踏勘与线路规划时应提前打开扫描路径需要经过的门、清除扫描路径上的障碍物、在特征点不足的区域适当增加一些人为特征物体，以提高 SLAM 算法的拼接准确度。当需要绝对坐标成果时，还需要提前布设控制点，其数量和密度可根据扫描仪性能参数及项目成果精度综合设计，一般沿扫描路径每 50 ~ 100 m 布设 1 个控制点为宜，同时控制点应布设均匀，切忌布设在一条直线上，控制点数量一般应不少于 4 个。绘制扫描路径草图，合理规划扫描路线，力求做到不漏扫，尽量让每个扫描测段形成闭环。SLAM 三维激光扫描常见的路线规划有以下几种：

（1）室内每层楼新建一个测段，如图 4.1-3。

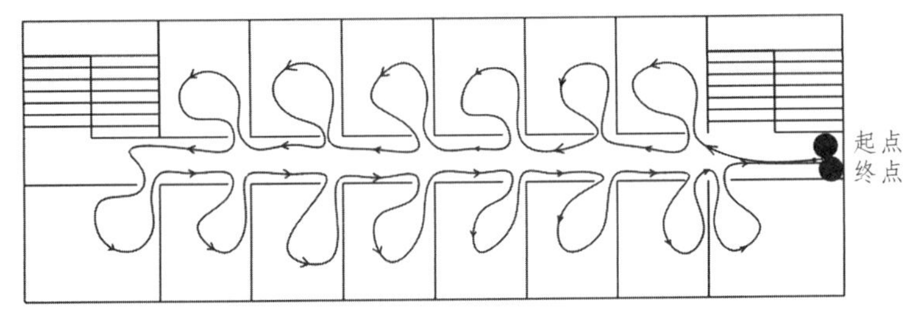

图 4.1-3　室内单独楼层的路线规划示意图

（2）室内两层或多层楼组建一个闭环测段，如图 4.1-4。

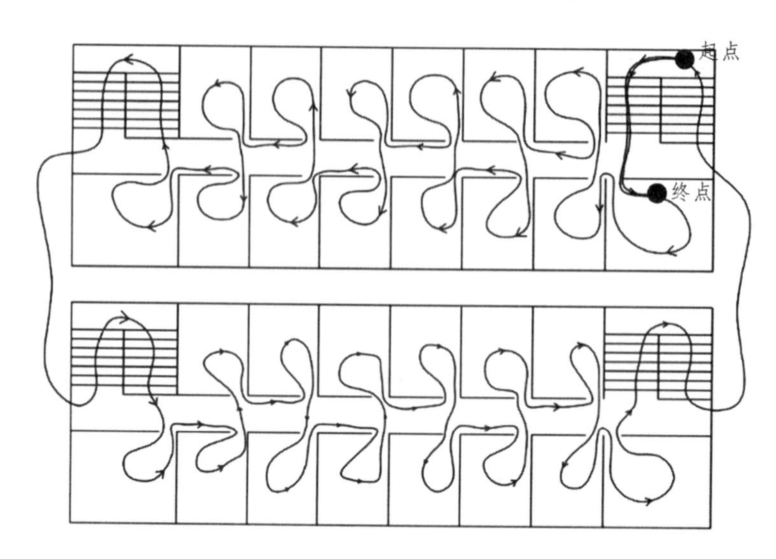

图 4.1-4　室内多层楼的路线规划示意图

（3）室外扫描路线，如图 4.1-5。

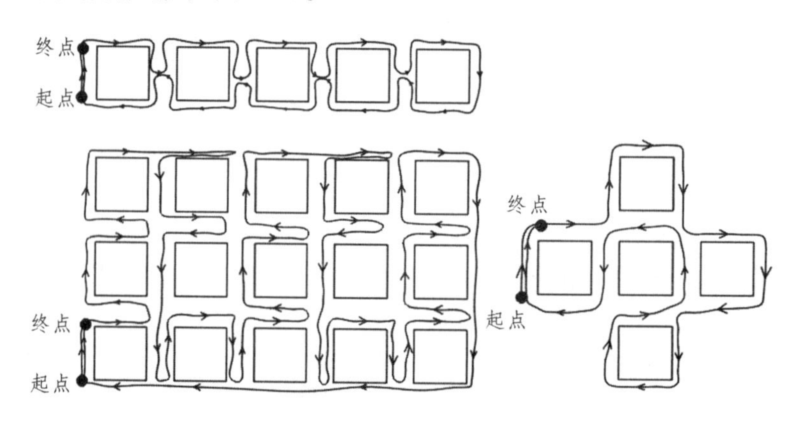

图 4.1-5　室外多种闭合线路规划示意图

2. 背包便携式三维激光扫描仪测区踏勘与线路规划

对于背包便携式三维激光扫描仪，在测区踏勘与线路规划时，应注意以下两点：

（1）评估测区对空通视情况。

由于扫描仪的定姿定位系统，尤其是 GNSS 系统在进入 GNSS 信号条件较差的区域时，定位精度衰减较快，应提前做好线路规划，尽量避开卫星信号不好的区域，实在无法避开时，可用全站仪布设一些控制点对扫描数据进行纠正，或选用其他方式测量。

（2）取得单位、院落等区域的准入资格。

提前向单位、院落的相关管理人员出示测绘证件、函件、介绍信等，取得准入资格，对于无法进入的区域联系业主组织协调。

3. 车载三维激光扫描仪测区踏勘与线路规划

对于车载三维激光扫描仪，在测区踏勘与线路规划时应尽量详尽，并注意以下几点：

（1）对影响车辆通行因素进行排查。

对测区的限高架、低矮电线、低矮树枝、单向道方向进行标注。

（2）对测区已有控制点进行踏勘。

对收集到的控制点进行踏勘，标注可用控制点位置，为后续线路规划、基站布设提供数据支持。

（3）基站位置选取。

在踏勘时，需根据项目设计精度，了解测区已有控制点分布情况，合理规划 GNSS 基站架设位置。如第 2 章所述，移动三维扫描技术的 POS 轨迹多采用 PPK 模式的后处理技术解算，而在 GNSS 动态后处理差分定位中，随着移动站与基站距离的增加，移动站扫描仪端的定位精度会随之降低，因此，为了提高车载移动测量系统的 POS 定位精度，需要在已知控制点上架设 GNSS 基站。根据激光扫描仪器设备厂商和多个城市勘测单位总结的工程项目工作经验，对于精度要求为 5 cm 的城市勘测领域工程项目，基准站与流动站的站间距离半径一般不能超过 7 km，对于成果精度要求较低的项目，基站控制半径可放宽至 15 km。同时参照现行行业标准《全球定位系统实时动态测量（RTK）技术规范》CH/T 2009 中“移动站与基站的最大距离一般控制在 7 km 以内”的相关规定，在进行大范围长距离的车载移动测量作业时，需要在沿线每隔 10 ~ 15 km 架设一个 GNSS 基站。

（4）扫描线路规划。

车载扫描项目的作业面积通常较大，应综合分析任务区域的特点，按天规划设计好测量工作，排列测量计划表，划分的依据一般为任务区域的形状、主次干道分布、道路走向等；同时需结合扫描区域（道路）宽度，评估任务区域的车次总数量及单条道路的扫描次数，一般单个车次规划路线 15 ~ 25 km；根据踏勘情况，选择任务区域的起始与静止停车地点、GNSS 基站架设点。

可根据任务区域特点和车次数量，选择较为适合的路线规划方法，依据路线规划方法进行详细的路线规划，常见的线路规划方法一般有以下三种：

① 纵横分离法。

纵横分离的方法适合任务区域内道路走向基本属于正交、分布规则、等级均匀的项目（图 4.1-6）。纵横分离规划路线的特点是条理清晰、规划简单、数据采集时导航清晰、数据相对独立性好。依据纵横分离的原则进行路线规划时，选择任务区域边缘的道路或者与大多数纵向道路相交的横向道路作为起点，沿着该道路自东向西或者自西向东，逐个路口右转或者左转，对逐条纵向道路进行规划。规划采集横向道路数据时的思路方法与纵向道路相同。

图 4.1-6　纵横分离法车载扫描线路规划示意图

② 按道路等级规划。

按道路等级进行路线规划，一般适用于城市主干道和快速路三维激光数据采集，主干道和快速路有以下几个特点：

- 主干道和快速路路线较长，设计车速较快，掉头及转向不方便；
- 主干道和快速路车道数较多，通常设有隔离带、隧道等；
- 当单向车道数超过 4 车道时，需要进行两次以上的数据采集；
- 主干道和快速路需要比较完整的数据，通常进行单独车次规划。

基于上述特点，其车载扫描需要进行单独车次规划（图 4.1-7）。该方法可确保主干道数据的独立性、数据采集时导航线路清晰、解算及纠正数据简单快速。基于主干道和快速路的路线规划相对简单，主要沿道路往返规划采集，快速路的辅道或者匝道在进行路线规划时需要进行单独规划考虑。

图 4.1-7　按道路规划法车载扫描主干道单独线路规划示意图

③ 主、支路结合。

主、支路结合法一般适用于任务区内支线道路、开放小区、城中村、胡同以及道路分布不规则的项目场景。该方法的目的是尽量在一个车次的作业项目内完成道路分布凌乱区域的采集，避免多个车次数据或者车次内轨迹交叉（图 4.1-8）。此外，进行扫描数据补充采集时也可选用此种路线规划方法。此方法属于“一气呵成”式的路线规划方法，还可再细分为单向采集和双向采集。单向采集适合道路狭窄情况，规划思路主要是如同贪吃蛇一般，保证扫描路线覆盖需要采集的所有道路即可。

图 4.1-8　主、支线结合法车载扫描路线规划示意图

4. 机载三维激光扫描仪测区踏勘与航线规划

对于无人机机载三维激光扫描仪，利用该设备作业的项目面积通常较大，一般会通过收集卫星影像或历史 DOM，了解测区的大致地形情况，但由于已有资料的现势性可能存在一定差异，导致实地情况会和影像信息存在些许出入，因此在项目正式实施之前，仍需对重点区域进行实地踏勘，进一步掌握测区详细情况，为飞机航线规划提供更丰富的依据。在测区踏勘与航线规划时，应注意以下几点：

（1）交通情况。

测区道路是否通畅，直接关系到作业的便利性，因而首先要了解测区公路、铁路、乡村道路等分布及通行情况，以便为野外作业及后勤配备提供基础资料。

（2）居民地相关情况。

主要调查测区内城镇、乡村居民点的分布情况、风俗语言习惯、地名规律等，以确定测区作业难度，可为后面的项目实施进行分区规划、项目组驻地选址等工作的开展提供参考资料。

（3）自然地理情况。

主要调查山脉、水系、主要地貌类型和特征、平均概略高程、地貌自然坡度等。

（4）气象气候情况。

主要包括测区风力、雨水、雪、雾、气温、气压等情况，统计出测区每年可作业月份、每个月可作业天数等情况，为后期作业的实施提供依据。

（5）作业区建（构）筑物。

主要包括高层/超高层建筑物、高压铁塔等，在航线高度设计时，需要避开这些飞行危险因素。

（6）作业区已有控制点分布。

包括三角点、水准点、GNSS 点、导线点等控制点的等级、坐标系统、高程基准、点位数量与分布、点位标志保存情况等。机载三维激光扫描作业同样也需要架设 GNSS 基站，其基站位置选取要求与车载移动测量基本相同。

在进行机载航线规划时，还应考虑以下技术细节：

（1）航线分区划分时，应根据 IMU 误差积累确定每条航线的直飞时间，考虑无人机续航时间、操控半径、基准站的布设情况及测区跨带等问题，每个分区的地面高程起伏应不大于 50 m。

（2）飞行高度应综合考虑点云密度和精度要求、激光有效距离、影像分辨率、测区地形起伏、测区建筑高点及飞行安全要求，同时应考虑激光对航线下方行人眼睛的安全性要求。

（3）航线旁向重叠设计应达到 20%，最少为 13%；旋偏角不宜大于 15°，最大不应超过 25°；航线俯仰角、侧翻角不宜大于 2°，最大不应超过 4°；航线弯曲度不应大于 3%。应保证飞行倾斜姿态变化较大的情况下不产生数据覆盖漏洞，在丘陵山地区域，应适当加大航线旁向重叠度；为保证测区边界处有多个方向的影像和点云覆盖，航向开始和结束时，航线航向和旁向覆盖应外扩不少于飞行高度的距离。

（4）在满足成果数据的技术要求和精度要求的前提下，在同一分区内各航线可以采用不同的相对航高。

（5）航线一般应按照东西或者南北直线飞行，特殊任务情况下，可按公路、河流等走向飞行，项目执行时可以按照飞行区域的面积、形状，并考虑到安全性和经济性等实际情况选择飞行方向。

（6）利用现有 DEM 数据设计调整航线高度，每个测区应至少设计一条构架航线，且航高保持一致。

航线规划完成后，使用设备附带的飞行控制软件输入关键参数自动计算，然后将飞行参数和雷达参数分别设置到地面站软件和采集控制端当中，无人机飞手再根据现场实际情况，对理论计算的参数酌情调整，设计适合测区飞行的航线。

4.1.3 基站布设与施测

当选用基于 PPK 模式的背包便携式三维激光扫描仪、车载三维激光扫描仪、机载三维激光扫描仪作业时，需要架设 GNSS 基站与移动三维扫描 POS 系统进行同步观测。基站位置设计与选取时，应优先利用测区已有的高等级控制点和 GNSS 连续运行基准站，需自行布设基站控制点时，应遵守现行国家标准《全球定位系统（GPS）测量规范》GB/T 18314 中的相关规定，并符合下列要求：

（1）GNSS 基站控制半径不宜大于 10 km，范围过大时宜架设双基站。

（2）GNSS 接收机应选用双频测量型，观测的采样间隔应不大于 1 s。

（3）站点应选择在交通便利的位置，视场内障碍物的高度角不宜大于 15°。

（4）站点选定后应现场作标记、画略图、拍照；站点选点结束后，应提交站点点之记、站点选点网图等资料。

4.1.4　控制点布设与施测

为提升移动三维扫描数据成果的精度，保证成果质量满足标准规范和项目要求，一般需布设一定数量的控制点，以对点云数据进行纠正和精度检核。控制点一般采用 GNSS 图根控制或者全站仪导线测量的形式采集坐标，布设在明显的地物转角，如花台转角、道路拐角、柱子棱角、墙面夹角等，或者选取明显的地面标示线角点（图 4.1-9），控制点应分布均匀。在城市勘测领域项目场景中，一般布设 RTK 图根控制点、图根导线点即可，其技术指标需满足现行国家标准《工程测量标准》GB 50026 的要求。

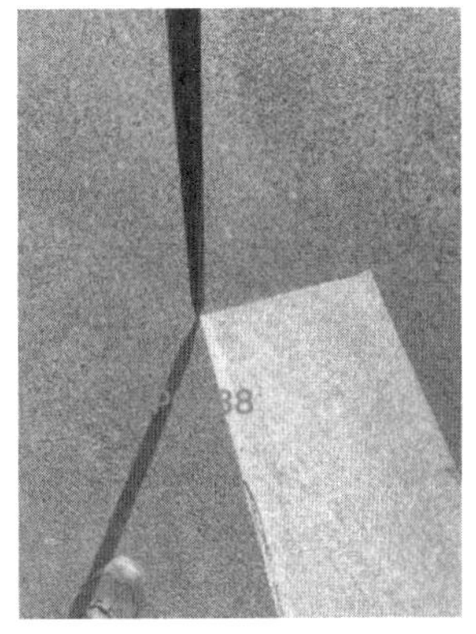

图 4.1-9　控制点布设照片

一般情况下，在 GNSS 信号良好的测区，可以每 200 ~ 300 m 布设一组点（2 ~ 3 个），大型道路交叉口各个方向均需测量控制点；在 GNSS 信号较差的测区，如高层建筑密集区域、道路狭窄且两侧植被遮挡严重、高架桥遮挡区域，需增加控制点布设的密度和数量，缩短为每隔 100 ~ 150 m 布设一组点。布设的每个控制点测量时都需要拍摄近景、远景两张照片，照片必须要能够反映出点位与周围参照物之间的相对关系，以及点位的具体细节特征。控制点通常按以下两种情况分别选取：

（1）当测区位于道路标线清晰且易于辨认点位的区域时，可遵循以下原则选择控制点：

① 优先选择清晰标线的角点；

② 直角角点优于钝角及锐角角点；
③ 白色标线优于黄色标线；
④ 道路中间标线优于道路两侧标线；
⑤ 车流量大的道路可以选择导流线角点；
⑥ 在支线小路上无合适车道线时可以选择停车位标线。
（2）当测区无道路标线可选时，还可以选择其他类型特征点作为控制点：
① 道路拐角（非圆弧段拐角）；
② 花台（台阶）角点；
③ 低矮墙体角点；
④ 棱角分明的水泥缝；
⑤ 雨水箅子角点；
⑥ 棱角分明的水泥路交叉口或会车扩大口。

4.1.5 扫描数据采集

移动三维激光扫描仪种类繁多，各类扫描仪的适用环境、采集流程、注意事项等都有各自的特点，且这些都是移动三维扫描技术外业数据获取的核心要点。在项目设计阶段，需要根据项目特点选用适当的扫描仪。各类扫描仪的适用环境如下：

（1）手持便携式三维激光扫描仪。

此类设备灵活轻便，可根据需要扫描各角度范围点云数据，通常适合在室内、地下空间、隧道等环境中使用。其适用的城市勘测工程项目主要有房产测绘、地下空间测绘、地铁站竣工测量、地铁地下区间竣工测绘等。

（2）背包便携式三维激光扫描仪。

此类设备通常集成了 GNSS 模块，一般适合在对空通视较好的室外区域。其适用的城市勘测工程项目主要有城市地形图修（补）测、道路工程、道路竣工、多测合一、立面测量、土石方测量等。

（3）车载三维激光扫描仪。

此类设备安装配件较多，需由两人合力安装，采集时需由领航员按线路规划指引驾驶员采集，适合道路及道路沿街数据的采集。其适用的城市勘测工程项目主要有道路竣工、桥梁（立交桥）竣工、城市部件更新、实景三维等。

（4）机载三维激光扫描仪。

此类设备主要用于高程采集。其适用的城市勘测工程项目主要有 DEM 与 DSM 制作、城市大面积地形图测绘、实景三维等。

下面将对上述各类扫描模式下数据采集流程进行详细介绍。

1. 手持便携式三维激光扫描仪数据采集

手持便携式三维激光扫描仪外业数据采集基本流程有设备连接与系统自检、初始化及开始采集、采集控制点、停止采集及设备关机，具体操作如下：

（1）设备连接与系统自检。

将线缆、电池、计算机、激光雷达设备、全景相机、控制点对中基座等配件正确组装、通电并与操作手簿连接，进入测量程序界面完成系统自检，若配备有全景相机，则可根据项目情况选择是否开启全景相机。

（2）初始化及开始采集。

将设备水平放置于基座上，将其置于空旷位置，激光雷达朝向一个特征明显、固定不动的结构静止不动，用手扶稳，激光雷达附近不能有快速移动的物体及行人通过；启动采集程序时建议在控制点上启动采集程序。在采集过程中还需要注意：

① 对于环境遮挡或无法进入的测区应做好记录，现场条件允许时应补采。

② 不要让激光器离地面或者墙面太近，最少需保持 20 ~ 40 cm 的距离。

③ 在经过房门的时候，需要提前将所有房门打开，并一直保持房门处于开启状态，不要在测量时开启或关闭房门，也不要扫描通过后立即关闭房门；从一个空间进入另外一个空间时，先在外面对房屋进行整体扫描，然后慢慢进入房门，房间物体扫描完毕之后，缓步退出房间或者正常慢慢转弯退出房间。

④ 缓慢行走，严禁急转弯、急转身，转弯时走 U 形路线，禁止原地转身。

⑤ 缓慢移动穿过狭窄空间，在采集隧道、矿洞等场景时，建议不走回头路，可两侧往返采集，也以通过走 S 形的方式采集，从而减小误差累计。

（3）采集控制点。

用底板十字孔（尖）对准控制点，一般情况下手持便携式扫描仪支持墙面控制点，激光雷达模块无论是竖直、倾斜还是水平都不影响数据解算精度，然后在操作手簿上点击控制点采集功能键完成扫描仪控制点数据采集。建议在控制点采集过程中，记录控制点采集流水号与当前控制点点号的对应关系，以便内业数据检查与处理。

（4）停止采集及设备关机。

当一个测段扫描完成后，将设备放置于地面或者平台，保持原地不动，在操作手簿上点击停止采集工程，建议在控制点上结束工程。通常程序会对当前测段的数据进行自检，自检完成后提示“数据校验正常”等信息，一个测段完成后可以继续下一个测段或关闭设备。

2. 背包便携式三维激光扫描仪数据采集

如前文所述，背包便携式三维激光扫描仪可分为基于 RTK 模式和基于 PPK 模式两种，某些品牌的便携式扫描仪可在 RTK 作业模式下同时记录 PPK 数据。基于 PPK 模式的背包扫描仪在外业作业时，不需要联网拨号，但需要架设 GNSS 基站并安排人员值守，基站架设相关内容将在下一小节“车载三维激光扫描仪数据采集”中介绍。在条件允许的情况下，还可直接使用 GNSS 连续运行基准站数据进行 POS 解算，无须单独架设 GNSS 基站，其余流程与基于 RTK 模式的背包扫描仪基本相似。本小节主要介绍基于 RTK 模式的背包便携式三维激光扫描仪常规数据采集流程，具体步骤如下：

（1）设备连接与系统自检。

将设备按照要求正确组装并上电开机，开启全景相机，将操作手簿连接扫描仪并完成设备自检。

（2）联网登录 CORS 服务器。

联网方式可以选择共享个人手机热点，也可以选择插入无线网卡到扫描仪计算机 USB 口连接无线网络；扫描仪成功联网后，输入“地址、端口、账号、密码”等信息登录 CORS 服务器，选择相应的节点（优先选择频段数最多的节点）点击“连接”。在空旷位置完成上述步骤后，设备实时定位状态会变成“固定解”状态。

（3）初始化及开始采集。

将设备放置在空旷区域，激光雷达朝向一个特征明显、固定不动的结构，点击开始采集，系统自检完成后，激光雷达将开始工作，此时可以背上扫描仪开始采集数据。部分设备需要绕“8”字轨迹初始化惯导系统，具体可查看各品牌型号的扫描仪操作手册。初始化完成后，即可开始采集，在采集过程中需注意以下事项：

① 需要随时关注设备定位状态，防止数据采集时因通信数据链中断、CORS 服务器故障、卫星失锁、卫星数过少等情况导致定位状态长时间处于单点或浮点解状态，在采集过程中尽量使设备处于 GNSS 固定解状态，在穿越门洞、下跨道等地物后，建议静待设备重新固定再继续行走。

② 在扫描作业时，须穿戴反光背心提醒往来行人车辆，以保证人员和设备安全，行走过程中，尽量保持仪器平稳，避免有大幅度抖动；骑行电瓶车、自行车进行背包扫描时，行驶速度应控制在扫描仪支持的最大速度以内，在骑行过程中应避免急加速和急减速。

③ 大风、降雨、雾霾等恶劣天气出现时，应及时停止作业，并对扫描仪采取必要的防护措施。

④ 作业时段宜选择晴天且行人较少时间段进行数据采集，除了操作人员，其他人不要跟随设备移动，如需跟随设备行走，需保持 20 m 以上的距离。

⑤ 扫描过程中如果碰到移动物体，例如迎面行驶来一辆汽车或走来一群人，可以转动设备的朝向，让激光雷达朝向静止的物体，等到汽车或行人走远（距离 20 m 以上）时，再恢复设备的朝向，继续正常采集。此操作可减少扫描到的移动物体，提高数据的精度。

⑥ 在大中型工程项目作业时，需分段进行扫描，一般单个项目测段扫描时间宜控制在 20 ~ 30 min，最长不宜超过 45 min。

⑦ 对精度要求较高的竣工项目，需要合理规划扫描路线，尽量使每个测段都形成闭环采集。

⑧ 背包便携式三维激光扫描仪采集数据并非所见即所得，而是所“到”才所得，采集时一定要走到位。例如，对于四面墙房屋，采集轨迹要包住房屋而不能仅路过房屋；采集花台等地物也需要绕圈而不是经过，要保证需要采集的特征点与激光雷达通视，这样采集到的数据才算合格完整的点云数据。

（4）停止采集及设备关机。

当一个测段扫描完成后，将设备放置于地面或者平台，保持原地不动，在操作手簿上点击停止采集工程，建议在空旷位置（固定解状态）结束工程。通常程序会对当前测段的数据进行自检，自检完成后提示“数据校验正常”等信息，一个测段完成后可以继续下一个测段或关闭设备。

3. 车载三维激光扫描仪数据采集

目前主流的车载三维激光扫描仪的 GNSS 数据处理模式为 PPK 后处理模式，外业测量时将在控制点上架设基站，以提升点云数学精度。本小节将对基于这种技术路线的车载三维激光扫描仪数据采集作业流程进行介绍，具体步骤如下：

（1）基站架设。

基站位置宜选用距离测区最近的已知控制点，当测区面积较大时，可以选择按已知点辐射范围采集，采集完成后将基站搬迁至其他已知点上，也可以同时架设多个基站，不间断采集。基站通过三脚架架设好，对中整平后，通过三个方向量取仪器高，取平均值，一般使用辅助测高片测量仪器高，内业数据处理时选择到测高片天线高。

GNSS 设备开机，检查电池电量、注册信息、卫星状态等，待卫星锁定 20 颗以上后进入静态设置页面，采样率选择“1 Hz”，天线高设置为测量的平均高度，测量方式选择到测高片高度，设置完成后开启静态记录；静待片刻，检查设备状态是否为“静态记录中”；基站架设位置需要专人进行看守，车载项目采集持续时间较长，需要不定时关注 GNSS 设备电量，严格保证基站和激光雷达系统 GNSS 数据的同步接收，确保基站观测数据时间能有效包裹车载三维激光扫描仪作业时间，基站观测时间应早于移动站 5 min 以上，关机时间应晚于移动站 5 min 以上。

（2）设备安装与系统自检。

全面检查车载扫描仪各组件，激光扫描仪安装主要有车顶平台安装、扫描仪主机安装、线缆连接及供电等步骤。进行城市区域车载数据采集时，建议安装车轮编码里程计，其主要用来提高数据精度和控制相机等距拍照;安装设备时需要至少两名人员配合安装，确保设备安全；主机安装之后需要确保激光头扫描不会被车尾遮挡，安装车轮编码里程计时需要使软轴保留有一定的缓冲长度，否则在行车过车中可能会断裂；设备安装完成之后需要使用工具对螺丝逐个紧固，并再次检查确认系统主机和全景平台安置或安装牢固，无松动情况。

（3）采集参数设置及设备初始化。

车载扫描仪采集参数主要包括激光参数和相机参数。激光参数包括激光线速度和点频率，在城市区域进行采集时建议都设置为最高挡位；相机参数包括相机触发模式和触发间隔，相机触发设置为距离触发，触发距离根据实际需求进行设置。

参数设置完毕，确认各组件工作状态正常后，开始工程初始化扫描仪。POS 系统初始化开始阶段需要等待 GNSS 设备搜星锁定，要求车辆停在空旷开阔的地方，同时远离通信塔和高压线，在静止期间，需要关闭汽车发动机，采集人员下车等待，静止地点需要远离振动源，如大型车辆、施工工地等，这一阶段需要 3 ~ 5 min。

GNSS 初始化完成后，需要对 IMU 惯导系统进行初始化，其目的是使惯导动态对齐，逐渐收敛。静止结束后，进行动态初始化时，禁止倒车操作；动态初始化路线一般为“日”字、“8”字轨迹或者连续左转右转直行组合路线，动态初始化需要完成至少 2 次右转、2 次左转、1 次加速、1 次减速动作，初始化路线需要至少 2 km；动态初始化区域要选择卫星信号良好的区域，一般在测区外进行。

（4）扫描数据采集。

进入采集区域之后，需要按照规划路线进行采集，可将规划路线文件导入导航电子地图，开启轨迹记录功能，以便直观地区分已采集路段，同时需要领航员进行人工导航，领航员通过当前定位信息、已采集轨迹和规划路线，指引驾驶员前行方向。

在采集过程中需要注意以下事项：

① 需要通过采集软件监控设备运行状态和数据采集情况，主要观察激光雷达温度、全景照片漏拍数、卫星数量等信息。激光雷达温度需要控制在设备允许工作温度区间以内，温度过高可能会影响设备性能，甚至导致数据丢失；全景照片需要随时查看照片漏拍计数，当漏拍计数短时间内激增时，需要检查车轮编码里程计是否发生断裂或者脱落；随时关注卫星数量，分析卫星数量缺少原因，适当调整行程车道。领航员需随时关注以上信息，发生异常情况时需要进行问题排查，必要时停止采集。

② 需在采集区域外停止采集，确保数据完整性。

③ 需要提前确认天气状况，雾霾、大雾、下雨等天气以及雨后地面积水未干的情况下不能进行扫描作业，同一任务区域内，采集时间尽量保证在当天或者连续时间内。

④ 采集过程中要注意限高架、架空电线、低矮树枝等对仪器设备安全有威胁的障碍物，需由领航员引导，缓慢通过。如采集过程中突然降雨，可就近路边停车，用防雨布遮挡激光，静止之后关机，此时的数据仍然可用，也可以直接关机，放弃数据。

⑤ 直线路段减少变换车道，路口采集时尽量保持直行通过。有物理隔离带（如绿化带、栅栏等）或者双向 4 车道以上道路应双向采集。采集车道数为奇数时，宜选择最中间车道；车道数为偶数时，宜选择中间靠外侧车道；4 车道以下的道路仅需单向采集，车辆尽量行驶在整条道路中间。在高架桥下采集时，应尽量靠外侧进行采集；当道路两侧植被、高层建筑遮挡严重时，应选择中间车道行车，避免持续在茂盛树木下行车。

⑥ 行驶途中，尽量避免并排行车；靠近路口时，控制车速，尽量减少路口停车等待时间，如确实需要停车，尽量在最长队伍之后进行排队等待；车辆等待时，尽量使设备扫描位置处于车辆空隙间。在采集过程中，尽量避免倒车掉头，需要倒车掉头时，尽量在测区外进行，减少测区倒车掉头数据。采集过程中，一般道路行车速度控制在 40 km/h 以内，快速路行车速度控制在 60 km/h 以内。

（5）停止采集及设备关机。

在采集区域外停止采集，此时还需静待 3 ~ 5 min 让 POS 收敛，静待要求与测量开始时相同；达到时间之后，关闭工程，继续下一测段或关闭电源；关闭电源之后，拔掉线缆，拆除主机，清点设备，确保主机及相应配件完整齐全。

4. 机载三维激光扫描仪数据采集

目前主流的机载三维激光扫描仪的 GNSS 数据处理模式为 PPK 后处理模式，飞行作业开始前需要将 GNSS 基站架设在已知控制点上。在起飞前需根据当地无人机管理办法向相关单位报备，同意起飞后则可开始机载数据采集。其数据采集流程通常为：

（1）基站架设。

基站架设和同步数据采集设置与上义车载三维激光扫描仪数据采集相同，本节不再赘述。

（2）设备安装与系统自检。

全面检查机载平台和扫描仪各组件是否正常、是否存在安全隐患，按照设备操作手册，将激光雷达测量设备装在飞机载体平台上，锁紧螺母，将供电线、馈线、通信模块等正确插入接口，并接好电源。供电线接在飞机电源上，用于给整个系统供电；无线通信模块，用于设备与地面手持端通信，实时查看数据和设备状态；GNSS 馈线连接到飞机 GNSS 天线上，用于整个系统授时定位。

将机载载体平台停放在空旷的区域开机，打开手持控制端，查看手持控制端与设备是否连接正常、设备自检状态是否正常。

（3）采集参数设置及设备初始化。

机载式扫描仪采集参数主要包括激光参数和相机参数。激光参数包括激光线速度、点频率、起始角和终止角。激光线速度、点频率设置时需参考设备说明书、航线设计方案、成果点云密度综合分析得出；起始角、终止角设置时需要注意终止角大于起始角。参数设置完成后，开始工程，此时 GNSS 设备开始工作，飞机静置不少于 5 min，等待 GNSS 设备搜星锁定，并记录稳定的起始数据。

（4）扫描数据采集。

控制无人机按规划好的航线起飞扫描。飞行速度应根据机载激光雷达在不同航高和不同激光光线强度等情况下的标称精度要求、项目精度要求、地形起伏情况、激光频率、系统的最大瞬时视场角（IFOV）以及载体的性能等参数综合确定；整个作业区域内飞行速度应尽可能保持一致，机载三维激光扫描数据采集阶段注意事项将在本书第 8 章结合案例进行详细介绍。

在采集过程中需要随时注意系统工作情况，根据实际情况及时处理出现的问题，重点观察 POS 系统信号状况、回波接收状况、数据质量状况、实时天气状况。

（5）停止采集及设备关机。

待飞机停稳后应等候 5 min，保证 IMU 和 GNSS 数据记录对齐完整，待机载激光扫描仪电源关闭后，方可关闭飞机电源。

4.1.6　数据传输

外业数据采集完成后，需要对数据进行传输，主要包括控制点数据传输、基站数据传输、扫描仪数据传输。

1. 控制点数据

控制点数据主要包括 GNSS 设备采集的图根点坐标数据、图根点近远景照片数据、全站仪设备采集的测边测角数据。数据通过 U 盘、数据线、蓝牙等方式传输至工作电脑保存。

2. 基站数据

基站数据为 GNSS 设备主机采集的基站控制点静态观测数据，通过数据线传输至工作电脑保存。

3. 扫描仪数据

手持便携式三维激光扫描仪通常使用随机附带的高速 USB 设备进行数据传输，通过操作手簿将扫描仪计算机存储的扫描数据拷贝至 USB 设备中，再通过 USB 设备将数据拷贝至数据处理工作站。

背包便携式三维激光扫描仪数据传输方式同手持便携式三维激光扫描仪类似，可通过 USB 设备传输。此外，背包便携式扫描仪还可以通过网线或 Wi-Fi 连接设备计算机直接将数据拷贝至工作站。部分设备需要将全景相机存储卡拔出来手动拷贝。

车载、机载三维激光扫描仪在扫描过程中的数据一般存放在可拆卸硬盘或存储卡上，数据传输时将移动硬盘或存储卡拔出来插到设备专用读卡器上，再利用设备数据拷贝软件将数据拷贝至数据处理工作站或工作电脑。

建议在将扫描数据存放至工作站的同时，编写扫描数据概况（工程项目名称、测区编号、基站编号及控制测段信息等），方便数据处理及后期检索。

4.2 扫描数据预处理

移动三维激光扫描仪获取的点云和影像数据，通常通过仪器设备配套的数据处理软件进行解算处理。本节将介绍移动三维扫描外业数据预处理主要流程，包括 POS 解算、点云解算、点云纠正、点云配准、精度评定、成果输出。通过对外业扫描数据的预处理，便能得到满足项目精度要求的点云和影像数据。

4.2.1 POS 解算

基于 SLAM 算法的手持便携式三维激光扫描仪、背包便携式三维激光扫描仪，在内业解算时，其 POS 解算与点云解算是不可分割的，POS 解算完成后随即解算点云。此类仪器设备一般使用配套数据处理软件完成相应数据解算工作，例如数字绿土公司的便携式扫描仪使用 LiFuser-BP 软件、欧思徕公司的便携式扫描仪使用 Mapper 软件、其域创新公司的便携式扫描仪使用的 LixelStudio 软件等。基于 SLAM 算法的扫描数据，在 POS 解算过程中可能会因为作业区域特征点不足等导致特征点拼接失败，从而使得整段 POS

解算失败；遇到此类问题时，可调整 POS 解算参数重新解算，若 POS 解算仍然失败，则可通过调整解算终点得到特征拼接失败前的点云数据。

车载、机载和非 SLAM 算法的背包便携式三维激光扫描仪，除使用配套数据处理软件完成 POS 数据解算外，还可通过 IE（Inertial Explorer）等专业的 POS 解算软件进行解算。POS 解算需要与 GNSS 基站数据进行联合解算，多基站观测解算可以提高解算精度，基站距离越近，精度提高效果越好。解算完成后注意查看解算日志，查看 POS 解算过程是否发生跳变。POS 跳变是指在数据处理过程中，POS 系统的参数出现了非连续或异常的变化，这种变化可能会影响点云数据的精度和可靠性，通常出现在 GNSS 信号受到干扰或车辆掉头的区域。当 POS 解算出现跳变后，可尝试对跳变进行修复；当无法修复时，结合跳变位置是否在测区、跳变长度等情况综合分析处理。解算完成后查看生成的 POS 解算精度报告，通过双向解算较差、GNSS 定位精度（PPK 解算结果）、固定解占比、数据质量因子等指标对 POS 解算精度进行综合评定。根据现行行业标准《车载移动测量数据规范》CH/T 6003 和《车载移动测量技术规程》CH/T 6004 的相关要求，在 GNSS 信号观测良好情况下，定位数据处理结果应满足表 4.2-1 的要求。

表 4.2-1　车载式扫描仪 POS 系统性能要求

准确度等级	Ⅰ级	Ⅱ级	Ⅲ级	Ⅳ级
航向精度/（°）	≤0.05	≤0.1	≤0.5	≤1
水平姿态精度/（°）	≤0.01	≤0.05	≤0.1	不作要求
后处理定位精度（GNSS 信号正常，共视卫星数不少于 5 颗，PDOP 值不大于 3）	水平 0.05 m，高程 0.1 m；卫星失锁持续时间不大于 1 min 所保持的精度		水平 0.05 m，高程 0.1 m；卫星失锁持续时间不大于 10 s 所保持的精度	
时间同步精度/ms	≤0.1		≤1	
数据频率/Hz	≤100		≤50	
里程计最小分辨率/m	≤0.01		≤0.5	

4.2.2　点云解算

如上文所述，基于 SLAM 算法的手持便携式三维激光扫描仪、背包便携式三维激光扫描仪数据在 POS 解算完成后，即随之开始解算点云，并可依据影像数据对点云数据进行着色处理，两个步骤无缝转换，数据处理完成后，即可查看点云解算报告及内符合精度。

车载、机载和非 SLAM 算法的背包便携式三维激光扫描仪，在 POS 解算完成后，可叠加测区范围，仅对测区范围内的点云数据进行解算。解算之前设置好输出参数，可通过设置速度滤波阈值来剔除停车等待等异常区域的数据，设置距离滤波参数剔除短距离或长距离的点云，同时设置点云着色、影像输出等相关参数，设置完成后点击解算，等待软件处理即可得到点云数据。

4.2.3 点云纠正

这里所说的点云纠正，是指配套软件的一个数据处理过程，用于修正由于多种因素（如 GNSS 信号较差、物体遮挡、光照不均匀等）导致的点云三维坐标与实际地物三维坐标之间误差超限、同一地物多次扫描点云数据分层现象，最终得到质量合格的点云数据。移动三维激光扫描仪点云纠正一般采用手工标定法完成。

手工标定法，即通过手工刺点的方法将外业采集的控制点与预处理点云建立对应关系，进行 POS 纠正，进而进行点云纠正。这种方法通常具有很高的准确性，但需要一定的内外业工作量，并且对点对的数量和相关性有很高的要求。

点云纠正在对基于 SLAM 算法的扫描仪设备数据进行处理时，通常叫作 GCP 平差。当手工标定发现控制点坐标与点云坐标较差较小，满足项目精度要求时，可以不用进行点云纠正，直接输出点云外符合精度报告，完成点云数据预处理工作。

4.2.4 点云配准

为了获取目标场景完整的三维点云数据，需要对不同视角下采集到的三维点云进行旋转平移至同一个坐标系下，拼接成一个完整的三维点云，这就是点云配准[1]。

具体到城市勘测领域，某些项目会联合使用多种三维激光扫描仪作业，使用背包便携式三维激光扫描仪扫描 GNSS 信号良好的区域，使用手持便携式三维激光扫描仪补充扫描 GNSS 信号较差或无 GNSS 信号区域的局部细节，此时通过点云配准技术可将多种扫描仪采集的点云数据进行配准，得到一个项目完整的点云数据。

点云配准技术一般分为粗略配准和精确配准。粗略配准是将两个不同坐标系下的点云，通过平移和旋转配准到同一坐标系下，粗略配准的精度完全依赖于人工，耗时长且容易超限，因此，一般会在粗略配准的基础上使用迭代算法进行精确配准，使两段点云重叠区域的配准误差最小。

1. 粗略配准

粗略配准作为精确配准的前提，配准效果直接决定了精确配准的收敛性。因此，粗略配准需要将两个点云尽可能的特征靠近。其基本原理即为七参数坐标转换[2]：

$$\begin{bmatrix} X \\ Y \\ Z \end{bmatrix} = \lambda R \begin{bmatrix} x \\ y \\ z \end{bmatrix} + T \tag{4.2-1}$$

式中：λ为待配准点云到基准点云之间转换的缩放比例参数。$T=\left[x_0, y_0, z_0\right]^{\mathrm{T}}$，为转换平移向量；$R=R_x(\alpha)R_y(\beta)R_z(\gamma)$，为旋转矩阵；$\alpha$，$\beta$，$\gamma$为绕三个轴的旋转角，$R$ 可表示为：

$$R=\begin{bmatrix} \cos\beta\cdot\cos\gamma & \cos\beta\cdot\sin\gamma & -\sin\beta \\ -\cos\alpha\cdot\sin\gamma+\sin\alpha\cdot\sin\beta\cdot\cos\gamma & \cos\alpha\cdot\cos\gamma+\sin\alpha\cdot\sin\beta\cdot\sin\gamma & \sin\alpha\cdot\cos\beta \\ \sin\alpha\cdot\sin\gamma+\cos\alpha\cdot\sin\beta\cdot\cos\gamma & -\sin\alpha\cdot\cos\gamma+\cos\alpha\cdot\sin\beta\cdot\sin\gamma & \cos\alpha\cdot\cos\beta \end{bmatrix} \tag{4.2-2}$$

为便于计算，在测绘行业的其他领域中往往会采用简化七参数的方法来进行替代计算。简化七参数是建立在旋转角为小角度的前提下，然而对于粗略配准来说，旋转角一般都会比较大，因此，建议采用基于 13 参数旋转矩阵的表达方式[2]，即将R中 9 个矩阵元素、T 中 3 个平移元素和 1 个尺度参数λ 作为变量，并组合为一个完整的旋转矩阵：

$$X=\begin{bmatrix} R & T \\ 0 & \lambda \end{bmatrix} \tag{4.2-3}$$

从两个点云中选择并提取相同的公共点坐标，采用间接平差的方式直接求取X中的 13 个参数，并形成完整旋转矩阵：

$$V=Bx-L \tag{4.2-4}$$

然而，在 R 中 9 个参数因不完全独立，由正交矩阵的性质推得，三维旋转矩阵的 9 个方向余弦之间存在以下 6 条非线性关系：

$$\sum_{i=1}^{3}a_{ij}^{2}=1\left(j=1、2、3\right) \tag{4.2-5}$$

$$\sum_{i=1}^{3}a_{ij}\cdot a_{ik}=0\left(j=1、2,\ \ k=2、3,\ \ j\neq k\right) \tag{4.2-6}$$

因此，可以形成必要约束条件：

$$C\cdot x-W_{x}=0 \tag{4.2-7}$$

式中：

$$C=\begin{bmatrix} 0&0&0&2a_{11}&2a_{12}&2a_{13}&0&0&0&0&0&0 \\ 0&0&0&0&0&0&2a_{21}&2a_{22}&2a_{23}&0&0&0 \\ 0&0&0&0&0&0&0&0&0&2a_{31}&2a_{32}&2a_{33} \\ 0&0&0&a_{12}&a_{11}&0&a_{22}&a_{21}&0&a_{32}&a_{31}&0 \\ 0&0&0&a_{13}&0&a_{11}&a_{23}&0&a_{21}&a_{33}&0&a_{31} \\ 0&0&0&0&a_{13}&a_{12}&0&a_{23}&a_{22}&0&a_{33}&a_{32} \end{bmatrix},$$

$$W_{x}=\begin{bmatrix} 1-a_{11}^{2}-a_{12}^{2}-a_{13}^{2} \\ 1-a_{21}^{2}-a_{22}^{2}-a_{23}^{2} \\ 1-a_{31}^{2}-a_{32}^{2}-a_{33}^{2} \\ -\left(a_{11}a_{12}+a_{21}a_{22}+a_{31}a_{32}\right) \\ -\left(a_{11}a_{13}+a_{21}a_{23}+a_{31}a_{33}\right) \\ -\left(a_{12}a_{13}+a_{22}a_{23}+a_{32}a_{33}\right) \end{bmatrix}$$

$$x=\left[dX^0 \quad dY^0 \quad dZ^0 \quad d\lambda \quad da_{11} \quad da_{12} \quad da_{13} \quad da_{21} \quad da_{22} \quad da_{23} \quad da_{31} \quad da_{32} \quad da_{33}\right]^{\mathrm{T}}$$

a_{11}、a_{12}、a_{13}、a_{21}、a_{22}、a_{23}、a_{31}、a_{32}、a_{33}为方向余弦近似值，da_{ij}为对应方向余弦的改正数，dX^0、dY^0、dZ^0为平移参数的改正数，$d\lambda$为尺度参数的改正数，由式（4.2-4）和式（4.2-7）组成附有约束条件的间接平差，进行迭代计算，并以平差精度作为配准精度的评价指标。

2. 精确配准

目前，行业常用的精确配准方法为迭代最近点算法[3]（Iterative Closet Point，ICP）。ICP 算法实质上是基于最小二乘的最优匹配方法，在计算过程中不断迭代，直到收敛到最优。当前，ICP 及其各种改进算法已成为精确配准领域的主流算法。其大体流程如图 4.2-1 所示。

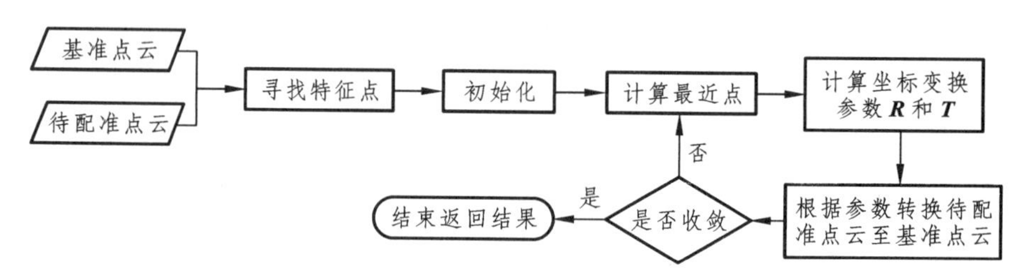

图 4.2-1　ICP 点云配准流程

在 ICP 中旋转转换参数一般采用四元素，其优点是可以减少参数量。四元素表现形式为点 $P(x, y, z)$绕空间向量 $V(u, v, w)$的旋转，即由一个标量和一个向量组成，表现形式为：

$$q=[q_0 \quad q_1 \quad q_2 \quad q_3]=\left[\cos\frac{\theta}{2} \quad \sin\frac{\theta}{2}(u \quad v \quad w)\right] \tag{4.2-8}$$

首先定义待配准点P到基准点云S的距离d如下：

$$d(P,S)=\min_{s\in S}\|s-P\| \tag{4.2-9}$$

P 到 S 中的最近点 s 产生的距离就是 P 到 S 的距离。转换七参数定义为：

$$X=(q_0 \quad q_1 \quad q_2 \quad q_3 \quad t_x \quad t_y \quad t_z)^{\mathrm{T}} \tag{4.2-10}$$

初值定义为 $X_0=(1 \quad 0 \quad 0 \quad 0 \quad 0 \quad 0 \quad 0)^{\mathrm{T}}$

其中参数约束条件为：

$$q_0^2+q_1^2+q_2^2+q_3^2=1 \tag{4.2-11}$$

总体流程如下：

（1）由点集 P 中的点，在曲面 S 上计算相应最近点点集，组成平差方程。

（2）平差计算得到参数向量 X。

（3）根据参数向量 X 计算新的点集 P_{k+1}，以此迭代计算。

（4）当新点集 P_{k+1} 到基准点云 S 的距离 d 平方和的变化小于预设的阈值时，停止迭代，得到最终参数X。四元素与旋转矩阵可用以下公式转换：

$$R=\begin{bmatrix} q_0^2+q_1^2-q_2^2-q_3^2 & 2\left(q_1q_2-q_0q_3\right) & 2\left(q_1q_3+q_0q_2\right) \\ 2\left(q_1q_2+q_0q_3\right) & q_0^2-q_1^2+q_2^2-q_3^2 & 2\left(q_2q_3-q_0q_1\right) \\ 2\left(q_1q_3-q_0q_2\right) & 2\left(q_2q_3+q_0q_1\right) & q_0^2-q_1^2-q_2^2+q_3^2 \end{bmatrix} \tag{4.2-12}$$

根据 ICP 算法的初值可知，ICP 算法要求待配准的两个点云具有较为接近的关系，否则会造成迭代时间过长或迭代发散而得不到理想结果。因此，在 ICP 中也体现出粗略配准的重要性。当然，一些研究者也基于 ICP 进行了大量改进算法的研究，对配准的改善也有不错的效果。

4.2.5　精度评定

预处理完成后，应对点云进行目视检查，检查点云是否完整、是否发生错层、着色是否拉花等；应采用控制点检查的方式检查点云数据的数学精度，编写点云数据精度检查报告。

4.3　点云数据处理

完成扫描数据预处理，得到精度合格的点云数据和影像数据后，即可对点云数据进行裁切、去噪、分类、坐标转换等方面的加工，最终得到满足项目生产的点云数据成果。

本节将简要介绍点云数据的处理类型，包括点云裁切、点云去噪、点云分类、点云坐标系统转换、点云高程精化。

4.3.1　点云裁切

点云裁切，又称点云裁剪、点云分块，是根据提取划分或标注出来的点云兴趣区域（ROI 区域），对点云进行区域分离的过程。这个过程可以基于几何边界、颜色和纹理等多种属性进行。

在点云裁切过程中，点云兴趣区域（ROI 区域）通常通过软件自动生成、手动绘制、导入 SHP 分区范围文件、导入 CAD 分区范围文件等方式完成；点云兴趣区域划分通常按标准分幅图框划分，按带状线路走向等距划分，按街道、河流等地物分区划分；分区建立后，对点云进行裁剪，选择保留或去除该区域内的点云数据。

4.3.2 点云去噪

点云噪声是在三维扫描过程中由于各种因素影响产生的干扰数据，这些噪声可能来源于仪器本身、周围环境、被扫描目标本身的特性等。点云噪声的存在不仅会增加点云的数据量，还可能影响建模质量、信息提取精度等；根据其特点，大致包含四种情况[4]：

（1）漂移点：明显远离目标主体，漂浮于点云上方的稀疏、散乱的点。

（2）孤立点：远离点云中心区，小而密集的点。

（3）冗余点：超过预定扫描区域，多余的点。

（4）混杂点：和正确点混淆在一起的点。

去除点云噪声的方法有很多，部分设备厂家配套的数据处理软件在扫描数据处理阶段可选取剔除漂移点、孤立点、冗余点等相关功能。对于成果点云，可以利用相关点云去噪算法，对点云进行降噪、去噪处理，较具代表性的点云去噪算法有：体素滤波、半径滤波、统计滤波、双边滤波、邻域平均法滤波、基于密度的均值漂移聚类滤波、基于卷积神经网络滤波、噪声分类组合去噪。

1. 体素滤波

体素滤波（Voxel Grid）是将点云划分为一个个小立方体体素格子，统计每个立方体内点的数量，保留数量大于一定阈值的立方体内的所有点，去除其他点。这种方法可以快速去除离群点，但也可能丢失部分细节信息，大致步骤如下：

（1）划分体素网格。

首先，将点云空间划分为一个三维网格，每个体素格子是一个立方体，其边长由用户定义。

（2）选择代表性点。

对于每个体素，选择一个代表性点作为该体素的输出点；这通常是通过计算该体素内部所有点的某种统计量（如质心、中心点、中值等）来完成的。以质心为例，其计算公式如下：

$$P_C=\frac{1}{N}\sum_{i=1}^{N}P_i \tag{4.3-1}$$

式中：P_C 是体素的质心；N 是体素内的点数；P_i 是体素内第 i 个点的坐标。

（3）输出滤波后的点云。

将所有体素的代表性点组合成一个新的点云数据，即滤波后的点云数据。

体素滤波可以实现快速下采样点云的同时不破坏原有的大部分场景特征，但是体素滤波器（Voxel Grid Filter）也有一定的缺陷。根据算法原理，由于计算求出的每个三维体素立方体的质心点并不一定是原始点云中存在的点，所以下采样后会丢失部分细节特征；基于这些特点，可以使用 kd-tree 最近邻搜索法寻找距离质心点最近的原始点云中的点代替体素重心点来表示整个体素立方体里面的点[5]，这样就可以保证经过下采样后的点云中，所有的点都在原始点云中存在。

2. 半径滤波

半径滤波（Radius Filter）是对于点云中的每个点，计算其周围一定半径内的点的数量，若数量小于一定阈值，则判定该点为噪点并去除[6]。这种方法可以保留大部分细节信息，但需要调整合适的半径和阈值参数。大致步骤如下：

（1）定义搜索半径。

首先，设定一个搜索半径 r，该半径决定了每个点搜索近邻点的范围。

（2）计算近邻点数量。

对于点云中的每个点 P，计算以 P 为中心、半径为 r 的球体内有多少个近邻点，通常通过空间查询或构建空间索引（如 kd-tree）来实现。

（3）应用阈值判断。

设定一个近邻点数量的阈值 T，如果点 P 的近邻点数量少于 T，则将该点视为离群点或噪声点，并从点云数据中去除。

（4）重复上述步骤。

对点云中的每个点重复步骤（2）和（3），直到所有点都被处理。

需要注意的是，半径滤波算法的具体实现可能因不同的软件库或编程语言而略有差异。在实际应用中，搜索半径 r 和近邻点数量的阈值 T 需要根据点云数据的特性和需求进行合适的设置；较大的搜索半径可能会增加计算量，但可能更准确地识别离群点，较小的搜索半径则可能导致误判。因此，需要根据实际情况进行权衡和调整。

3. 统计滤波

统计滤波（Statistical Filter）是对于点云中的每个点，计算其周围一定半径内的点的平均值和标准差来统计每个点到其最近的 K 个点的平均距离，点云中所有点的距离应属于高斯分布。由平均值和标准差可以求出极限误差，根据极限误差则可以消除离群点[7]。这种方法可以有效去除噪点，但需要调整合适的半径和倍数参数。大致步骤如下：

（1）定义邻域和搜索方法。

首先，需要定义每个点的邻域范围以及搜索该邻域内其他点的方法，通常可以通过设定一个固定半径的球体或立方体作为邻域，并使用 kd-tree 等空间数据结构进行高效的邻域搜索。

（2）计算距离。

对于点云中的每个点 P，计算其到邻域内其他所有点的距离，并将这些距离保存为一个距离集合。

（3）计算距离分布统计量。

对距离集合进行统计分析，计算其均值和标准差等统计量，这些统计量描述了邻域内点到点 P 的平均距离和距离的离散程度。

（4）应用阈值判断。

设定一个标准差倍数阈值（如 1.0、2.0 等），对于每个点 P，如果其到邻域内其他点的距离集合中存在大于该阈值乘以标准差的距离值，则将该点视为离群点或噪声点，并从点云数据中去除。

（5）重复上述步骤。

对点云中的每个点重复步骤（2）至（4），直到所有点都被处理。

需要注意的是，统计滤波算法的具体实现可能因不同的软件库或编程语言而略有差异。此外，标准差倍数阈值的设置对滤波结果有很大影响，较小的阈值可能导致过多的点被误判为离群点，而较大的阈值则可能无法完全去除噪声；因此，需要根据实际情况进行合适的设置和调整。

4. 双边滤波

双边滤波不仅考虑了点之间的空间距离，还考虑了点的法线方向或特征相似度，能够较好地保存目标物的高频信息，使点云数据的整体趋势更加平滑，数据点顺着法向发生位移。对于点云数据中的每个点 P_i，双边滤波后的位置 P_i' 可以通过以下公式进行更新：

$$P_i' = P_i + \lambda \cdot n_i \tag{4.3-2}$$

式中：P_i 是原始点云中的点；P_i' 是双边滤波后的点；n_i 是点 P_i 的法线向量；λ 是加权因子，它决定了点 P_i 在法线方向上的移动量；加权因子通常基于点 P_i 与其邻域 $K(P_i)$ 内其他点的空间距离和特征相似度（如法线方向差异）来计算，通常可用高斯函数来计算，其公式为[8]：

$$\lambda = \frac{\sum_{p_j \in K(p_i)} \omega_c\left(|p_j - p_i|\right)\omega_s\left(|\langle n_i, p_j - p_i\rangle|\right)\cdot\langle n_i, p_j - p_i\rangle}{\sum_{p_j \in K(p_i)} \omega_c\left(|p_j - p_i|\right)\omega_s\left(|\langle n_i, p_j - p_i\rangle|\right)} \tag{4.3-3}$$

$$\omega_c(x) = \exp\left(-\frac{x^2}{2\sigma_c^2}\right) \tag{4.3-4}$$

$$\omega_s(x) = \exp\left(-\frac{x^2}{2\sigma_s^2}\right) \tag{4.3-5}$$

式中：$\omega_c(x)$ 是光顺滤波因子；σ_r 是空间距离的标准差，用于控制空间邻近度的权重；$\omega_s(x)$ 是特征保持因子；σ_s 是特征相似度的标准差，用于表示特征相似性的权重。

5. 邻域平均法滤波

利用八叉树法建立散乱点云间的拓扑邻接关系，再对目标点 P 进行 K 值邻域搜索，最后用邻域平均法对点云数据滤波去噪[9]。该算法的原理是以 K 个邻域点与 P 点的平均值 d_i 作为参考［采用公式（4.3-6）计算平均值］，与给定的阈值作对比来判断目标点 P 是否为噪声点。

$$d_i = \frac{1}{N}\sum_{i=1}^{n}\sqrt{\left(x_0 - x_i\right)^2 + \left(y_0 - y_i\right)^2 + \left(z_0 - z_i\right)^2} \tag{4.3-6}$$

具体实现步骤如下：

（1）空间划分与邻接关系。

对读入的原始点云数据进行八叉树空间划分，建立点云间的拓扑邻接关系。

（2）邻域搜索与计算平均值。

对目标点 P 进行 K 值邻域搜索，并建立目标点的 K 个邻近点；计算 K 个邻近点到目标点的距离，并计算其平均值。

（3）应用阈值判断。

将得到的平均值与滤波阈值进行对比，判断目标点是否为噪声点。若目标点的平均值大于阈值，则判定目标点为噪声点，并将其去除；若目标点的平均值小于阈值，则判定为非噪声点，并将其保留。

（4）重复上述步骤。

所有点云数据重复上述步骤。

6. 基于密度的均值漂移聚类滤波

基于密度的均值漂移聚类去噪算法其核心思想是通过迭代移动每个点到其局部密度最高的区域，使每个点渐渐逼近局部密度最高的位置，大致步骤如下：

（1）初始化。

为每个点选择一个初始位置，这通常是点的原始位置。设置合适的邻域半径和邻域点云个数，对点云使用 kd-tree 建立空间索引结构[10]。

（2）计算均值漂移向量。

对于每个点，计算其局部邻域内所有点的均值，并得到一个均值漂移向量，该向量指向局部密度增加的方向。这通常是通过一个核函数（如高斯核）来加权邻域内的点，以考虑不同点对当前点的影响程度。

（3）更新点的位置。

将每个点沿着其均值漂移向量的方向移动一定的距离，这个距离可以是固定的，也可以是根据某种条件（如收敛性）来动态调整的。

（4）迭代。

重复步骤（2）、（3），直到满足某个终止条件（如达到预设的迭代次数，或点的位置变化小于某个阈值）。

需要注意的是，虽然均值漂移算法在点云去噪中具有一定的效果，但它也有一些局限性。例如，它可能无法完全去除所有噪声点，特别是高密度区域中的噪声点；此外，它的性能也受到所选核函数和迭代参数的影响，因此，在实际应用中，可能需要结合其他去噪算法或技术来获得更好的效果。

7. 基于卷积神经网络滤波

基于卷积神经网络（CNN）的去噪算法，通过训练数据来学习如何从含有噪声的点云数据中提取特征并生成去噪后的点云数据。它可以在网络中使用多支路通道的卷积层、全连接层和多尺度卷积核拼接操作等结构，学习到点云的局部特征并对噪声进行去除[11]。其大致流程如下：

（1）数据预处理。

首先，需要对点云数据进行预处理，例如归一化、去除无效点等。对于点云数据，可能还需要将其转换为适合 CNN 处理的形式，例如使用体素化（Voxelization）或点云卷积（Point Convolution）等方法。

（2）构建 CNN 模型。

接下来，需要设计一个适合点云去噪任务的 CNN 模型，这通常包括多个卷积层、批处理规范化层、非线性激活函数层和全连接层。卷积层用于提取点云数据的特征，而全连接层则用于将提取的特征映射到去噪后的点云数据。

（3）训练 CNN 模型。

使用含有噪声的点云数据集来训练 CNN 模型。在训练过程中，模型会学习如何从含有噪声的点云数据中提取特征，并生成去噪后的点云数据。这通常是通过最小化某种损失函数（如均方误差、交叉熵等）来实现的。

（4）测试和优化。

在测试阶段，将新的、含有噪声的点云数据输入到训练好的 CNN 模型中，模型会输出去噪后的点云数据。根据需要，可以对模型进行进一步的优化和调整，以提高去噪效果和性能。

8. 噪声分类组合去噪

噪声分类组合去噪法是对大尺度噪声使用半径滤波法和统计滤波法去噪，而对小尺度噪声使用双边滤波法和曲率流滤波去噪。

上述各种点云去噪算法各有特点，适用于不同的应用场景和需求，在选择去噪算法时，需要根据具体的数据特点、噪声类型和去噪要求进行综合考虑。

4.3.3 点云分类

点云分类（Point Cloud Classification）是根据点云特征，将预处理得到的原始点云中的每个点分配到预定义的类别或标签中，它可以将点云分类到不同的点云集，每个点云集具有相似或相同的属性，例如地面、高植被、建筑等。点云分类可以用于识别点云中的不同物体或地物，例如识别建筑物、树木、电线等，并为每个点分配一个语义标记。这个过程也称为点云语义分割。

常见的点云预定义类有：

（1）地面点：反映地面真实起伏，落于裸露地表面的点，包括落在道路、广场、堤坝等反映地表形态的地物之上的点。

（2）非地面点：没有落到裸露地表面的点，主要指落在各种高于地面的地物上的点，如建筑物、植被、管线上的点。

（3）水系及相关设施专题点：包括河流、沟渠、湖泊、池塘、水库等水系，拦水坝、堤坝、堤、水闸等水利设施，千出滩、礁石、海岛等海岸带。

（4）居民地及附属设施专题点：包括房屋、窑洞、蒙古包等居民地，工矿设施、公共设施、名胜古迹、宗教设施、观测站等附属设施，城墙、围墙、栅栏、篱笆等垣栅。

（5）交通专题点：包括车行桥、立交桥、过街天桥、人行桥、廊桥、索道等桥梁，车站、加油站、收费站、停车场、信号灯、路标等交通设施。

（6）管线设施专题点：包括架空的电力线、通信线、管道等，电杆、电线塔、变压器、变电站、管道墩架等。

（7）植被专题点：林地、灌木、草地、农田等。

（8）其他专题点：临时的挖掘场、物资存放场等。

点云分类的基本步骤通常包括数据预处理、特征提取和分类器训练与测试等，常见点云分类算法有：

（1）基于形状描述符的语义分类算法。

这类算法从点云中提取形状最优特征子集[12]，如法线、曲率等，并使用这些特征进行分类，这些特征可以描述点云的局部或全局形状，从而有助于区分不同的物体或区域。

（2）基于机器学习的算法。

机器学习算法如支持向量机（SVM）、随机森林（Random Forest）等可以用于点云分类，这些算法通常需要从点云中提取有意义的特征，并使用这些特征训练分类器模型，一旦模型训练完成，就可以对新的点云数据进行分类预测。

（3）基于深度学习的算法。

随着深度学习技术的发展，越来越多的深度学习模型被应用于点云分类任务，这些模型可以直接处理原始点云数据，而无须进行复杂的特征提取步骤。常见的深度学习模型包括 PointNet、PointNet++、DGCNN 等，它们通过卷积神经网络或其他神经网络结构来学习点云的表示，并输出每个点的类别标签。深度学习模型将在第十章进行详细介绍。

（4）基于图的方法。

图神经网络（Graph Neural Networks，GNNs）是另一种处理点云数据的强大工具，这些方法将点云视为图结构，其中每个点都是图中的节点，而点之间的空间关系则通过边来表示。通过在这些图上应用神经网络，可以学习到点云的复杂结构和模式，从而实现更准确的分类[13]。

（5）多视图或体素化方法。

这些方法将点云数据转换为更适合卷积神经网络处理的形式，如多视图图像或体素网格；然后，可以使用标准的卷积神经网络对这些数据进行分类，但这些方法可能会丢失一些点云数据的细节信息。

按照上述算法，可以实现基本的点云分类，其基本流程如图 4.3-1 所示。

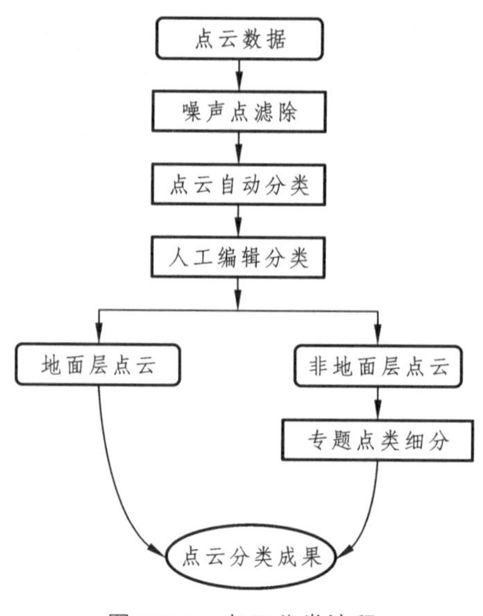

图 4.3-1 点云分类流程

在前文介绍的众多预定义类别中，地面点（Ground 类）是点云数据处理必不可少的分类类型。除上面几种算法思想外，还有如下两种常见的点云地面点分类算法基本思想。

（1）渐进式形态学滤波的算法。

渐进式形态学滤波算法的主要思想是利用数学上的形态学概念从地形测量点云数据中对地面点云和非地面点云进行分离。形态学由腐蚀算子（Erosion）和膨胀算子（Dilation）等许多代数运算子组成。其中：腐蚀算子的作用是搜索并删除物体边界点，然后对照参考点，把比结构元素数值小的点云删除，因此选择大小不等的结构元素便能去除面积小的、作用不大的某些点云；而膨胀算子则与之相反，是通过寻找最大值来代替中心元素的值，使用用户自定义的结构元素向区域外进行膨胀。基于渐进式形态学滤波的地面分类方法即可转化为先腐蚀、后膨胀的方法，通过逐步增大过滤器的窗口尺寸并限制高程差阈值等来保留地面要素，分离非地面要素[14]。

（2）布料模拟滤波的算法。

这种方法是由北京师范大学的张吴明教授近年来提出的一种较为新颖的提取地面点的方法。经典的滤波算法通常是基于坡度和高程差值来分离地面点和非地面点，而布料模拟滤波算法则颠覆了传统思路，翻转点云数据，并将翻转后的点云数据模拟成一块布料，当布料受到重力的作用从上方落下时，落下的布料形状就可以当作该点云数据的数字地表模型。与传统的地面分类方法相比，布料模拟滤波需要设置的参数更少，并且更加容易设置，使用门槛更低。

4.3.4 点云坐标系统转换

点云坐标系统转换是将点云数据从一个坐标系统转换到另一个坐标系统的过程。这通常涉及平移、旋转或缩放等变换操作，以确保点云数据保持一致性和准确性。

当已有项目坐标转换参数时，可利用转换参数将点云数据转换至成果坐标系统，坐标转换的中误差应不大于相关规范或设计书要求。当成果采用 2000 国家大地坐标系时，应根据原始点云所在的 ITRF 框架与 ITRF97 框架之间的转换关系，将原始点云数据转换到 ITRF97 框架 2 000.0 历元上[15]。ITRF 框架之间的转换公式[16]为：

$$\begin{bmatrix} X_s \\ Y_s \\ Z_s \end{bmatrix} = \begin{bmatrix} X \\ Y \\ Z \end{bmatrix} + \begin{bmatrix} T_X \\ T_Y \\ T_z \end{bmatrix} + \begin{bmatrix} D & -R_Z & R_Y \\ R_Z & D & -R_X \\ -R_Y & R_X & D \end{bmatrix} \cdot \begin{bmatrix} X \\ Y \\ Z \end{bmatrix} \tag{4.3-7}$$

式中：X、Y、Z 为原始点云的坐标；X_s、Y_s、Z_s 为 ITRF97 框架 2 000.0 历元坐标。T_X、T_Y、T_z、R_X、R_Y、R_Z、D 值可以在相关网站查询。

对于无法获取已知转换参数的区域，布设、施测 3 个以上控制点，获取控制点在两个坐标系统中的坐标值，利用最小二乘法求解两个坐标系统之间的转换参数。坐标转换的中误差应不大于相关规范或设计书要求。常用的转换参数计算方法有以下三种：

1. 四参数法

$$\begin{bmatrix} X_2 \\ Y_2 \end{bmatrix} = \begin{bmatrix} \Delta X \\ \Delta Y \end{bmatrix} + (1+m) \cdot \begin{bmatrix} \cos\alpha & -\sin\alpha \\ \sin\alpha & \cos\alpha \end{bmatrix} \cdot \begin{bmatrix} X_1 \\ Y_1 \end{bmatrix} \tag{4.3-8}$$

式中：X_1、Y_1 为原坐标系下平面直角，单位为 m；X_2、Y_2 为目标坐标系下平面直角，单位为 m；ΔX、ΔY 为待求平移参数，单位为 m；α 为待求旋转参数，单位为弧度；m 为待求尺度（缩放）参数，无量纲。

2. 七参数法[17]

$$\begin{bmatrix} X \\ Y \\ Z \end{bmatrix}_T = \begin{bmatrix} \Delta X \\ \Delta Y \\ \Delta Z \end{bmatrix} + (1+m) \cdot R \cdot \begin{bmatrix} X \\ Y \\ Z \end{bmatrix}_S \tag{4.3-9}$$

式中：X_S、Y_S、Z_S 为原坐标系下平面直角，单位为 m；X_T、Y_T、Z_T 为目标坐标系下平面直角，单位为 m；ΔX、ΔY、ΔZ 为待求平移参数，单位为 m；m 为待求尺度（缩放）参数，无量纲；R 为旋转矩阵，其由 X、Y、Z 三个方向轴上的旋转矩阵组成：

$$R = R_X R_Y R_Z = \begin{bmatrix} a_1 & a_2 & a_3 \\ b_1 & b_2 & b_3 \\ c_1 & c_2 & c_3 \end{bmatrix} \tag{4.3-10}$$

设绕 X 轴旋转角为 α，绕 Y 轴旋转角为 β，绕 Z 轴旋转角为 γ，则式中：

$a_1 = \cos\beta \cdot \cos\gamma$；$a_2 = \cos\beta \cdot \sin\gamma$；$a_3 = -\sin\beta$；

$b_1 = \sin\alpha \cdot \sin\beta \cdot \cos\gamma - \cos\alpha \sin\gamma$；$b_2 = \sin\alpha \cdot \sin\beta \cdot \sin\gamma + \cos\alpha \cos\gamma$；

$b_3 = \sin\alpha \cos\beta$；

$c_1 = \cos\alpha \cdot \sin\beta \cdot \cos\gamma + \sin\alpha\sin\gamma$；$c_2 = \cos\alpha \cdot \sin\beta \cdot \sin\gamma - \sin\alpha\cos\gamma$

$c_3 = \cos\alpha \cdot \cos\beta$。

一般旋转角α、β、γ为微小角，可取：

$$\begin{cases} \cos\alpha = \cos\beta = \cos\gamma = 1 \\ \sin\alpha = \varepsilon_x; \sin\beta = \varepsilon_y; \sin\gamma = \varepsilon_z \\ \sin\alpha\sin\beta = \sin\alpha\sin\gamma = \sin\beta\cdot\sin\gamma = 0 \end{cases} \tag{4.3-11}$$

对上式进行化简整合即可得到简化版七参公式[18]：

$$\begin{bmatrix} X \\ Y \\ Z \end{bmatrix}_T = \begin{bmatrix} \Delta X \\ \Delta Y \\ \Delta Z \end{bmatrix} + (1+m)\cdot\begin{bmatrix} 1 & \varepsilon_z & -\varepsilon_y \\ -\varepsilon_z & 1 & \varepsilon_x \\ \varepsilon_y & -\varepsilon_x & 1 \end{bmatrix}\cdot\begin{bmatrix} X \\ Y \\ Z \end{bmatrix}_S \tag{4.3-12}$$

当旋转角较大时，可采用改进的适用于大角度的三维坐标转换算法[19]，式（4.3-9）中，令$1+m=k$，在7参数初值ΔX^0、ΔY^0、ΔZ^0、α^0、β^0、γ^0、k^0处按一阶泰勒级数展开，通过迭代计算控制舍入误差，即：

$$\begin{bmatrix} X \\ Y \\ Z \end{bmatrix}_T = \begin{bmatrix} \Delta X^0 \\ \Delta Y^0 \\ \Delta Z^0 \end{bmatrix} + k^0 R^0 \begin{bmatrix} X \\ Y \\ Z \end{bmatrix}_S + \begin{bmatrix} d\Delta X \\ d\Delta Y \\ d\Delta Z \end{bmatrix} + R^0 \begin{bmatrix} X \\ Y \\ Z \end{bmatrix}_S dk + k^0 dR \begin{bmatrix} X \\ Y \\ Z \end{bmatrix}_S \tag{4.3-13}$$

式中，$\mathrm{d}R = \begin{bmatrix} A_1 & A_2 & A_3 \\ B_1 & B_2 & B_3 \\ C_1 & C_2 & C_3 \end{bmatrix}$

$A_1 = -(\cos\gamma\sin\alpha + \sin\gamma\sin\beta\cos\alpha)\mathrm{d}\alpha - (\sin\gamma\cos\alpha + \cos\gamma\sin\beta\sin\alpha)\mathrm{d}\gamma - \sin\gamma\sin\beta\sin\alpha\mathrm{d}\beta$

$A_2 = (\cos\gamma\cos\alpha - \sin\gamma\sin\beta\sin\alpha)\mathrm{d}\alpha + (\cos\gamma\sin\beta\cos\alpha - \sin\gamma\sin\alpha)\mathrm{d}\gamma + \sin\gamma\cos\beta\cos\alpha\mathrm{d}\beta$

$A_3 = -\cos\gamma\cos\beta\mathrm{d}\gamma + \sin\gamma\sin\beta\mathrm{d}\beta$

$B_1 = \sin\beta\sin\alpha\mathrm{d}\beta - \cos\beta\cos\alpha\mathrm{d}\alpha$

$B_2 = -\sin\beta\cos\alpha\mathrm{d}\beta - \cos\beta\sin\alpha\mathrm{d}\alpha$

$B_3 = \cos\beta\mathrm{d}\beta$

$C_1 = (\cos\gamma\cos\alpha - \sin\gamma\sin\beta\sin\alpha)\mathrm{d}\gamma + (\cos\gamma\sin\beta\cos\alpha - \sin\gamma\sin\alpha)\mathrm{d}\alpha + \cos\gamma\cos\beta\sin\alpha\mathrm{d}\beta$

$C_2 = (\cos\gamma\sin\alpha + \sin\gamma\sin\beta\cos\alpha)\mathrm{d}\gamma + (\sin\gamma\cos\alpha + \cos\gamma\sin\beta\sin\alpha)\mathrm{d}\alpha - \cos\gamma\cos\beta\cos\alpha\mathrm{d}\beta$

$C_3 = -\sin\gamma\cos\beta\mathrm{d}\gamma - \cos\gamma\sin\beta\mathrm{d}\beta$

对式（4.3-13）进行变换，可得：

$$X_T = R'x - l \tag{4.3-14}$$

式中，$X_T = \begin{bmatrix} X & Y & Z \end{bmatrix}_T^{\mathrm{T}}$，$R'_{3\times7} = \begin{bmatrix} E_{3\times3} & mM_{3\times3} & N_{3\times1} \end{bmatrix}$，

$N_{3\times1} = R_{3\times3}\begin{bmatrix} X & Y & Z \end{bmatrix}_S^T$，$x = \begin{bmatrix} \mathrm{d}\Delta X & \mathrm{d}\Delta Y & \mathrm{d}\Delta Z & \mathrm{d}\alpha & \mathrm{d}\beta & \mathrm{d}\gamma & \mathrm{d}k \end{bmatrix}^{\mathrm{T}}$，

$$l=-\begin{bmatrix}\Delta X^0\\ \Delta Y^0\\ \Delta Z^0\end{bmatrix}-k^0R^0\begin{bmatrix}X\\ Y\\ Z\end{bmatrix}_S,\quad M_{3\times3}=\begin{bmatrix}D1 & D2 & D3\\ E1 & E2 & E3\\ F1 & F2 & F3\end{bmatrix},$$

$$D_1=\cos\gamma(Y\cos\alpha-X\sin\alpha)-\sin\gamma\sin\beta\left(X\cos\alpha+Y\sin\alpha\right)$$

$$D_2=\sin\gamma\cos\beta\left(Y\cos\alpha-X\sin\alpha\right)+Z\sin\gamma\sin\beta$$

$$D_3=-\sin\gamma(X\cos\alpha+Y\sin\alpha)-\cos\gamma\sin\beta\left(X\sin\alpha-Y\cos\alpha\right)$$

$$E_1=-\cos\beta(X\cos\alpha+Y\sin\alpha)$$

$$E_2=\sin\beta\left(X\sin\alpha-Y\cos\alpha\right)+Z\cos\beta,\quad E_3=0,$$

$$F_1=\sin\gamma(Y\cos\alpha-X\sin\alpha)+\cos\gamma\sin\beta\left(X\cos\alpha+Y\sin\alpha\right)$$

$$F_2=\cos\gamma\cos\beta\left(X\sin\alpha-Y\cos\alpha\right)-Z\cos\gamma\sin\alpha$$

$$F_3=\cos\gamma(X\cos\alpha+Y\sin\alpha)-Z\sin\gamma\cos\beta-\sin\gamma\sin\beta\left(X\sin\alpha-Y\cos\alpha\right)$$

由式（4.3-14）可得误差方程：

$$V=R'x-(l+X_T) \tag{4.3-15}$$

此时 x 为 7 参数的改正数，利用 3 个或 3 个以上公共点，通过最小二乘法进行迭代计算 x 即可求解参数的最优估值。可用单位权中误差 σ_0 评定精度，计算公式为：

$$\sigma_0=\sqrt{\frac{V^{\mathrm{T}}PV}{f}} \tag{4.3-16}$$

式中：f 为自由度，此时，$f=3n-7$，n 为公共点的个数。

迭代计算过程为：

（1）选取七参数初值，第一次计算时可将 k 设为 1，其余参数均为 0。

（2）将参数初值代入式（4.3-14），计算矩阵 R'、l，组成式（4.3-15）误差方程。若有 n 个公共点，则组成 $3n$ 个误差方程。

（3）利用最小二乘法求取七参数的改正数 $x^{(k+1)}$（k 代表迭代计算次数）。

（4）检核参数的改正数是否小于给定的限差，若不符合限差，则将 $X^{(k)}=X^{(k-1)}+x^{(k)}$ 作为新的初值，重复步骤（1）~（4）；若符合限差，则计算结束，将 $X^{(k)}$ 作为参数最佳估值。

3. 平面三次多项式拟合法

$$\begin{cases}X_2=X_1+\Delta X\\ Y_2=Y_1+\Delta Y\end{cases} \tag{4.3-17}$$

式中：X_1、Y_1 为原平面直角坐标系坐标；X_2、Y_2 为目标平面直角坐标系坐标；ΔX、ΔY 为坐标变换改正量，其计算公式为：

$$\begin{cases}\Delta X=a_0+a_1X_1+a_2Y_1+a_3X_1^2+a_4X_1Y_1+a_5Y_1^2+a_6X_1^3+a_7X_1^2Y_1+a_8X_1Y_1^2+a_9Y_1^3\\ \Delta Y=b_0+b_1X_1+b_2Y_1+b_3X_1^2+b_4X_1Y_1+b_5Y_1^2+b_6X_1^3+b_7X_1^2Y_1+b_8X_1Y_1^2+b_9Y_1^3\end{cases} \tag{4.3-18}$$

式中：a_i、b_i（$i=0$，1，2，…，9）为多项式系数，利用多组已知点坐标通过最小二乘法求解[20]。

4.3.5 点云高程精化

背包便携式、车载、机载三维激光扫描仪预处理得到的点云高程系统通常为大地高系统，它是以参考椭球面为基准面的大地高系统，是地面点沿法线方向至参考椭球面的距离。我国法定高程系统是1985国家高程基准，它是以似大地水准面为基准面的正常高系统，是地面点沿铅垂线方向至似大地水准面的距离。任一地面点似大地水准面与参考椭球面之间（即大地高与正常高之间）会存在一个差值，就是我们常说的高程异常。在点云数据处理时，需要借助一定的技术手段获取到每个点所处空间位置的高程异常值，从而对预处理得到的点云数据进行高程精化。

若是在项目资料收集阶段能够得到满足项目生产的似大地水准面精化模型成果，则可利用该模型获取点云所处位置的高程异常值，进而将大地高转换为正常高。

对于无法收集到似大地水准面精化模型成果或似大地水准面精化模型成果精度无法满足项目生产需要的情况，则需要在测区均匀布设求参控制点，对控制点进行 GNSS 静态测量获取其平面坐标及大地高 H，进行水准高程测量获取其高程值 h，利用几何方法对测区高程异常进行拟合，根据相关技术规范，几何方法的水准测量精度应达到四等水准及以上精度。其计算公式如下[18]：

$$\xi = H - h \tag{4.3-19}$$

式中：H、h分别为求参控制点的大地高和1985国家高程基准，ξ为求参控制点处高程异常值；将这些控制点上的ξ代入下面数学拟合方程中：

$$\xi = a_0 + a_1 X + a_2 Y \tag{4.3-20}$$

或

$$\xi = a_0 + a_1 X + a_2 Y + a_3 XY \tag{4.3-21}$$

或

$$\xi = a_0 + a_1 X + a_2 Y + a_3 XY + a_4 X^2 + a_5 Y^2 \tag{4.3-22}$$

式中：X、Y为求参控制点的平面坐标；a_i（$i=0$，1，…，5）为多项式系数，利用多组求参控制点坐标通过最小二乘法求解。

利用求出的高程拟合方程对点云数据进行高程精化处理，得到与项目高程系统一致的成果点云数据。

参考文献

[1] 周汝琴. 地面激光点云刚性配准算法研究[D]. 武汉：武汉大学，2022.
[2] 林鹏. 任意旋转角下三维基准转换的整体最小二乘法[D]. 淮南：安徽理工大学，2015.

[3] 李峰，王健，刘小阳. 三维激光扫描原理与应用[M]. 北京：地震出版社，2021.

[4] 程效军，贾东峰，程小龙. 海量点云数据处理理论与技术[M]. 上海：同济大学出版社，2014.

[5] 胡璇熠. 基于多线激光雷达的点云数据处理与导航技术研究与实现[D]. 桂林：桂林电子科技大学，2022.

[6] 鲁冬冬，邹进贵. 三维激光点云的降噪算法对比研究[J]. 测绘通报，2019（S2）：102-105.

[7] 蒋通. 点云数据的离散点检测与光顺滤波算法研究[D]. 武汉：武汉大学，2020.

[8] 高云龙. 局部密度和模糊 C 聚类的点云消噪方法研究[D]. 秦皇岛:燕山大学,2022.

[9] 李宁. 三维激光扫描点云数据滤波算法的研究[D]. 西安：长安大学，2018.

[10] 钟文彬,肖振远,刘光帅. 一种高效的点云去噪聚类方法[J]. 机械设计与制造,2022（8）：233-237.

[11] 唐上. LiDAR 点云数据滤波与配准方法研究[D]. 青岛：中国石油大学，2021.

[12] 邹禄杰,花向红,赵不钒,等. 点云场景语义标注的排序批处理模式主动学习法[J]. 测绘学报，2023，52（2）：260-271.

[13] 利满雯，赵艳明，李绍彬，等. 点云分类方法综述[J]. 电视技术，2022，46（5）：1-8.

[14] 王芬. 激光雷达点云数据处理系统设计与开发[D]. 桂林：桂林理工大学，2020.

[15] 国家测绘地理信息局. 机载激光雷达数据处理技术规范：CH/T 8023—2011[S]. 北京：测绘出版社，2012.

[16] 杨雄，龚川，高智刚. ITRF 框架间转换精度分析[J]. 测绘技术装备，2022，22（4）：9-11，27.

[17] 潘国富，鲍志雄，金永新. 7 参数模型完整公式及简化公式的适用性研究[J]. 导航定位学报，2013，1（2）：34-37.

[18] 孔祥元，郭际明，刘宗泉. 大地测量学基础[M]. 2 版. 武汉：武汉大学出版社，2010.

[19] 姚宜斌，黄承猛，李程春，等. 一种适用于大角度的三维坐标转换参数求解算法[J]. 武汉大学学报（信息科学版），2012，37（3）：253-256.

[20] 刘明松，邱中军，刘忠贞. 无定义参数条件下独立坐标系与标准坐标系的转换研究[J]. 水利规划与设计，2018（9）：76-78；164.

第 5 章　移动三维扫描技术在城市地形图测绘中的实践应用

城市地形图，一般为 1∶500 等大比例尺地形图，因其具备较高的位置精度和详尽的地形表示，是城市规划、设计、建设和管理等工作不可或缺的基础资料，不定期测量和更新城市地形图，对于确保城市建设的科学性、合理性和可持续性具有无可替代的作用。常用的城市地形图测绘方法有基于全站仪、GNSS-RTK 等的传统测绘方法，以及基于机载、车载、便携式的移动三维激光扫描和倾斜摄影测量等新型测绘方法。在空域相对复杂、不便于机载扫描作业的城市或区域，便携式三维激光扫描技术因其便捷性和高效性，在以零散或局部修补测为主的地形图测绘中得到了广泛应用。

本章将系统梳理城市地形图测绘中传统测量方法和便携式三维激光扫描方法的作业流程，分析两种方法的特点及优劣，对便携式三维激光扫描技术在城市地形图测绘中的应用进行实例介绍。

5.1　传统大比例尺地形图测量

传统大比例尺地形图测量的发展大致可分为三个阶段。第一阶段为平板仪测图，该方式须在现场直接进行测量并绘图，效率较低，同时对作业人员能力也有一定要求；第二阶段为全站仪测图，采用了数字存储，减少了人工外业记录，极大提高了作业效率；随着 GNSS 技术的普及，第三阶段主要体现为 GNSS-RTK 的作业模式，该模式打破了传统“先控制后碎部”的作业方式，图根控制和碎部测量交叉贯穿于整个作业过程。因此，目前的传统测量基本都是采用以 GNSS-RTK 为主、全站仪为辅的混合作业模式。

5.1.1　作业流程

传统大比例尺地形图测量作业方法和流程包括测图的准备工作、图根控制测量、地形图要素采集、地形图成图、地形图检验与提交等步骤，如图 5.1-1 所示。

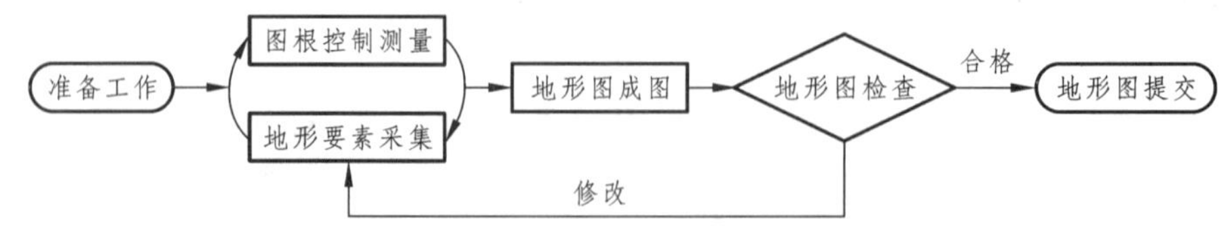

图 5.1-1　传统大比例尺地形图测量作业流程

1. 准备工作阶段

该阶段的主要内容包括：收集整理已有资料，根据工程任务明确测量范围、测量内容、坐标系统及高程系统，踏勘了解测区情况、控制点的位置及完好情况，等。

2. 图根控制和地形要素采集

图根控制测量一般采用当地坐标系或 2000 国家大地坐标系，采用卫星定位测量方法直接布设图根点时，测量应符合相关规范的规定，具体指标详见第 4 章。地形要素的采集内容应包括水系、居民地及设施、交通、管线、境界与政区、地貌、植被与土质等，并应着重表示与城市规划、建设有关的各项要素，采集过程的质量控制应符合相关规范的规定。另外，在城市地形图的局部修补测中，常规测量方式一般优先采用单基站 RTK 或网络 CORS 的方式施测，因此，图根控制测量和地形要素采集已不再明确区分先后顺序，往往是同步进行，并且存在于整个外业采集过程中；图根控制点的密度也不再做具体要求，甚至随着 CORS 系统的广泛应用，以及北斗系统的全面覆盖和普及，RTK 的精度和固定率越来越高，只要能使用 RTK 进行测量作业的区域均无须再单独布设图根控制点，而只需要在城市高楼及林地等 GNSS 信号遮挡严重且无法获得固定解的区域，才布设图根控制点并采用全站仪测量进行补充。

3. 地形图成图

成图宜采用相关专业软件，应遵循当地关于图层、颜色、线型等的相关规定要求，常用的软件有南方 CASS 等。地形图应表示的内容包括居民地和垣栅、工矿建（构）筑物及其他设施、交通及附属设施、管线及附属设施、水系及附属设施、境界、地貌和土质植被等各项地物地貌要素，以及地理名称注记和甲方要求的专题要素等，并着重显示与城市规划、建设有关的各项要素。

5.1.2　传统测量的特点

1. 环境适应性好

GNSS-RTK 设备只要在有信号、能固定、能到达的情况下均能进行测量，而全站仪主要为机械结构原理，受环境影响小；因此，二者的组合一直是地形图测量的经典。

2. 门槛低

从成本角度来说，GNSS-RTK 设备和全站仪的价格相对较低，使用普遍性高；从应用角度来说，传统方法操作简单，上手快；从制图角度来说，传统方法数据量小，对计算机硬件的依赖性较低，不需要过高配置的电脑，也不需要庞大且复杂的解算软件即可进行制图，总体入门门槛较低。

5.1.3 传统测量的局限性

1. 作业效率低

传统测量方式需要对所有目标特征点都进行逐一测量，特别是在复杂地形中，需要测量的特征点数量可能非常多，作业效率会存在明显的降低。

2. 外业强度高

传统测量方式的外业强度体现在体力和脑力两个方面。首先，传统测量方式需要携带仪器不断穿梭于测区进行细部采集，对体力要求较高；其次，传统测量方式需要作业人员保持高度的精力集中，不能漏测或错测任何一个特征点，同时还要记录点类型以便绘图，过程对脑力消耗较大。

3. 测量误差大

传统测量方式为全人工操作，容易受到人为操作误差的影响，每一个测量步骤都需要操作人员的精准操作，稍有疏忽就可能导致数据不准确，进而影响整个测量结果的可靠性；同时，受环境因素影响，如天气、光照等的变化也会使测量人员难以准确识别目标特征点，造成误差累积。

5.2 便携式三维激光扫描大比例尺地形图测量

三维激光扫描在测绘领域作为继 GNSS 技术之后的又一次技术革新，颠覆了传统的作业模式，其数据的直观性和开放性，便于解译的同时也能很好地与专业测量软件进行衔接，因此，一经问世便受到了广泛的关注和应用[1]。在城市地形图测量中，便携式三维激光扫描也得到了大量的探索和应用，本节将对其在城市地形图测量中的作业流程进行梳理，并简要分析其应用特点和优势。

5.2.1 作业流程

便携式三维激光扫描在城市地形图测量中的作业流程大致可分为外业数据采集、点云解算、点云处理和内业成图四个模块，如图 5.2-1 所示。

1. 外业采集

外业采集由作业前的准备工作和外业测量两大部分组成。

作业前准备工作包含了仪器设备检查、资料收集和编制作业计划等，其中的仪器设备检查尤为重要，三维激光扫描仪属于多部件精密仪器，使用前必须检查各部件功能的完好性。

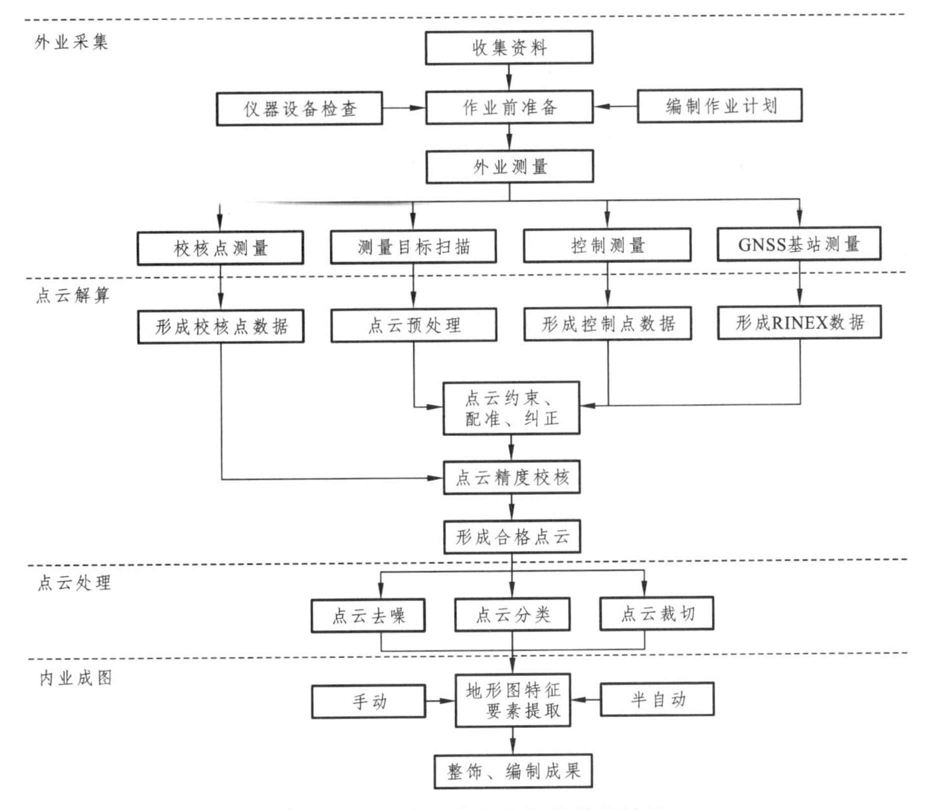

图 5.2-1　移动三维激光扫描作业流程

外业测量相比于传统“点点到位”的外业采集方式，移动三维激光扫描弱化了测站的概念，降低了外业采集的技术难度，形成了包含目标扫描、校核点测量、控制测量和 GNSS 基站测量的四项基本工作内容[2-3]。

（1）测量目标扫描。

测量目标扫描根据数据采集方式（SLAM、RTK、PPK 等）的不同又可分为相对扫描作业模式和绝对扫描作业模式。

① 相对扫描作业模式。

相对扫描适用于城镇 GNSS 信号较弱区域、室内、地下空间等环境，每测段采用独立坐标系，体现为将点云全部载入软件，显示为点云堆叠状态，测段之间无法进行自动拼接；此时，一般采用基于重叠区域或控制点的手动拼接和坐标转换，如图 5.2-2 所示。

该作业模式操作简单，无须挂载 GNSS 模块；同时，也因为没有 GNSS 的位置校正，测段的数据精度完全依赖于 SLAM 和惯导，而惯导具有时序间的强相关性，从而造成定位误差会随时间而不断累积，长时间的扫描会导致点云数据越来越偏离真实值。因此，一般采用控制测段扫描时间来降低测段内的误差累积。根据经验值，在满足地形图测量精度的前提下，一般建议一个测段控制在 30 min 左右。

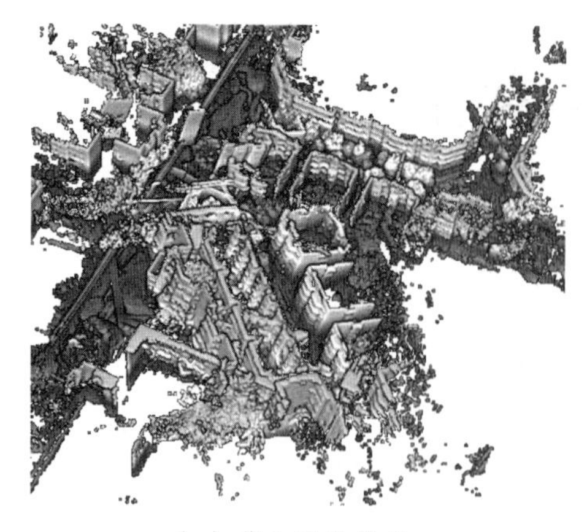

（a）载入默认堆叠

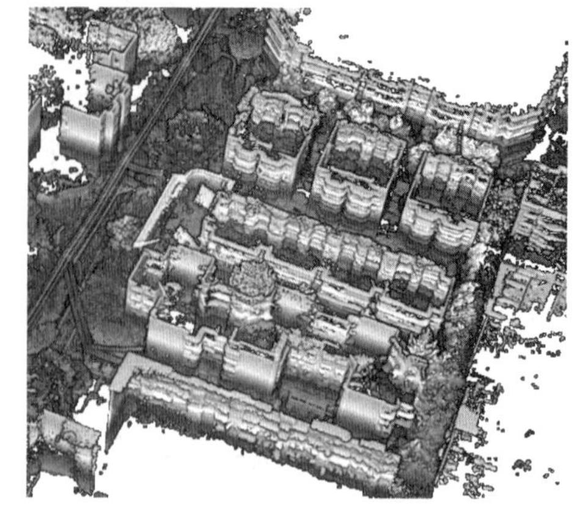

（b）手动拼接效果

图 5.2-2 相对坐标点云显示

在该模式下，若只需要点云数据整体的相对坐标，除了正常扫描外，只需要采集校核点或校核边即可；若需要绝对坐标，则还需要采集控制点，控制点数量、分布及点位精度应满足坐标及高程系统转换和相应比例尺成图精度的需求，一般采用 RTK 图根控制测量或导线测量的方式施测，控制点可以是标准靶标球，也可以是地面明显的材质分界点等。

② 绝对扫描作业模式。

绝对扫描适用于 GNSS 信号较好区域，可采用 PPK 模式或 RTK 模式。其中，PPK 模式宜选用 GNSS 连续运行基准站或基于 GNSS 连续运行基准站解算的虚拟基站，测区在 GNSS 连续运行基准站网覆盖范围外时可采用架设 GNSS 基站测量的方式。

该作业模式除了使用 SLAM 和惯导外，还同步引入了 GNSS 定位数据。GNSS 定位数据和时间的相关性低，误差不会随时间的推移而增大，可实现对惯导偏差的实时修正，形成集 SLAM、惯导和 GNSS 于一体的组合导航定位。在扫描过程中可根据实际情况，合理调整三者的权重关系来得到较好的点云结果。

在该模式下，GNSS 已经引入绝对坐标，只需要在解算时带入坐标系统参数即可将点云约束到目标坐标系下。在此情况下，采集的控制点和校核点一般均作为校核点使用。

以下以数字绿土扫描仪常用的 PPK 虚拟基站作业模式为例介绍扫描操作流程。

Ⅰ. 启动基站。数字绿土采用虚拟基站的方式来代替常规的人工架设 GNSS 基站。在手机应用程序（APP）上登录设备账号，开启虚拟基站并选择相应的坐标系。在虚拟基站使用中需要注意：

- 虚拟基站必须在测区附近开启，覆盖范围为启动虚拟基站的位置周围 10 km 内，若超过 10 km，需要停止虚拟基站后，在新位置重新开启。
- 虚拟基站必须于开始测量前 10 min 开启，测量结束后 10 min 再关闭。测量过程中或测段间，只要不超过虚拟基站的控制区域范围，则不需要重启虚拟基站。
- 使用结束后及时关闭虚拟基站，避免资源浪费。

Ⅱ. 采集准备。采集准备也是仪器自检和初始化的过程，此时作业人员背负背包套件并尽量站稳不动；在 APP 上点击底部“开始采集”按钮，弹出新建项目窗口，输入测段名称及参数，确定后，“开始采集”按钮变为“停止采集”，如图 5.2-3 所示，卫星状态指示灯可能会短暂变红，属于正常现象，系统在重新初始化搜索卫星，搜索完成会重新变回绿灯；其间设备保持不动，设备状态显示为“采集准备中”，相机状态为“录制中”。初始化过程需要注意：

- 如果需要 GNSS 信号接入，那么要保证搜星良好，一般应大于 20 颗；
- 附近不要有强烈的电磁干扰；
- 不要在人流量和车流量多的地方初始化；
- 不要在空旷的地带初始化。

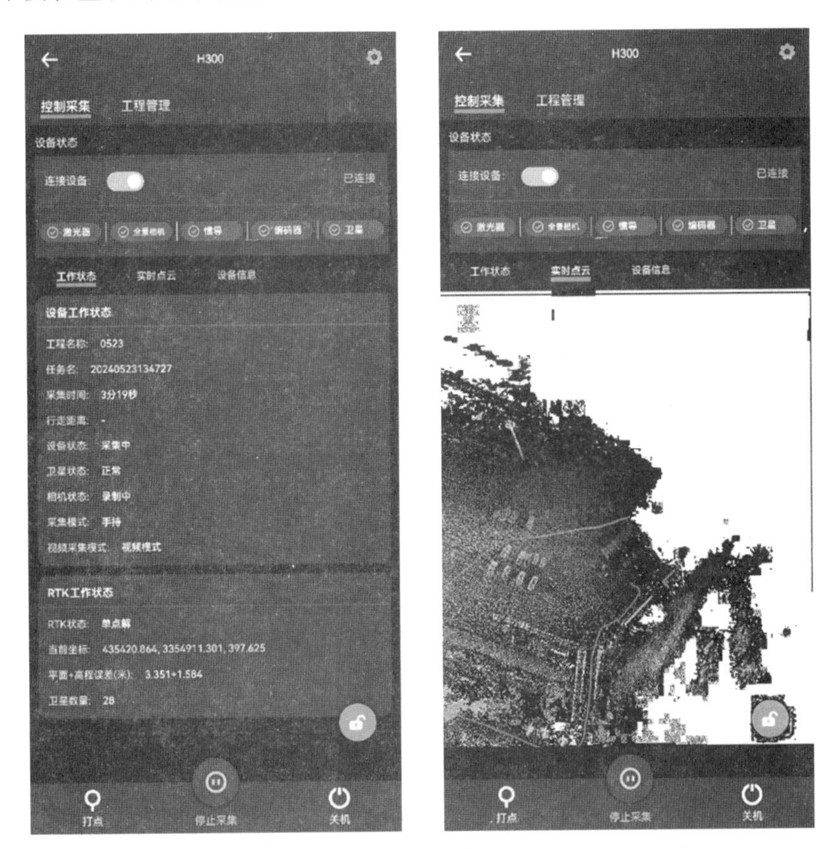

图 5.2-3　APP 操作界面

因初始化相当于是整个测段点云的起算和基准，因此，尽量避免运动物体较多和特征点少的空旷区域。当设备状态由“采集准备中”变为“采集中”时，初始化结束，可以正常采集数据。

Ⅲ. 数据采集。该设备在开始采集前，为了初始化惯导，需要进行绕 8 字操作，时间约 1 min，半径一般不小于 2 m，如图 5.2-4 所示。

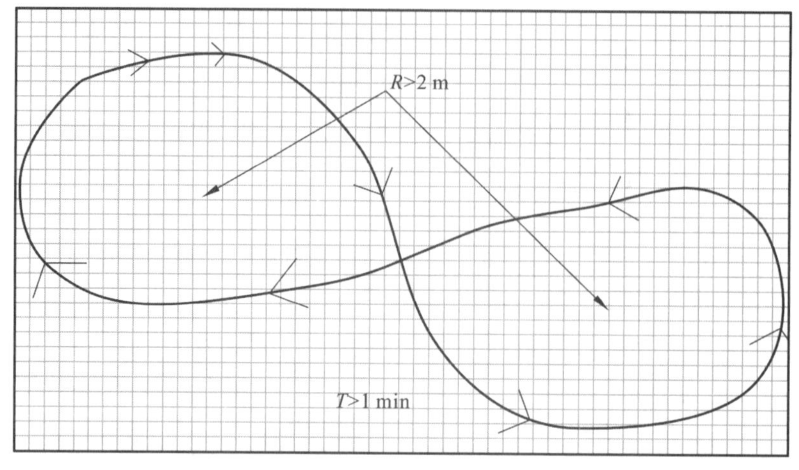

图 5.2-4 “8”字绕环

绕 8 字结束后即可开始正常采集工作。在采集过程中，尽量保持仪器平稳，避免大幅度抖动，上坎下坎需平稳过渡，同时避免原地旋转，画弧转弯时速度不大于 30（°）/s；按 1 m/s 的速度行走即可，并随时关注设备状态及 APP 中绿灯状态，同时可通过 APP 实时点云界面查看点云状态。采集完成后点击“停止采集”结束当前测段。

（2）控制点及校核点测量。

在便携式三维扫描中控制点的作用是对点云进行纠正，以实现提高点云数据精度、减少点云数据拼接误差的目的。而校核点的作用是对点云进行校验，确保点云的正确性。

一般情况下采用 GNSS-RTK 或全站仪的方式按图控要求进行测量。点位应均匀布设于测区，并尽量选取在一个平面上材质变换的角点，如斑马线点、车道线点等，能同时包含平面和高程信息，如图 5.2-5 所示。条件所限时可分别测量平面点和高程点，不同类型点需用点名区分，以便内业识别。

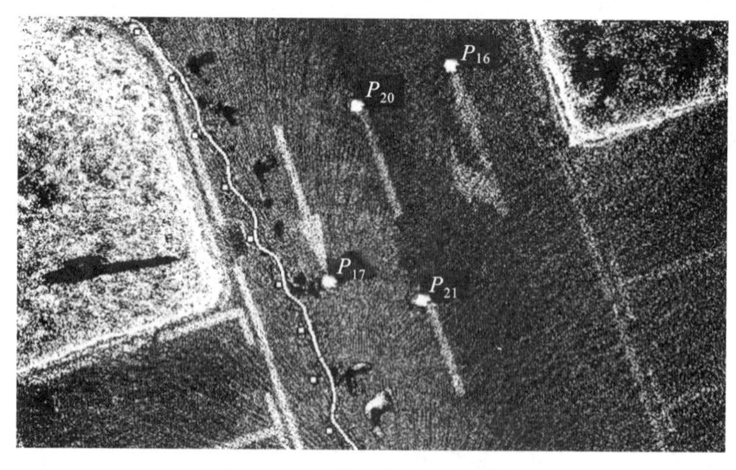

图 5.2-5 采集控制点及校核点

（3）GNSS 基站测量。

在绝对扫描作业模式下，且采用 PPK 的测量方式时才会应用到架设 GNSS 基站测量。架设基站时，宜在已知点上架设双基准站，精度不应低于一级，单站有效作业半径宜小于 10 km，基准点视场内障碍物的高度角不宜大于 15°，基站接收机须至少先于扫描前 10 min 启动，晚于扫描结束后 10 min 关闭。

2. 点云解算

点云解算主要是对采集的各类原始数据进行融合预处理，形成可供地形图测绘使用的完整合格点云数据。此步骤一般使用扫描仪配套软件进行，虽然操作略有差异，但流程基本相同。本节以数字绿土配套软件 LiDAR360MLS 的 7.2.0 版本为例进行介绍。

（1）数据解算。

将外业采集的原始数据、控制点数据以及静态 Rinex 数据等多项内容一并导入软件，并设置相关解算参数来完成点云的自动解算。

首先打开 LiDAR360MLS 软件，选择“文件”，在“新建”中找到“新建 SLAM 工程”，打开新建工程向导，根据向导指引选择激光文件 bag 和全景影像文件 mp4 所在路径，这里全景影像为非必要项，导入全景可为点云增加 RGB 属性达到赋色的目的。

下一步进入配置 GNSS 数据页面，如图 5.2-6 所示。如果外业采集采用相对扫描作业模式，此处可不勾选“处理 GNSS”，跳过此步骤；若采用绝对扫描作业模式，则需要勾选，并在参数中选择背包的 GNSS 数据文件 log 和基站的 GNSS 文件；若为自行架设基站，则采用标准的 Rinex 格式数据，同时定位模式选择“手动”或“从收藏夹”来得到基站准确坐标；若为采用数字绿土公司的“绿土云迹”平台生成的虚拟基站数据，则可直接导入特定 GVRTCM3 格式，定位模式选择“从数据头解析”来获取基站准确坐标。

图 5.2-6　配置 GNSS

若未勾选“处理 GNSS”，则下一步将完成项目新建；若勾选了“处理 GNSS”，下一步将跳转到坐标系配置界面。此处可根据需要，配置项目当地坐标系或软件内置的其他一些标准坐标系（如 CGCS2000 等），然后完成项目新建。

新建完成后，可以选择系统默认的场景，例如“室内紧凑”、“室外开阔”等，不同的场景系统内置了不同的参数，除了在解算结果较差的情况下需要手动修改并调整参数外，一般情况下不需要对参数进行修改。

设置完成后即可点击“处理”开始进行自动化的解算，或将其添加到批处理队列，进行批量计算。因点云计算耗时相对较长，建议将所有项目新建完成后，采用批处理的方式进行自动解算。

自动解算完成后，需要对点云进行初步检查，主要包括与实地的契合度、墙体点云厚度、重叠区域点云分层情况等。若效果不佳，可调整参数进行重新解算；多次尝试均无法达到理想效果时，则需要加入外业采集的控制点进行约束或对测段进行重测。检查方法一般采用拉取剖面的方式进行查看，如图 5.2-7 所示。在拉取剖面时，也可以同时对一些明显地物进行手动分类，以便后续使用。

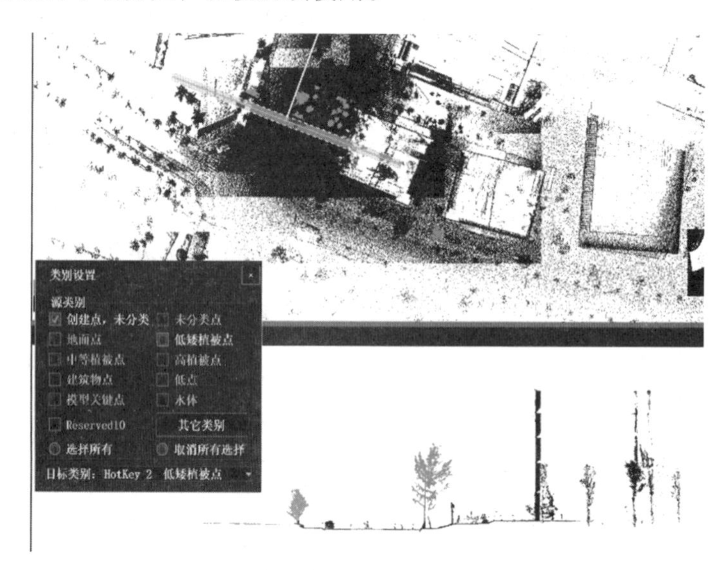

图 5.2-7　拉取剖面验证区段搭接及分类

（2）点云精度校核

在“点对”模式下，在软件中导入控制点，然后在点云上手动点取控制点对应的点云，以获取其坐标。全部点取完成后将坐标导出，并在 Excel 或其他工具中进行坐标和高程的较差计算，从而达到点云正确性校核的目的。校核限差根据扫描仪精度和校核点测量精度而定，复杂地区可适当放宽。

校核点和控制点可进行相互转换，但其功能不尽相同。校核点应用于点云解算之后，是对点云成果正确性的检验，不对点云的解算结果产生影响；而控制点应用于点云解算过程中，是对点云解算的一个强约束，直接影响解算成果的精度。因此，在校核中，对于校核超限的位置，需要分析原因，若为点云误差，可将其转为控制点带入上一步重新进行点云解算。

3. 点云处理

点云处理是在点云解算后形成合格点云的基础上进行的一系列深加工处理，为后续的成图工作提供多样化、多类别的数据，主要包括点云去噪、点云分类、点云切片和点云裁切等。常用的软件有 LiDAR360、Terrasolid 等。本节以 LiDAR360 为例进行介绍。

（1）点云去噪。

由于获取的点云数据量巨大，达到了百万级甚至亿级，点云点间距达到毫米级，其数据量和密度是传统测绘方式无法比拟的。这些海量三维点云数据中不仅包含有效点云，也包含零散噪点、反射噪点以及移动物体噪点等，如果不进行适当处理，直接应用于大比例尺地形图测量工作，势必会为后续的成图工作来带来诸多不便。如图 5.2-8 所示，在有噪点的情况下，不同视角下的点选操作很容易将噪点选中，而得不到想要的结果，造成不断的返工。因此，作为点云测图的第一环节，去噪的效果直接影响到后续分类及绘图。

（a）视角 1 理想的点选路边

（b）视角 2 实际的点选结果

图 5.2-8　存在噪点的点选操作

软件的自动去噪，主要是对点云的高点（云层、飞鸟等）和低点（多路径）进行分类，同时采用平面拟合原理去除面上的噪声点，其对平面结构物体效果较好；另外，标准差倍数设置越小去噪敏感度越高。

（2）点云分类。

点云分类即对点云进行归类，从另一个角度也可理解为对地物点云进行图层划分，以方便后续的使用[4]。在城市地形图测量中，一般只需要将点云分为地面点、建筑物点、植被点和噪点四个类别，即可满足常规的测图使用，不需要进行过于复杂的分类。

① 地面点分类。

作为分类算法的基础，也是其他大多数分类的前提，在点云分类中起着至关重要的作用。其分类方法以自动分类为主、手动分类为辅。如图 5.2-9 所示，自动分类一般采用渐进加密三角网滤波算法，分类参数只需要根据地形的起伏状态重点设置迭代距离和迭代角度即可；对于最大建筑物尺寸参数，其主要作用是防止将建筑物的平顶误认为地形，从而将建筑物屋顶点误分为地面点，而本书研究的便携式三维扫描，一般不会扫描到屋面数据，因此，该参数保持默认或适当调小即可。地形地貌的复杂程度对自动分类的效果也会带来一定的影响，在自动分类完成后，往往还需要进行人工剖面检查，对误分为地面点的低矮建筑物、依山建造的房屋以及稠密低矮植被等进行手动分类，将其从地面点类别中移除。

图 5.2-9　LiDAR360 地面点分类

② 建筑物的分类。

在地面三维激光扫描中，点云数据往往缺失屋顶数据，采用现有算法很难实现建筑物的自动分类；而在大比例尺地形图测量中，建筑物只需要表达主要结构轮廓即可，无须类似房屋竣工的精细化表达；因此，一般都采用手动分类的方式或不分类直接使用。

③ 植被分类。

植被分类的主要目的，一是避免遮挡地面信息，以便绘图；二是进行乔木专题数据提取。在大比例尺地形图测量中，往往不会特意进行植被和建筑物的分类，大多数情况下都是采用基于地面点云的切片绘图方法。

（3）点云切片。

点云切片的目的是方便在地形图成图过程中地面要素的绘制。如果直接在所有点云基础上进行地面相关要素的测量，会因为植被的遮盖和房屋的遮挡而带来诸多的不便；如果在分类得到的地面点云基础上进行测量，会因为地面点云较薄而丢失信息；如果使用成图过程中常用的固定高度切片，又会因为地形的起伏而得不到完整地面数据。因此，这里的切片不同于固定高程滑动切片，而是指考虑地形起伏的切片。

首先，将数据导入软件，如果导入的是原始点云，也可以在软件中进行地面点分类，然后利用“根据地面点归一化”的功能，将所有地面点压平到同一个高度，同时根据地面点压平前后的高程变化值，将地面以上和以下的所有点云统一计算到以该平面为基准的面上，此时，地面将再无高差变化，所有建筑的室外地平高为同一值，如图 5.2-10 所示。其次，调整视图到前视图，使用点云裁剪功能，裁剪并保留地面及地面以上约 0.5 m 的点云，高度可以根据实际需求而调整。最后对裁剪的结果使用“反归一化”功能，将地形等还原到最初的状态，从而得到考虑了地形起伏又保留了一定厚度的点云数据。

（a）原始高差点云　　（b）归一化后点云

图 5.2-10　依地形的归一化处理

（4）点云裁切。

对于大范围的地形图测量，为适应大多数计算机对点云的承载能力，在分发至各作业人员之前，需要对点云数据进行分块裁切。各作业人员仅加载各自作业区域的点云数据，以提高作业效率。

点云裁切没有固定的模式，以方便作业为主要目标，可按图幅裁切、自定义矩形裁切、按接边线裁切等。对于小范围的工程地形图测量，一般无须进行裁切。

4. 内业成图

便携式三维激光扫描仪配套软件为非测绘专业的成图软件，一般都不具备地形图测量和编制的功能。因此，在点云测图中还需要使用 CASS 3D、EPS、iData 等专业绘图软件来进行辅助生产。相比于传统测量的展点连线全手动成图方式，基于点云的专业成图软件对部分常用或特征较明显的地物类型实现了自动或半自动的提取。以下将从与传统成图方法区别较大的道路边线提取、建筑轮廓绘制、等高线绘制等方面进行介绍。

（1）道路边线提取。

相对于机载三维激光扫描，地面三维激光扫描因其近地性的特点，在地面物体的表达上更为精细；同时，道路的道牙石又具有较为固定的结构特性（图 5.2-11）。路坎的倾角一般为 50° ~ 90°，高度一般为 10 ~ 25 cm，这两个特征与道路的其他特征存在明显差异，可用以构建道牙石描述算子。同时，分析道牙石的空间分布，还具备两大特征：

① 在道路横断面方向，道牙石具备单侧连续性，即道牙石某一侧是连续且平坦的路面，另一侧是花草、行道树等杂乱无章的地物。

② 在车辆行驶方向，道牙石具备连续分布性，即随着道路向前延伸，道牙石也是在车辆行驶方向上不间断延续的[5]。

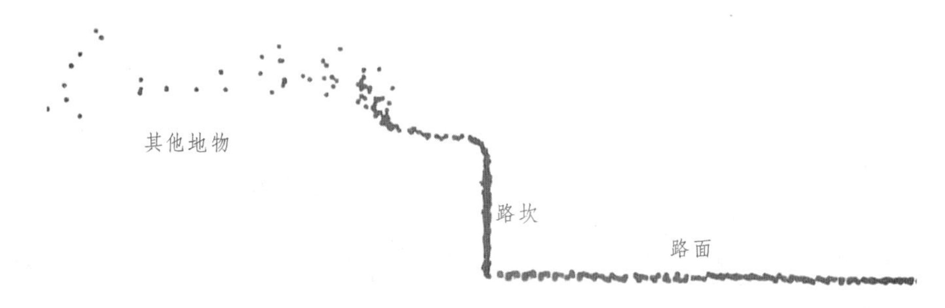

图 5.2-11　道路断面点云

基于上述特征，相关软件中均可以采用在数据窗口中点选起始点，选定识别方向，利用移动窗口判别法，按选定方向和固定步长进行判定，满足上述特性即为道牙石并提取自动连线，否则判别为非道牙石并结束连线，如图 5.2-12 所示。

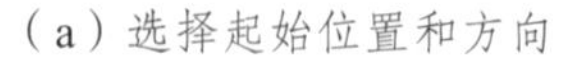

（a）选择起始位置和方向　　（b）自动提取结果

图 5.2-12　路边线的半自动提取

上述方法对数据质量要求高，特征明显的点云具有较好的效果，在人机交互的半自动状态下能快速实现道路边线的精确提取绘制。然而，对于一些复杂条件的道路，例如小区内部道路等，特征明显度不足，不能很好地实现半自动提取，此时，便仍然采用基于三维视图或二维俯视图的人工点取勾线方式。

（2）建筑物绘制。

基于点云的建筑物轮廓线绘制大致可分为两种方法：一种是基于三维视图的直接绘制，另一种是平面切片绘制。

① 基于三维视图的建筑轮廓直接绘制。

在 EPS、易绘等专业制图软件中实现类似于基于 Mesh 模型的建筑物绘制，采用墙面点取点，根据选择的不同约束模式，连接并拟合形成完整的房屋主体轮廓，并采用内推和外扩形成阳台等附属。该方法直接目视构图，可视化效果好，如图 5.2-13 所示。

图 5.2-13　三维视图绘制房屋

② 平面切片绘制。

在一定高度平面上，按一定的厚度对点云数据进行切片，从切片后的点云俯视图即可看出房屋的局部轮廓，在此基础上进行轮廓线的人工勾绘或自动提取。该方法符合常规测图习惯，对于普通测量人员接受度更快，但该方法一次切片往往不能完成房屋的所有特征绘制，因此需要从不同高度重复切片，以完整绘制房屋不同楼层和高度上的特征。

在基于 AutoCAD 的地形图绘制中，为方便加载切片结果，一般采用 Leica CloudWorx CAD 插件或南方 CASS 3D 进行绘制。在使用 CloudWorx 之前需要使用 Cyclone 软件生成点云的模型空间和视图，再利用 CloudWorx 同步至 CAD 界面进行绘图。在使用 CASS 3D 绘图时，切片就显得相对简单，只需要开启点云切片功能，设置切片厚度，同时滑动鼠标滚轮即可快速按高程递增或递减进行切片，如图 5.2-14 所示。

（3）高程及等高线绘制。

在地形图测量中，图面除了表达地形地貌外，还需要按规范或需求展绘一定量的高程数据。高程点的提取一般都是在分类后的地面点云基础上进行，可以避免提取到噪点和其他非地面高程点。在 CASS 3D 等制图软件中，高程点的提取有三类方法：一是单个点选提取；二是绘制直线，在线上以定距等方式自动提取；三是绘制提取范围，在范围内按固定间距或其他方式自动提取。无论哪种方式提取，对提取出来的高程点均需要进行检查，可通过生成等高线或三角网的方式来检查粗差。

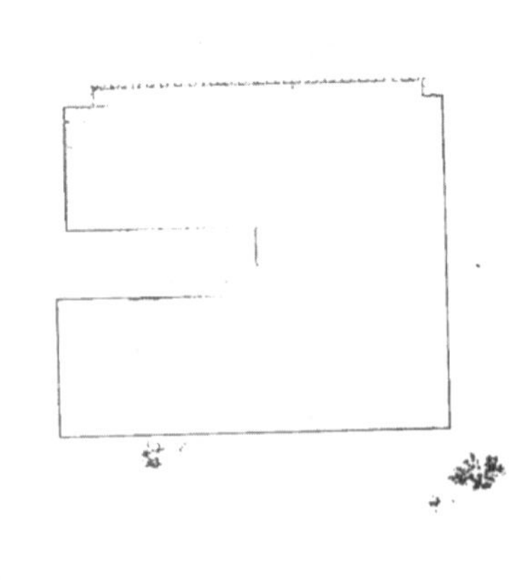

图 5.2-14　CASS 3D 房屋切片绘制

等高线绘制大致也可分为两种类型：一种是直接基于地面点云生成等高线；另一种是按上述方法先提取地面高程点，再基于高程点生成。

① 直接基于地面点云的等高线生成方法。

其操作简单，且大部分点云均参与了计算，因此，在复杂地形下，等高线对地形表达的真实度依然较高。也正因如此，生成的等高线也存在细部表达过分细致的问题，主要体现在等高线的弯折、锯齿、水滴状凸起或凹陷等（图 5.2-15）；因此还需要对生成的等高线进行检查，对需要修整的等高线采用滑动均值或其他方法进行二次修饰。

图 5.2-15　基于点云生成的等高线

② 基于高程点的等高线生成方法。

其使用的点相对较少，构成的三角网密度较低，对于等高线的平滑处理效果较好，生成结果一般不需要再进行过多的修饰。对地形的表达深度，完全取决于采集的高程点分布和密度。

（4）其他要素绘制。

在城市地形图测量中，除了道路、房屋、等高线等的绘制可以实现部分自动化或半自动化外，其他要素的绘制基本还是要依靠人工的判读和手工点取来进行勾绘。当然，对于路灯、路牌等样式和特征相对固定的物体，也可以根据当前的项目来建立特定的训练样本进行自动提取，但在城市测量中，特别是老城区，条件较为复杂，提取效果往往不佳。华测 CoProcess 等专题要素处理的软件具备一定的自动提取功能，但其主要面向实景三维，不能直接应用于地形图，还需要进行编码转换。在 CASS 3D 等可以直接按编码绘制地物的成图软件中，目前仍然以人工勾绘为主。

在绘制完成之后，还需要进行数据质检，包括空间逻辑检查、自交叉检查、重叠地物检查、等高线与高程点检查等。

（5）整饰成图。

同传统大比例地形图测量类似，成图整饰主要包括图面整饰和图廓整饰两部分。图面整饰主要对图中在逻辑上存在矛盾或错误的内容进行整理和修改，一般采用选取、化简、概括和移位四种基本形式进行。对于接边要素，图上位置相差在 0.6 mm 以内的，采用将两边要素平均移位进行接边。图廓整饰为图廓要素和其他辅助要素的绘制，主要包括图框、图名、图号、比例尺、成图时间、坐标系、高程系以及其他说明文字等信息。

（6）地形图质量控制。

地形图中地物点相对于邻近平面控制点的点位中误差和地物点相对于邻近地物点的间距中误差应符合表 5.2-1 的规定。森林、隐蔽等特殊困难地区可放宽 0.5 倍。

表 5.2-1　地物点中误差

地形类别	地物点相对于邻近平面控制点的点位中误差（图上）/mm	地物点相对于邻近地物点的间距中误差（图上）/mm
平地、丘陵地	≤0.5	≤±0.4
山地、高山地	≤0.75	≤±0.6

地形图高程精度应符合下列要求：

① 城市建筑区的平坦地区，其高程注记点相对于邻近图根点的高程中误差不得大于±0.15 m。

② 其他地区地形图高程精度应以等高线插求点的高程中误差来衡量，插求点相对于邻近图根控制点的高程中误差应符合表 5.2-2 的规定，困难地区可放宽 0.5 倍。

表 5.2-2　等高线插求点的高程中误差

地形类别	平地	丘陵地	山地	高山地
高程中误差/m	≤1/3 等高距	≤1/2 等高距	≤2/3 等高距	≤1 等高距

5.2.2 便携式三维激光扫描测量的特点

1. 高效性

便携式三维激光扫描测量具有速度快、精度高、使用方便、自动化程度高等技术特点，相对于传统测量，便携式三维激光扫描所见即所得，在提高外业工作效率的同时降低了对作业人员的技术能力要求。

2. 稳定性

通过 GNSS、惯导和 SLAM 的融合定位，提高移动时的定位精度，保证了在城市复杂环境下的稳定性。

3. 灵活性

便携式三维激光扫描以其轻便的设计和步行的方式，可以轻松对高楼、地下室和树林等 GNSS 无法固定的区域进行数据采集；能够灵活到达传统方法、机载方法无法测量的地方。

4. 高精度

便携式三维激光扫描因其激光测程近、路径重叠高，从而可获得能直观反映被测物体细部特征的高密度、高精度三维点云。

5. 复用性

点云数据不仅包含每个点的三维坐标，还包含了点云颜色、反射强度、时间等信息，根据这些信息，可以直接以三维点云为基础进行解译识别和数据深加工，形成多样化的成果。

5.2.3 便携式三维激光扫描测量的局限性

在城市地形图测量中，便携式三维激光扫描测量方法相对于传统测量方法以及机载摄影测量等方法，具有一定的优势，但也存在一些局限性。

1. 数据完整性低

便携式三维激光扫描仪的激光源相对较低，对于高于或低于扫描仪视线角的物体，均无法获得数据，主要包括房顶、同侧陡坎底部等。

2. 数据冗余度高

为了保障数据的精度和获得较完整的点云数据，在扫描过程中往往会走很多邻近甚至重复的路径，从而带来了较多的点云数据冗余。

3. 受环境影响大

地面扫描无法完全避免行人、车辆等持续性运动物体，以及树枝、树叶、晾晒物等偶然性运动物体。因此，在点云数据成果中，往往会存在较多的噪声点，噪点过多时甚至会影响数据解算精度。

4. 区段间搭接多

对于较大区域的测量，一般需要进行分段扫描，而分段扫描又会增加区段搭接的分层处理、误差分配等工作。

5.2.4　便携式三维激光扫描测量的适用性

1. 从作业效率上

便携式三维激光扫描效率高于传统测量方法，但又因其近地性、覆盖范围小，效率低于机载扫描。因此，便携式三维激光扫描适用于小范围的地形图测量。

2. 从地貌划分上

对于便携式三维激光扫描来说，大范围的植被、荒草、杂乱灌木丛等地貌，激光无法穿透且仪器存在被灌木擦挂和磕碰风险。因此，对于此类地形图测量来说，便携式三维激光扫描适用性差，而机载扫描适用性更好。

3. 从数据表达上

便携式三维激光扫描因其高精度、高密度的特性，使得点云具有精细化的细部特征表达。对于复杂地物而言，传统测量散点较少，数据直观性较差，而机载扫描因其高视角的特性，缺失了细部特征。因此，从便于制图的角度来说，便携式三维激光扫描适用性更强。

综上，便携式三维激光扫描适用于可见但人员不可达，无杂乱灌木，地物复杂的小范围地形图测量。

5.3　应用案例

便携式三维激光扫描是一种全新的地形图测量方法，应用优势明显、效率高、性能可靠、投入产出比高。通过三维激光扫描仪、点云预处理软件、点云后处理软件和地形图成图软件的组合，经一系列的数据编辑处理即可得到所需的大比例尺地形图。本节将从具体工程项目出发，用实例介绍便携式三维激光扫描技术在城市地形图测量中的应用效果。

5.3.1 项目概况

本项目为新建区的小范围地形图补测，测量面积约 8 hm^2，测区涵盖了复杂的城市环境，包括异形建筑、道路、公园绿地等多种地形要素，如图 5.3-1 所示。

图 5.3-1 测区概况

5.3.2 现场踏勘

在开始扫描测量之前，需要根据测量范围，对测区进行详细的踏勘，了解地形地貌、建筑物分布以及交通状况等情况。根据这些信息，制订详细的扫描方案和作业计划。

本项目现场存在办公楼和异形商业综合体，需要重点扫描；项目道路与楼房之间的绿化造型各异，存在台阶高差，需要重点扫描；现场人流、车流较多，需要避开上下班时间作业。根据踏勘情况，最终确定扫描的行走路线，并根据预估扫描时间，将项目划分为了具有一定重叠的两段进行扫描。

5.3.3 外业扫描

根据规划好的路线和划定的重点扫描区域进行外业扫描作业，如图 5.3-2 所示。本次外业使用数字绿土 LiGrip H120 型号手持旋转激光扫描仪，本项目将设备连接到背负式套件上作为背包扫描使用。加入背负式套件后 H120 支持 GNSS 信号接入，能够直接获取带有绝对坐标数据的点云数据，因此，本次扫描不再需要进行坐标转换和区段间配准。

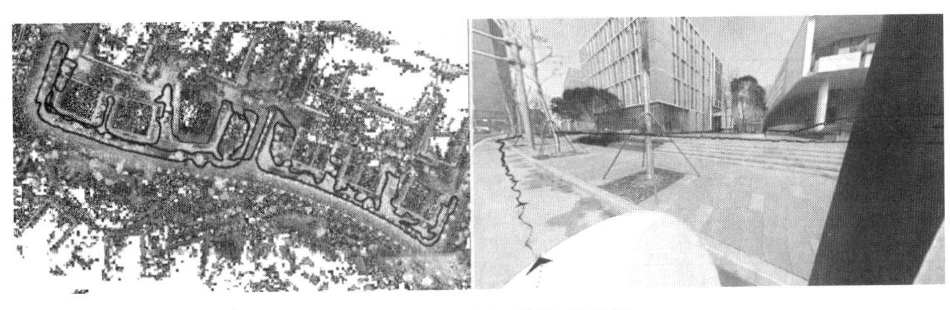

图 5.3-2　外业扫描作业路线

5.3.4　点云解算

点云解算采用配套的 LiDAR360MLS 软件。根据软件引导，新建并设置相关参数。对于多个扫描测段，分别建立项目后，采用批处理的方式进行自动解算，因解算时间较长，建议在夜间进行。

1. 区段搭接验证

本项目分两个测段进行扫描，需要对两段重叠区域的套合度进行检查，采用拉取剖面的方式检查，误差总体满足测图要求，无须重新解算。

2. 绝对坐标的验证

本项目共测量了 15 个检测点（含 8 个平面高程检测点），其中平面坐标检测点 10 个，高程检测点 13 个，其较差统计表分别如表 5.3-1 和表 5.3-2 所示，分量较差均在 ± 5 cm 内，精度较好，满足地形图测量精度需求，平面和高程检测较差分布情况分别如图 5.3-3、图 5.3-4 所示。

表 5.3-1　检测点平面坐标较差统计表　　（单位：m）

点号	实测坐标检测值		点云成果坐标值		差值			检测点类型
	X1	Y1	X2	Y2	Dx	Dy	Ds	
1	*****.242	*****.167	*****.285	*****.145	0.043	-0.022	0.048	平高点
2	*****.185	*****.123	*****.184	*****.140	-0.001	0.017	0.017	平高点
3	*****.366	*****.009	*****.385	*****.009	0.019	0	0.019	平高点
4	*****.165	*****.403	*****.140	*****.420	-0.025	0.017	0.030	平面点
5	*****.530	*****.327	*****.516	*****.371	-0.014	0.044	0.046	平高点
6	*****.626	*****.826	*****.624	*****.842	-0.002	0.016	0.016	平高点
7	*****.804	*****.771	*****.787	*****.804	-0.017	0.033	0.037	平高点
8	*****.492	*****.487	*****.481	*****.537	-0.011	0.050	0.051	平高点
9	*****.803	*****.820	*****.768	*****.857	-0.035	0.037	0.051	平高点
10	*****.302	*****.049	*****.291	*****.092	-0.011	0.043	0.044	平面点

表 5.3-2　检测点高程较差统计表　（单位：m）

点号	实测高程检测值	点云成果高程值	差值	检测点类型
	H1	H2	dh	
1	***.943	***.945	0.002	平高点
2	***.901	***.865	−0.036	平高点
3	***.779	***.754	−0.025	平高点
4	***.288	***.308	0.020	高程点
5	***.685	***.671	−0.014	平高点
6	***.181	***.177	−0.004	高程点
7	***.631	***.614	−0.017	高程点
8	***.469	***.460	−0.009	平高点
9	***.484	***.497	0.013	平高点
10	***.587	***.581	−0.005	平高点
11	***.138	***.123	−0.015	平高点
12	***.206	***.203	−0.003	高程点
13	***.594	***.584	−0.010	高程点

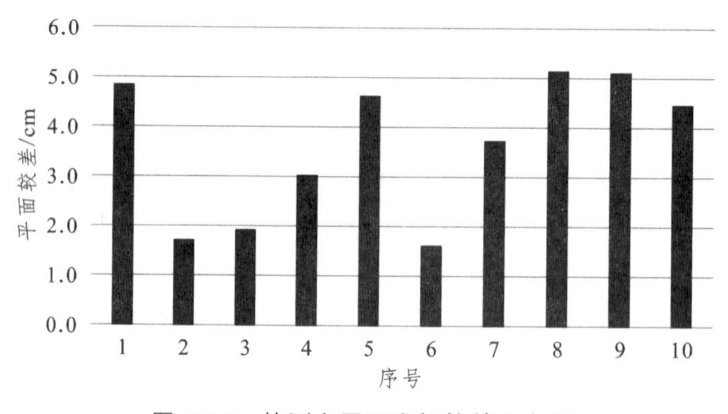

图 5.3-3　检测点平面坐标较差分布图

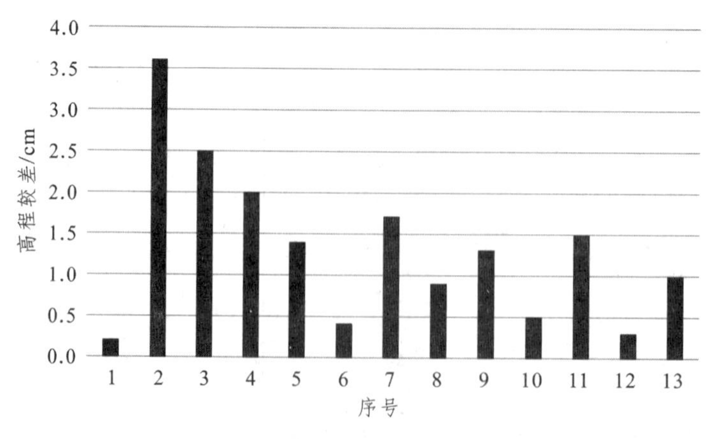

图 5.3-4　检测点高程较差分布图

3. 点云数据导出

解算完成并验证无误后，即可将点云数据从数字绿土的 LiData 格式导出为通用的 LAS 或 LAZ 标准格式，以方便后续的处理。

5.3.5　点云处理

点云处理主要是对点云数据进行去噪和分类。LiDAR360MLS 能进行全自动或半自动地去除零散噪点和反射噪点。然而，对于移动物体噪点的剔除，还没有较好的方法来进行处理，而在本项目中，移动物体噪点又十分常见，主要包括行人和车流等，如图 5.3-5 所示。对于移动物体，本项目采用人工拉取剖面的方式手动进行删除。

（a）包含人流车流的点云

（b）剔除移动物体的点云

图 5.3-5　移动物体原始点云

1. 地面点分类

本项目采用 Terrasolid 进行点云地面点的分类提取。首先将点云数据导入软件，然后采用批量宏命令的方式对所有点云进行自动地面点分类，宏命令主要步骤为将所有点云归入未分类，根据阈值设置分类点云中的低空点，再分类点云中的孤立点，然后再根据设置的参数分类地面点，最后根据地面点将低于地面点归入相应类别，最终得到地面点分类结果，如图 5.3-6 所示。

自动分类能实现 95%以上的地面点正确分类，但仍然可能存在部分分类错误的情况；例如，将低矮绿化顶面误分入地面点，将覆盖有挡雨篷布的堆放物误分入地面点等。因此，还是需要人工进行一遍整体的抽样剖面检查和手动分类，无误后即可将地面点云单独导出一个 LAS 数据备用。

图 5.3-6　分类得到地面点

2. 点云的切片

使用 LiDAR360 对数据进行归一化，并在归一化结果的基础上切片并保留地面及地面上 50 cm 的点云数据，对裁切结果反归一化并另存为一个单独的 LAS 数据，用以绘制地面要素。

5.3.6　点云成图

本项目采用 CASS 3D 进行成图工作。首先在 CASS 3D 中加载上述切片和反归一化后的点云数据，该点云数据切除了树木、建筑等遮挡物，对地面要素的绘制较为方便，如图 5.3-7 所示。

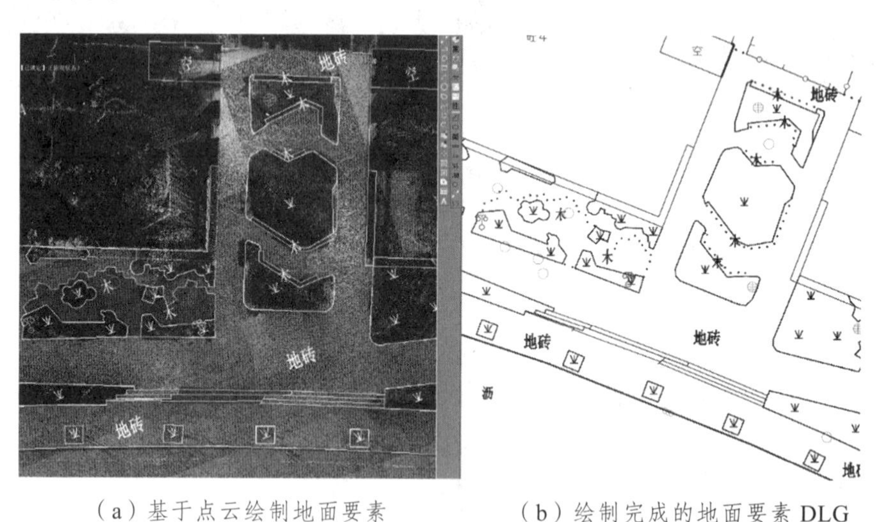

（a）基于点云绘制地面要素　　（b）绘制完成的地面要素 DLG

图 5.3-7　地面要素的绘制

在地面要素绘制完成后，加载包含建筑等数据的原始点云数据，使用 CASS 3D 的点云切片功能，设置切片厚度，滑动鼠标滚轮按不同高度上下切片，在合适的切片高度下对不同楼层的轮廓线进行绘制，如图 5.3-8 所示。

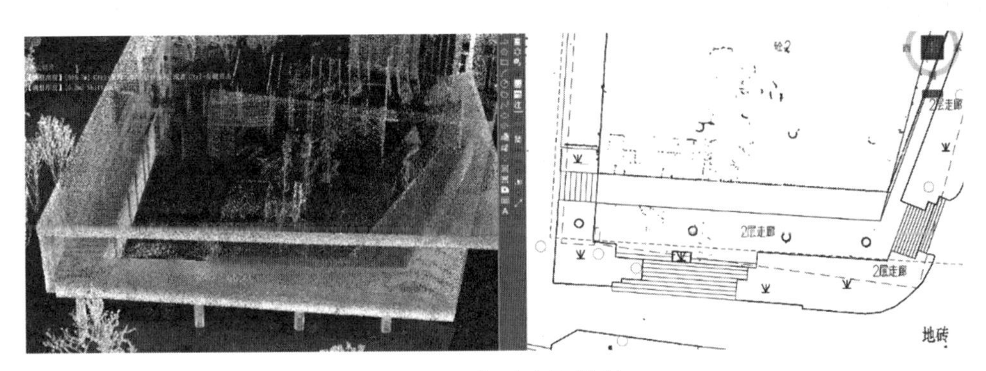

图 5.3-8　切片房屋绘制

因本项目为建成区，均为人工绿地，高差变化不大，按一定密度注记高程即可。先根据测区范围，使用“闭合区域提取高程点”功能，设置好相关参数，自动提取高程点；对提取出来的高程点，采用绘制等高线等方式进行异常值检查并剔除；最后根据图面情况采用手动点取的方式对局部高程进行增补，最终形成完整的地形图成果，如图 5.3-9 所示。

图 5.3-9　地形图成果

5.3.7　项目小结

本项目外业扫描用时 1 h，加之内业点云解算、处理和成图，整个项目在 1 d 内完成了提交；而传统测量方法，因项目异形建筑较多，预估需要 2 d 完成，相比之下，便携式三维激光扫描整体效率得到了成倍的提升，同时极大地降低了外业量，提高了内业绘图的直观性，无疑是发展的趋势和方向。

参考文献

[1] 李峰，王健，刘小阳. 三维激光扫描原理与应用[M]. 北京：地震出版社，2021.

[2] 吴青华，屈家奎，周保兴. 三维激光扫描数据处理技术及其工程应用[M]. 济南：山东大学出版社，2020.

[3] 赵志祥，董秀军，吕宝雄，等. 地面三维激光扫描技术应用理论与实践[M]. 北京：中国水利水电出版社，2019.

[4] 张会霞，朱文博. 三维激光扫描数据处理理论及应用[M]. 北京：电子工业出版社，2012.

[5] 邓宇彤，李峰，周思齐，等. 基于车载点云数据的城市道路特征目标提取与三维重构[J]. 北京工业大学学报，2024，50（4）：498-507.

第 6 章　移动三维扫描技术在建筑工程多测合一中的实践应用

“多测合一”是指在工程建设项目审批阶段，按照同一标的物只测一次的原则，分阶段整合优化测绘事项，整合后保留三个综合测绘项目。将立项用地规划许可阶段的土地勘测定界、拨地测量、土地首次登记地籍测量等测绘业务整合为一个综合测绘项目；将工程建设许可阶段和施工许可阶段的工程规划指标核算、规划放线、规划验线、变形监测、房产面积预测绘等测绘业务整合为一个综合测绘项目；将竣工验收和不动产登记阶段的建设工程规划竣工测绘、地籍测绘、房产测绘、建设工程建筑面积测绘、人防面积测绘等测绘业务整合为一个综合测绘项目。后一环节获取前一环节的测绘成果，同一标的物不得重复测绘。

随着城市化进程的加速和工程建设规模的不断发展，在多测合一竣工验收阶段测量工作面临着越来越高的作业效率要求。RTK、全站仪等传统的单点定位技术手段测量周期长，已经难以满足现代建筑工程多测合一的需要；而以便携式激光扫描仪为代表的移动三维扫描技术作为一种先进的全息时空信息获取手段，近年来，逐渐被引入城市勘测领域建筑工程多测合一的项目场景中，成为一种新型高效的测量手段和方法。

本章在介绍建筑工程多测合一的基本概念和成果要求的基础上，以位于西部某超大城市的异性建筑群项目和 TOD 项目为例，详细阐述了移动三维扫描技术在建筑工程多测合一项目生产中的工作流程和工作经验。

6.1　多测合一概述

6.1.1　多测合一基本概念

为统一“多测合一”测绘技术标准，确保测量成果质量，满足竣工土地复核验收、建筑工程并联验收、不动产登记、房产交易、信息化管理和信息资源综合应用的需要，西部某城市发布的“多测合一”技术细则，自取得建筑工程施工许可证起，至不动产首次登记完成前的建筑工程规划竣工测绘、建筑工程建筑面积测绘（设计、竣工）、人防地下室建筑面积测绘、地籍测绘、房产测绘（预测、实测）等五项专项测绘合并为一个综合性联合测量项目。

1. 建筑工程规划竣工测绘

建筑工程规划竣工测绘是参照已通过城市规划主管部门审批的总平图及方案，对建设方报建范围内已建成的建筑及配套进行测量，再按照规则计算后，形成审批使用的成果图件和报告书的专项测绘工作。

2. 建筑工程建筑面积测绘

建筑工程建筑面积测绘是为规划竣工核实和为国土、消防等部门提供建筑项目实际各类用途建筑面积、配套设施建筑面积、建筑容积率等数据参考的专项测绘工作。建筑工程建筑面积测绘分设计和竣工两个阶段。

3. 人防地下室建筑面积测绘

人防地下室建筑面积测绘是依据人防设计图及人防总平图等人防资料，采用房产测绘的标准和方法，对地下室人防区域内的房屋进行测绘，测绘结果在《房产测绘成果报告》及《房产测绘技术报告》中表达。

4. 地籍测绘

地籍测绘是对地块权属界线的界址点坐标进行精确测定，并把地块及其附着物的位置、面积、权属关系和利用状况等要素准确地绘制在图纸上和记录在专门的表册中的测绘工作，是服务于地籍管理的一种专业测量。“多测合一”地籍测绘成果主要为竣工土地复核验收中的土地出让合同、划拨决定书等履行情况的监管，以及后续不动产登记提供技术依据。

5. 房产测绘

房产测绘是采用测绘手段，按照房地产业管理的要求和需要，对房屋和房屋用地的有关信息进行调查和测量。它主要是对房屋和房屋用地的几何、地理、物理特征，用数字、文字、符号、影像进行描述，供产权人和有关人士使用。房产测绘成果是不动产测绘成果的重要组成部分，也是房屋面积管理和房屋面积确权的重要依据，其成果一经不动产登记部门采用，将具有法律效力，同时也是不动产价格评估和财政税收等方面的依据，意义十分重大。

6.1.2 房屋竣工测绘要素采集要求

房屋竣工测绘，即建设工程规划竣工测绘，是参照已通过城市规划行政主管部门审批的总平图及方案，对建设方报建范围内已建成的建筑及配套进行测量，再按照规则计算后形成审批使用的成果图件和报告书的专项测绘工作。其测绘范围应包括建设区外第一栋建筑物或市政道路或建设区外不小于 30 m；测绘内容包括地形及规划要素采集、规划指标计算、规划竣工测绘成果图件绘制、规划竣工测绘成果报告书编制。

规划竣工地形图测绘应按照 1∶500 比例尺地形图测绘相关要求采集，包括竣工测量范围内建（构）筑物、道路、绿地、水系及附属设施等各种地形要素，以及地理名称、注记等，且原则上不作综合取舍。

建筑工程规划竣工测绘规划要素应采集以下内容：竣工范围内建筑物室内外地坪高、屋面标高、女儿墙标高、装饰构架标高、制高点标高等，阳台、雨棚、结构板、结构梁平面位置、尺寸；建设项目开口位置；地面机动车停车位、非机动车停车位、地面市政设施点位范围线；垃圾收集点及岗亭的位置；与竣工建筑物有规划要求的周边建（构）筑物；地下室边界范围及其地表附属建（构）筑物、出入口等内容及其属性；以及其他规划需要核实的相关内容。

外业采集的数据需要经过一定的处理才能使用，这包括对数据进行校准、修正误差、整理格式等。处理后的数据可以以多种形式输出，如 CAD 图纸、表格等，以便于规划竣工工作的后续处理和使用。数据处理与输出是确保测量数据准确性和可靠性的重要环节。

6.1.3　建筑面积测绘测量要求

建筑面积测绘是为规划竣工核实和为国土、消防等部门提供建筑项目实际各类用途建筑面积、配套设施建筑面积、建筑容积率等数据参考的专项测绘工作，分设计和竣工两个阶段，其测量范围为建设用地红线内的建（构）筑物、地下室。建筑工程建筑面积测绘包含以下内容：建筑面积数据采集、外业测量数据整理配赋、建筑面积测绘图绘制、建筑面积测算、成果报告编制。建筑面积数据采集主要指房屋的边长采集，也可直接采集房角点的坐标用于计算房屋的边长。

建筑面积数据采集需参照以下规定执行：

（1）测量过程应遵循先整体、后局部，先外后内的原则。

（2）测点两端应选取房屋的相同参考点，测点位置一般应位于墙体 1.00 ± 0.20 m 高处。

（3）分层逐户实量，在测量草图上注记实测边长、墙体厚度。边长单位为 m，取位至 0.001 m。

（4）测量时，测量仪器两端均应处于水平状态，任何边长都应独立量测两次，较差在 5 mm 以内时，取中数作为最后量测结果，否则应进行重复测量。

（5）为了校核测量数据的正确性，提高测量结果的准确度，施测时应有多余观测。

（6）参与计算房屋面积的边长数据要进行平差处理，相关数据之间不能相互矛盾。

（7）应核实项目现场建筑各边长，确定建筑竣工图与现场实际修建情况的一致性，无误后方可用于面积量算。

6.1.4　房产测绘测量要求

房产测绘是为住房管理部门提供建设用地红线内的建（构）筑物、地下室等房屋（空间）及其用地有关信息的专项测绘工作，分预测和实测两个阶段，其测量范围为建设用地红线内的建（构）筑物、地下室。

房产测绘包含以下内容：房产测绘数据采集、外业测量数据整理配赋、房产测绘图绘制、房屋产权面积计算（预测、实测）、共有建筑面积分摊、成果报告书及技术报告书编制。

房产测绘数据采集主要指房产测绘实测阶段的房屋边长采集，也可采集房角点的坐标，用于计算房屋的边长。

6.1.5 地籍测绘测量要求

地籍测绘是对地块权属界线界址点坐标进行测定，并把地块及其附着物的位置、面积、权属关系和利用状况等要素准确地绘制在图纸上并记录在专门的表册中的专项测绘工作。它主要为竣工土地复核验收中的土地出让合同、划拨决定书等履行情况的监管，以及后续不动产登记提供技术依据。其测量范围为建设用地红线外 30 m 范围内以及与竣工建筑物有规划要求的周边建（构）筑物。地籍要素测量宜与建筑工程规划竣工测绘同步实施。

地籍测绘应包含以下内容：

① 地籍要素测量。

② 土地权属调查。

③ 成果图件绘制。

④ 面积计算与汇总。

⑤ 成果报告编制。

6.2 传统外业数据采集方法

6.2.1 传统 RTK 测量

在多测合一的数据采集阶段，RTK 技术主要用于获取地面控制点的精确位置。这些控制点是后续测绘工作的基础，对于确保数据的准确性和可靠性至关重要。在开始 RTK 测量前，需要做好准备工作，包括确定测量范围、收集相关的地理信息资料、选择合适的坐标系等；同时，还需要准备好所需的设备，如 GNSS 接收机、数据传输设备等，并进行必要的设置，如设置数据精度、选择差分模式等。这些准备工作是确保测量顺利进行的前提条件。

6.2.2 全站仪测量

在多测合一项目中，全站仪主要用于采集关键点位的坐标信息，如建筑物的角点、道路的中心线和地形特征点等，这些信息对于后续的成果制作至关重要。全站仪通过自动化测量减少了人为错误，提高了数据采集的速度和准确性。此外，全站仪还能与其他设备（如 RTK 和三维激光扫描仪等）协同工作，为多测合一提供更全面的数据支持。

6.2.3　架站式三维激光扫描仪

在多测合一项目中，架站式三维激光扫描仪采集数据步骤如下：

1. 确定测站位置和数量

根据测绘需求和现场实际情况，选择合适的测站位置和数量，确保扫描范围覆盖整个规划竣工区域。测站数量应根据实际情况进行适当增减，以满足数据精度和覆盖率的要求。

2. 准备设备和工具

根据项目要求和实际情况，准备必要的设备和工具，如架站式三维激光扫描仪、三脚架、标定板、反光贴纸等。这些设备和工具需要提前进行检查和维护，确保其正常工作和精度。

3. 进行测站设置

在测站位置设置好三维激光扫描仪，调整好角度和高度，确保仪器的稳定性和扫描视场角满足要求；同时，需要对每个测站的位置坐标进行测量，以便将点云数据与实际地理坐标系对应起来。

4. 采集数据

启动仪器开始扫描，根据实际情况设置扫描参数，如扫描分辨率、点云间距等。在扫描过程中需要注意数据的实时情况，如有异常或错误，需要及时进行调整或重新扫描。同时，需要将反光贴纸粘贴在目标物体上，以便于扫描仪捕捉到物体的特征点。

5. 数据处理和质量控制

完成数据采集后，需要进行内业数据处理和质量控制。数据处理主要包括去噪、拼接、滤波等操作，以便得到更准确、可靠的点云数据；同时，还需要对数据进行质量检查和精度评估，以确保数据的可靠性和准确性。如果发现数据存在异常或误差较大，需要进行重新扫描或补充采集。

6. 坐标转换与成果输出

将处理后的点云数据转换为规划竣工测绘所需的地理坐标系和比例尺，并进行相应的坐标转换。最后，根据项目要求和实际情况，将规划竣工测绘成果以数字或纸质形式输出，提供给相关单位或部门使用。

在规划竣工测绘中采用架站式三维激光扫描仪外业数据采集的作业方式，可以提高测量精度和效率，减少人为误差和劳动强度；同时，该方法还具有自动化、快速、非接触等特点，可广泛应用于城市规划、建筑测绘、道路桥梁等领域。

6.3 移动三维扫描技术与传统采集方式的比较

RTK-SLAM 技术相较于传统的测量方法具有以下优点：

1. RTK-SLAM 与 RTK

传统的 RTK 测量技术虽然可以实现厘米级的高精度定位，但其数据采集速度较慢，且容易受到遮挡和多路径效应的影响。相比之下，RTK-SLAM 技术通过融合 SLAM 技术，不仅继承了 RTK 的高精度定位能力，还具备了强大的地图构建能力。在数据采集过程中，RTK-SLAM 技术可以实时获取测量点的三维坐标和纹理信息，大大提高了数据采集的效率和精度。

2. RTK-SLAM 与全站仪

全站仪测量是一种基于光学原理的测量方法，需要人工操作仪器进行测量，测量结果容易受到人为因素的影响。虽然全站仪在建筑工程规划竣工测量中仍有一定的应用价值，但其效率相对较低，无法满足大规模测量的需求。RTK-SLAM 技术的出现，逐渐淘汰了全站仪，成为建筑工程规划竣工测量的主流技术。

3. RTK-SLAM 与架站式三维激光扫描仪

架站式三维激光扫描仪是一种通过激光束扫描物体表面并计算距离来实现测量的设备。虽然它可以获取物体的三维坐标信息，但是其测量时需要现场布设大量扫描站，外业测站布设，要求相邻两站之间需要不低于 15%的重叠度，坐标转换，需要布设不少于 3 个标靶，工作量大且效率低；同时，内业数据处理也较为烦琐，需要大量的人工干预。相比之下，RTK-SLAM 技术则可以实现快速、大面积的测量，同时具有较高的测量精度和自动化程度。

4. RTK-SLAM 与测距仪

测距仪作为一种重要的测量工具，被广泛应用于建筑工程规划竣工测量中。它适用于测量规则的建筑物，但对于异形建筑物则无法准确测量。随着 SLAM 技术的引用普及，这一痛点逐渐得到解决。RTK-SLAM 技术可以快速获取房屋的三维坐标和几何尺寸，为房屋面积、高度等计算提供了精确的数据基础。

6.4 应用案例

6.4.1 在某异形建筑群项目的应用

1. 项目概况

该异形建筑群，占地 6.33 hm^2，分为两个地块，建筑面积约 16 hm^2，位于成都某创新科技园，如图 6.4-1 所示。其建筑风格在遵循现代建筑设计理念的同时，也融入了成都传统建筑的特点，融合了现代与传统；建筑外观简洁大方，线条流畅，体现了现代建筑的时尚感。同时，在细节处理上，融入了成都传统建筑的元素，如大出檐、小天井等，使建筑在视觉上更具特色。

图 6.4-1　项目现状图

2. 作业流程

移动三维扫描技术应用于多测合一测量中，作业流程总体包括资料收集、实地踏勘、数据采集、数据处理、成果绘制，如图 6.4-2 所示。

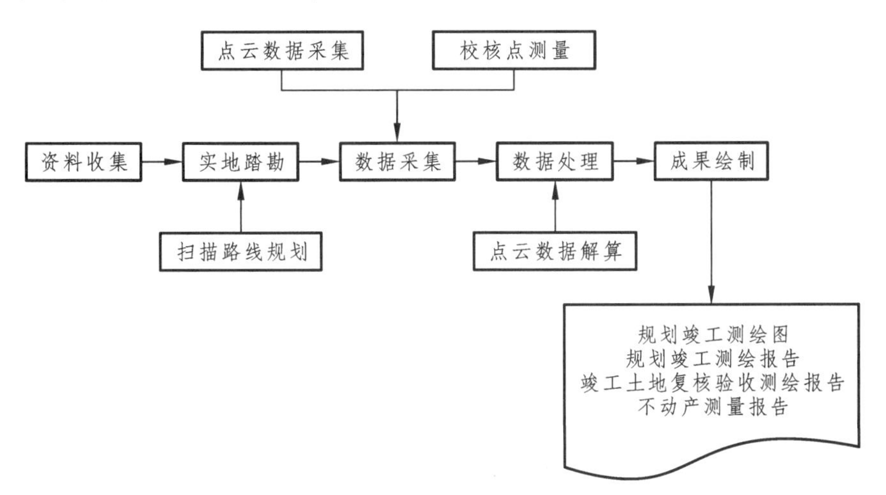

图 6.4-2　便携式移动三维扫描技术在多测合一中的作业流程

（1）资料收集。

开展“多测合一”测绘活动应收集以下资料：

① 建设用地规划许可证。

② 建设工程规划许可证及其总平图纸。

③ 建筑工程施工许可证及其相关附图。

④ 不动产权证书和土地权属来源证明资料。

⑤ 反映项目节能设计的文件资料。

⑥ 工程项目相关的控制性详细规划。

⑦ 规划条件通知书及配套红线资料。

⑧ 企业或其他组织提供的营业执照或机构代码证，自然人提供的身份证或户籍证明。

⑨ 人防工程证明文件。

⑩ 有效建筑施工图的平面、立面、剖面、大样等设计图纸，设计变更资料及附图；建筑竣工平面、立面、剖面、大样等图，设计变更单、修改联系单等相关图件。

⑪ 施工图设计文件审查报告。

⑫ 项目所在地公安机关出具的地址证明。

⑬ 其他“多测合一”所需资料。

（2）数据采集。

① 基本采集要求。

外业数据采集是 SLAM 技术应用的第一步。在进行外业数据采集之前，作业人员需要对采集环境进行勘察，识别并记录可能影响数据质量的场景；这些场景可能包括特征稀少、移动物体多、狭窄空间等复杂环境，通过事前勘察和路线规划，可以有效地避免这些场景对数据采集的影响。在规划扫描路线时，建议形成闭环路线，以确保数据的完整性和连续性，闭环路线需要从不同方向进入到同一地点，并有一定的重叠度，以避免出现数据断裂或遗漏的情况。此外，为了提高数据采集的效率和精度，作业人员还需要根据扫描场景选择合适的采集参数，如扫描距离、扫描角度等。多测合一扫描中，建议除了开阔的厂房、低层的学校等，其他扫描路线应形成闭环（从不同方向进入到同一地点。典型的闭环路线，例如绕着建筑物走一圈回到起点；在室内多楼层之间，从不同楼梯进入同一楼层；室内房间有多个门时，从一个门进入，从不同的门出去，等等）；同时，闭环需要有一定的重叠度（15 m 以上），同一测段建议扫描时间不超过 30 min。

在进行外业数据采集时，还需要注意一些细节问题。例如，在扫描过程中需要保持稳定的速度和方向，避免出现扫描轨迹不稳定的情况；同时，还需要注意保护扫描设备，避免出现设备损坏或数据丢失的情况。

② 采集过程。

启动 SLAM 设备，待各种参数设置完成，项目创建，初始化成功后，进行实地数据采集。采集扫描移动过程中，保持匀速行走，以确保数据的稳定性和可靠性；实时监测数据 GNSS 信号，减少 GNSS 信号长时间缺失的观测。考虑到本项目退台居多的特点，扫描过程中面对退台处应停留几秒；为了后续规划竣工统计基底面积和绿化面积，扫描过程中对建筑物的主要隐蔽特征点，应做到主动扫描，对于总平上隐蔽的道路边线应做到全数扫描；为了后续地籍资料的制作，对用地红线周边界址物，也应做到主动扫描。

通过以上步骤，扫描获取整个项目竣工区域的全要素点云信息，为后续的内业数据处理等工作，提供了有效的数据支撑。

外业数据采集是 SLAM 技术应用的重要环节，主要通过以下步骤进行：

首先，根据项目的规模和要求，经过实地踏勘，选择合适的扫描路线，要求全方位覆盖测区，采集全要素信息，做到一次采集多次应用，本项目外业数据采集数据同时应用于规划竣工测绘和地籍测绘。共规划了 5 段扫描路线，其中地上扫描路线 4 段（有 3 段覆盖测区总平，1 段覆盖用地周边路段），地下车库扫描路线 1 段，确保全面覆盖测区总平和周边 30 m 范围，每段扫描路线均控制在 30 min 内，总计扫描时长不超过 3 h。同时，我们还根据实际情况对路线进行了实时调整，以确保采集过程中的安全和稳定性。

（3）数据处理。

数据处理是获得有效高质量点云数据的关键环节，主要包括数据输入、数据预处理、特征提取、匹配与拼接、滤波与平滑、点云数据输出、坐标转换等步骤。其流程如图 6.4-3 所示。

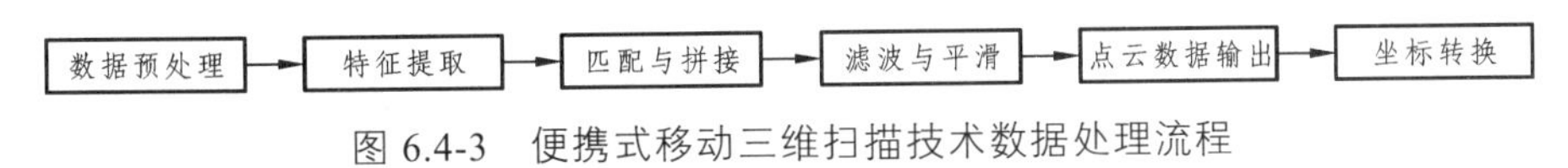

图 6.4-3　便携式移动三维扫描技术数据处理流程

本项目以欧思徕 R8 型号便携式三维激光扫描仪为例，内业数据处理通过仪器配套的数据解算软件 mapper 进行点云解算。

① 参数设置。

在常规设置面板中，设置输出成果为影像和着色点云，点击高级参数设置按钮，对解算参数进行设置，设置完成后可以保存为模板，后期相同项目可以加载模板解算数据。背包扫描数据主要修改 GNSS 设置、位姿解算设置、高级输出设置参数。

首先进行解算参数的设置，通过查看 GNSS 点位在轨迹线上的分布，检查是否有伪固定点；GNSS 设置面板参数采用默认值，现场特征点丰富，位姿解算设置采用默认值，点云采样间隔设置为 2，勾选滤波设置，删除孤立点，其他采用默认参数，输出结果导出为 LAS 或 LAZ。

设置完成后，点击“处理”进行点云数据解算。

② 多测段数据批量解算。

Ⅰ. 批量创建项目。

- 设置数据目录：数据目录不能有中文，数据目录里面应该存放从设备中拷贝出来的项目文件夹；
- 设置工作目录：工作目录里面会按照数据目录中的项目自动创建对应的项目处理文件夹，也可以另建项目处理文件夹，处理数据和原始数据将会分开存放；
- 勾选模板项目：使用单处理模式设置好的模板项目参数；
- 点击开始，软件将开始批量创建项目。

Ⅱ. 批量处理项目。

- 点云批量添加项目，选择包含处理项目的文件夹；
- 双击项目列表中的项目，可以弹出项目配置对话框，对该项目进行参数设置；
- 对批量创建加载的模板参数进行修改；
- 点击“处理”，可以依次处理所有项目；
- 点击“继续处理”，可以依次继续处理项目；
- 点击“终止”，可以终止所有项目的处理；
- 点击“跳过”，可以跳过当前项目的处理。

③ 点云数据库建立。

Ⅰ. 创建流程：数据解算处理完成后，将导出的点云数据，通过点云浏览软件，检查点云坐标解算是否采集的是 2000 国家大地坐标系，如果不是，需将以上参数设置重新调参再进行数据处理；获得 2000 国家大地坐标后，通过坐标转换，获得当地坐标系的点云成果。然后，将输出的点云成果导入 Cyclone 软件，建立 imp 数据库，为后续内业成图建立基础数据。其主要流程如图 6.4-4 所示。

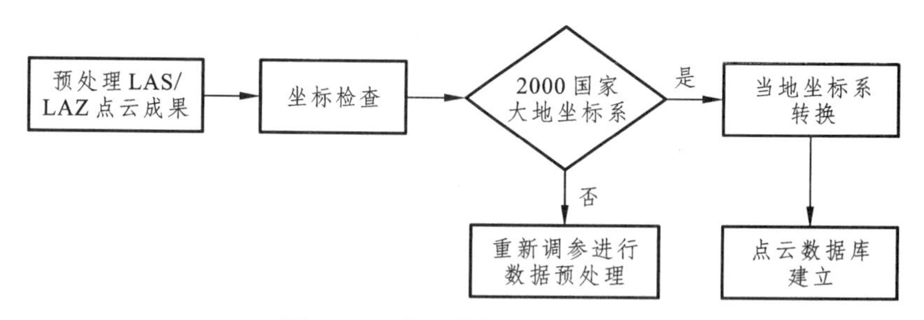

图 6.4-4　点云数据库创建流程

Ⅱ. 背包多测段点云拼接：采用背包扫描测量的点云处理成果为多段点云，为了便于内业成果绘制，需要将多段点云拼接为一个完整的点云模型。对于此类多段点云数据，在同等坐标系统下，可以通过点云软件提供的点云合并或点云拼接功能进行同坐标系统下点云的合并拼接，此种功能无须进行点云的平移、旋转、对齐等操作。其主要的操作流程如图 6.4-5 所示。

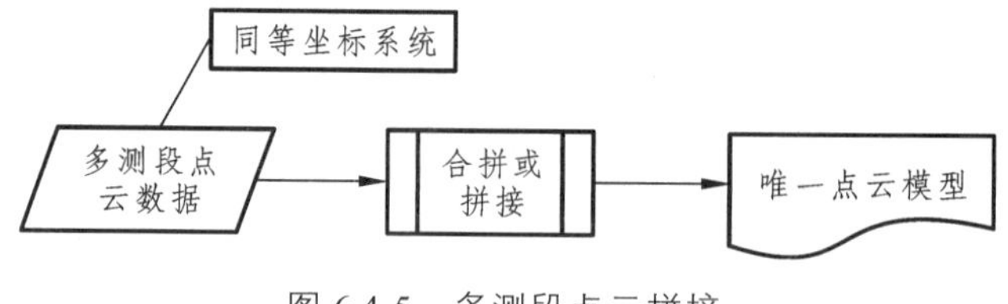

图 6.4-5　多测段点云拼接

以 Cyclone 软件为例，采用其点云拼接功能按以下步骤进行，即可获得完整的唯一点云模型成果：

- 通过 Cyclone 当前项目数据库，单击右键创建“Registration”项目；

- 选择“Registration”，单击右键打开 Registration 编辑浏览器，通过菜单栏选择“ScanWorld”菜单下“Add ScanWorld”项；
- 选择需要拼接的测段，如图 6.4-6 所示；

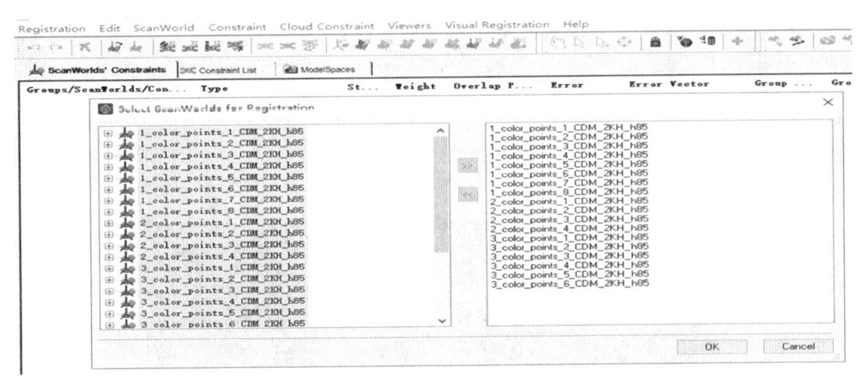

图 6.4-6　选择拼接合并测段

- 直接单击菜单栏选择菜单 Registration 项下“Create ScanWorld（Freeze Registration）”，冻结选择的多个测段，然后选择 Registration 项下“Create and Open ModelSpace”项，一个完整的模型就创建成功了。

④ 背包多测段相对坐标模式转绝对坐标模式。

采用背包扫描测量的点云处理成果在 GNSS 模式信号弱的情况下，有时遇到点云解算成果绝对坐标模式失败的情况，解算成果为相对坐标模型；针对扫描轨迹为闭环的相对坐标模型，可采用基于地物公共特征点的拼接方法或标靶控制点（地物特征点）刺点两种方法进行绝对坐标转换。

Ⅰ. 基于地物公共特征点的拼接方法，是利用已有绝对坐标的测段模型为坐标转换的基准模型，将需要转换的相对坐标模型通过地物公共特征点，利用软件平移、旋转、高度纵向对齐，进行点云拼接解算，求得绝对坐标模型成果，主要流程如图 6.4-7 所示。

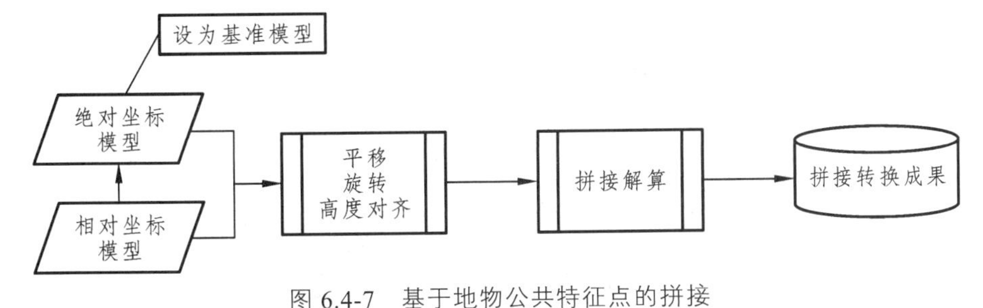

图 6.4-7　基于地物公共特征点的拼接

以 Cyclone 软件为例，采用其点云拼接功能，按以下步骤进行平移、旋转、高度纵向对齐，即可获得绝对坐标模式点云成果。

- 点云数据的添加与多端点云操作一致，选择需要进行拼接的模型（此处选择已经拼接成唯一点云模型的测段），选择需要设置为基准模型的点云，单击右键选择“Set Home ScanWorld”操作；

- 选择两个需要拼接的模型，单击菜单“Visual Registration”，单击“Visual Alignment”选项，即可弹出拼接操作窗口；
- 在拼接窗口，选择菜单“Viepoint”，单击“Zoom”选项，选择弹出的“View All”选项，即可居中显示要拼接的模型；
- 通过拼接窗口的工具栏，首先选择平移按钮，选择当前模型平移到需要定位的基准模型，选择带有直角边的一个公共特征点为基准点，通过旋转按钮，按住 Alt 键进行两个模型之间公共边的微调对齐，如图 6.4-8 所示；

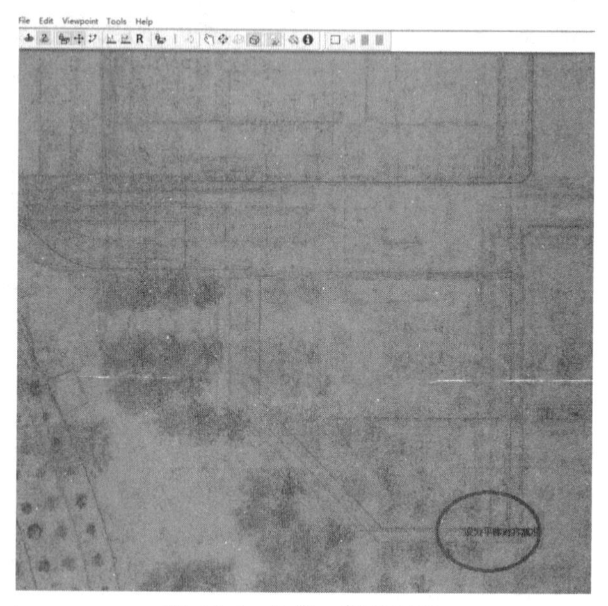

图 6.4-8　平移、旋转对齐

- 水平位置平移、旋转对齐后，单击工具栏的高度对齐按钮，进入高度对齐窗口，通过竖向调节按钮进行高度对齐，如图 6.4-9 所示；

图 6.4-9　高度对齐

• 平移、旋转、高度对齐后，单击菜单栏“Tools”选项，单击“Optimize Constraint”进行模型拼接解算；

• 拼接完成后，如图 6.4-10 所示，可以看到点云模型的拼接精度；

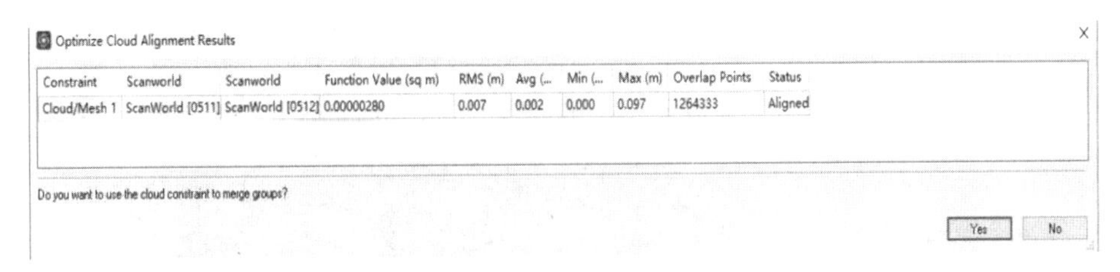

图 6.4-10　点云模型的拼接精度

• 在 Registration 窗口，单击菜单栏“Registration”，依次单击“Register”、“Create ScanWorld（Freeze Registration）”、“Create ModelSpace”即可解算出完整的点云模型。

Ⅱ. 标靶控制点（地物特征点）刺点进行坐标转换，是基于外业数据采集的标靶控制点（地物特征点）作为点云坐标转换的起始数据，已知点的个数不少于 3 个。其主要流程如图 6.4-11 所示。

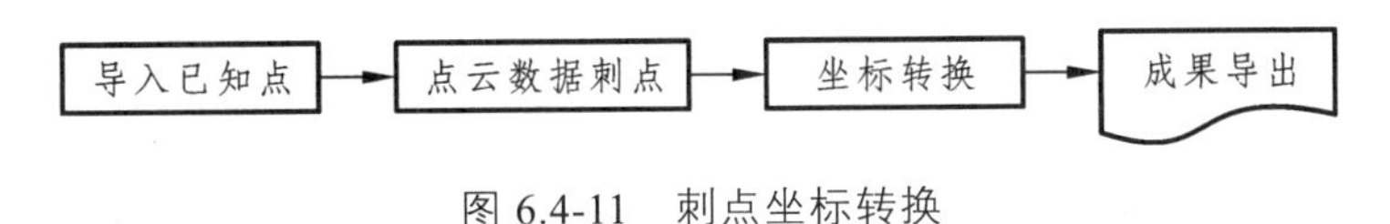

图 6.4-11　刺点坐标转换

以 Cyclone 软件为例，主要的步骤如下：

• 选择当前数据库，单击右键选择“import”，在弹出的对话框中选择已知点坐标格式 TXT 文件；

• 在弹出的格式设置窗口中，数据列数设置为 4，列一的文本属性设置为 TargetID，列二至列四的格式按照导入坐标的 XYZ 顺序进行设置；

• 打开需要坐标转换的模型，在 ModelSpace 窗口进行标靶控制点（地物特征点）刺点，在工具栏选择点云拾取按钮，在点云模型点取需要刺点的位置，单击“View”菜单，选择“Set Quick Limit Box by Pick Point”项；

• 通过选择限制框精确拾取刺点位置值后，单击“Tools”菜单项，在 Registration 项下选择“Add（Edit Registration Label）”对话框，在弹出的对话框中输入当前刺点的名称，如图 6.4-12 所示；

• 刺点完成后，通过 Cyclone 当前项目数据库，单击右键创建 Registration 项目，在 Registration 窗口的菜单 Add ScanWorld 项下，选择需要导入的已知点和需要坐标转换的模型，设置已知点模型为“Set Home ScanWorld”，单击菜单 Constraint 项下“Auto-Add Constraints（Target ID only）”，即可进行点云坐标转换；

• 坐标转换精度检查无误后，在 Registration 窗口，单击菜单栏 Registration，依次单击“Register”、“Create ScanWorld（Freeze Registra-tion）”、“Create ModelSpace”，即可解算出完整的点云模型。

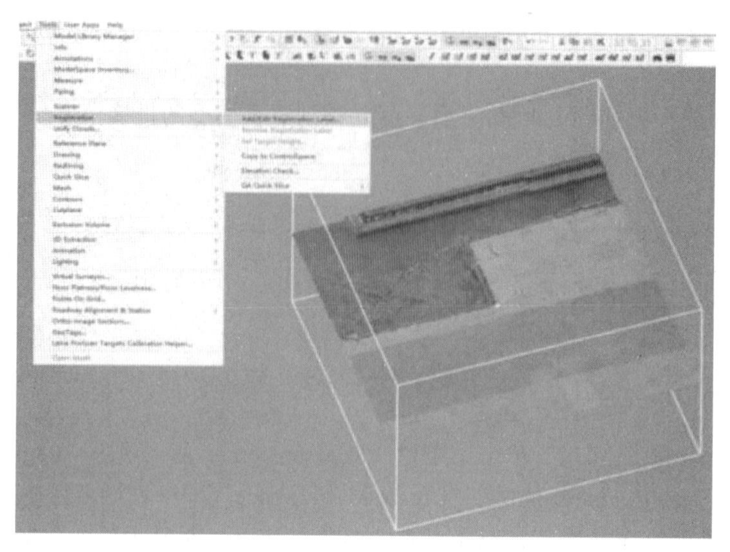

图 6.4-12　刺点选择

按照以上步骤操作，即可获得最终点云模型，如图 6.4-13 所示。

图 6.4-13　点云局部模型图

3. 成果绘制

通过点云数据进行规划竣工图绘制，主要由点云的裁剪、点云的切片、已有资料叠加点云、点云高程点提取、竣工图绘制这几个步骤进行。其流程如图 6.4-14 所示。

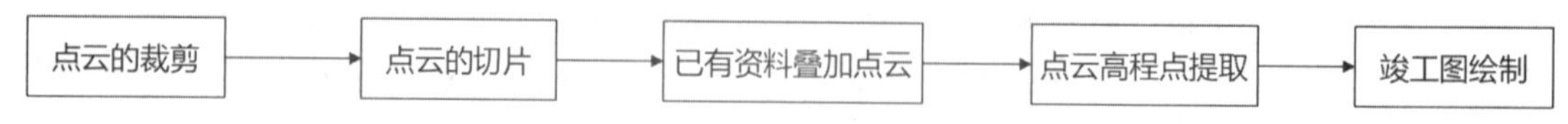

图 6.4-14　点云成果绘制流程

（1）点云的裁剪、切片。

点云的裁剪、切片，是在 CAD 绘图软件中能高速加载海量点云数据，提升绘图的操作速度所必须进行的一步。本工程点云的裁剪、切片可以通过 Cyclone 软件和 CAD 软件中的 CloudWorx 插件裁剪功能进行操作。

① Cyclone 软件中点云裁剪、切片方法。

在 Cyclone 打开项目模型，在 ModelSpace 通过工具栏中的模型切换视图功能切换至正射模型和正视图进行操作，通过多边形框选或矩形框选对需要裁剪的点云范围进行操作，范围选择后，单击右键，可以采用 Copy Fenced to New ModelSpace 复制一个新的 ModelSpace，若裁剪范围不合适，可以点击工具栏的取消框选进行取消操作。打开裁剪后的点云模型，点击工具栏的“View ALL”功能，居中显示模型，通过模型切换视图功能切换至正射模型，点击视图工具栏中的左视图、右视图、前视图，根据需要选择其中一个视图进行切片操作。选择 Reference Plane 工具栏的指定切片视图功能，指定切片的参考视图方向；选择 CutPlane 工具栏的切片厚度设置框功能，进行切片厚度设置；选择 CutPlane 工具栏的设置从当前参考的视图方向功能进行裁剪，点击“View Slice”显示切片数据；通过点击切片上下移动偏移量按钮进行偏移量设置；选择 CutPlane 工具栏的向上移动切片、向下移动切片，根据偏移量获得需要的切片点云数据。

② CloudWorx 插件中的裁剪、切片方法。

通过挂接在 CAD 软件中的 CloudWorx 插件打开对应项目数据库的 ModelSpace 视图，即可在 CAD 软件环境下对点云数据进行操作。CloudWorx 插件带有易用的裁剪功能（图 6.4-15），分为裁剪管理器，包围盒，切片定向轴选择，切片向前、后退功能等；隐藏外部功能类似于 Cyclone 软件的裁剪框选功能，分为隐藏外部和隐藏内部功能，根据框选的需要确定选择哪一个功能。切片定向轴分为 X 轴、Y 轴、Z 轴三个功能，在 CAD 中进行平面图绘制时常用的是 Y 轴切片。首先应将 CAD 视图切换至前视图、左视图、右视图中的一个，在点云模型中根据绘制的部位需求进行切片位置选择。平面图绘制时可以通过裁剪功能中的向前、后退按钮进行切片位置的灵活移动，通过裁剪管理器可以更改当前切片的厚度。

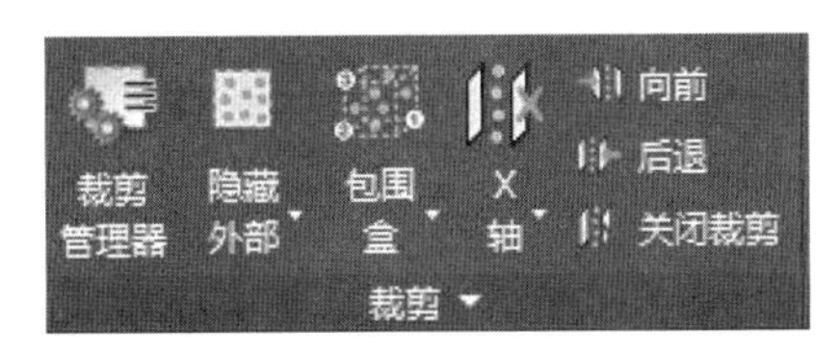

图 6.4-15　裁剪功能菜单

③ 点云进行竣工图绘制。

竣工图的绘制以 CAD 中的 CloudWorx 插件为例，通过以上步骤的点云裁剪切片后，利用裁剪切片功能将视图调整至前视图，按相应高度进行水平切片，切片厚度根据需要绘制的部位进行调整，宜调整为 0.5 ~ 2 m，然后再切换至俯视图，结合采集到的全景影像照片、规划总平图、施工图等进行规划竣工图的绘制。

4. 精度分析

精度分析是评估 SLAM 技术测量结果可靠性的重要环节，为了验证 SLAM 技术的精度和准确性，我们将其与传统测量方法进行了对比分析，见表 6.4-1、表 6.4-2 和图 6.4-16、图 6.4-17。

外业使用全站仪采集了一些具有明显特征角点的地物点坐标，将观测得到的坐标作为地形检查点。

表 6.4-1　检测点平面坐标较差统计表　　（单位：m）

点号	实测坐标检测值		点云成果坐标值		差值		
	X1	Y1	X2	Y2	Dx	Dy	Ds
1	*****.674	*****.820	*****.685	*****.810	−0.011	0.010	0.015
2	*****.956	*****.522	*****.940	*****.518	0.016	0.004	0.016
3	*****.967	*****.920	*****.940	*****.918	0.027	0.002	0.027
4	*****.869	*****.242	*****.878	*****.257	−0.009	−0.015	0.017
5	*****.689	*****.067	*****.666	*****.049	0.023	0.018	0.029
6	*****.717	*****.037	*****.704	*****.016	0.013	0.021	0.025
7	*****.162	*****.907	*****.140	*****.918	0.022	−0.011	0.025
8	*****.806	*****.747	*****.806	*****.747	0.000	0.000	0.000
9	*****.706	*****.100	*****.690	*****.067	0.016	0.033	0.037
10	*****.948	*****.244	*****.969	*****.250	−0.021	−0.006	0.022
11	*****.924	*****.894	*****.940	*****.918	−0.016	−0.024	0.029
12	*****.967	*****.920	*****.940	*****.918	0.027	0.002	0.027
13	*****.592	*****.401	*****.609	*****.420	−0.017	−0.019	0.025
14	*****.029	*****.523	*****.032	*****.551	−0.003	−0.028	0.028
15	*****.378	*****.798	*****.386	*****.804	−0.008	−0.006	0.010
16	*****.671	*****.099	*****.687	*****.109	−0.016	−0.010	0.019
17	*****.284	*****.499	*****.312	*****.500	−0.028	−0.001	0.028
18	*****.902	*****.515	*****.921	*****.524	−0.019	−0.009	0.021
19	*****.588	*****.907	*****.597	*****.926	−0.009	−0.019	0.021
20	*****.256	*****.859	*****.263	*****.866	−0.007	−0.007	0.010

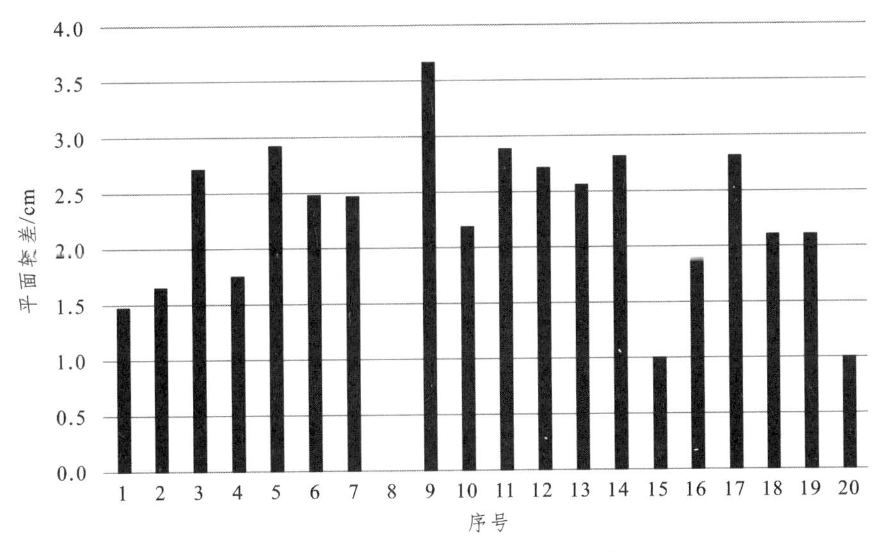

图 6.4-16　检测点平面坐标较差分布图

通过表 6.4-1 和图 6.4-16 分析可得，所有平面误差均在 0.05 m 以内，计算得到平面中误差 ± 0.016 m，均满足现行行业标准《城市测量规范》CJJ/T 8 对地形图平面精度的要求。

表 6.4-2　检测点高程较差统计表　　（单位：m）

点号	实测高程检测值	点云成果高程值	差值
	H1	H2	dh
1	***.142	***.172	−0.030
2	***.322	***.332	−0.010
3	***.251	***.262	−0.011
4	***.364	***.362	0.002
5	***.541	***.550	−0.009
6	***.361	***.360	0.001
7	***.016	***.022	−0.006
8	***.684	***.704	−0.020
9	***.712	***.733	−0.021
10	***.562	***.572	−0.010
11	***.894	***.906	−0.012
12	***.510	***.534	−0.024
13	***.652	***.682	−0.030
14	***.021	***.032	−0.011

续表

点号	实测高程检测值	点云成果高程值	差值
	H1	H2	dh
15	***.892	***.896	−0.004
16	***.565	***.585	−0.020
17	***.571	***.604	−0.033
18	***.125	***.154	−0.029
19	***.263	***.272	−0.009
20	***.212	***.226	−0.014

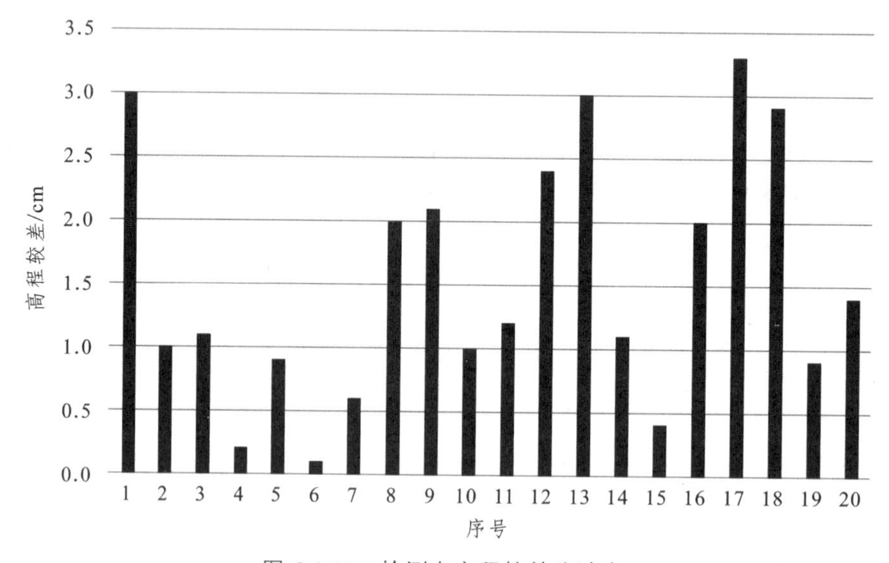

图 6.4-17　检测点高程较差统计表

通过表 6.4-2 和图 6.4-17 分析可得，所有高程误差均在 0.05 m 以内，计算得到高程中误差 ± 0.013 m，均满足现行行业标准《城市测量规范》CJJ/T 8 对地形图高程精度的要求。

5. 项目小结

相较于传统测量方法，SLAM 技术在本项目具有的显著工艺优势如下：

（1）外业采集效率提升。

本项目楼层退台多，采用传统全站仪采集方法，需要首先布设不少于三个图根控制点，楼层 5 层以上的退台，全站仪无法测量，需要人工采用测距方法进行校核；采用 SLAM 技术，能够在一次扫描中，采集高精度的点云数据，同时满足规划竣工和地籍测绘需求，外业扫描时间不超过 3 个小时，外业效率相比较传统测量提升了 5 倍以上。

（2）高精度定位优势。

结合仪器自带 RTK 技术和 IMU 惯导技术，避免了外业布设图根控制点，减少了全站仪无法测量高层退台的问题，可以在 GNSS 信号较弱或遮挡环境下保证较高的精度。

（3）适应性、灵活性强。

在复杂、密集、隐蔽的区域，可以不需要布设站点测量，做到移动中的无接触测量。

（4）直观高效。

内业采用 CloudWorx 点云插件，通过 0.5 ~ 2 m 点云切片厚度，上下调整点云切片位置，结合背包自带的全景影像，做到所见即所得，直观高效绘制平面图。

6.4.2　在成都某 TOD 项目生产实践应用

1. 项目概况

成都某 TOD 项目位于成都市武侯区双楠大道与金兴南路交汇处，地处成都市西南部，距离市中心约 10 km。以“商业服务核 + 总部核 + 互联发展核”三核联动产业平台为核心，打造一个集住宅、商业、办公、休闲等多功能于一体的综合体。项目总占地面积约 8.7 hm^2，总建筑面积约 38 hm^2。

该 TOD 项目的建设，旨在实现城市可持续发展，提高城市居民的生活品质。项目通过优化城市空间布局和交通结构，以公共交通为导向，推动城市发展与交通的有机融合；同时，项目注重生态环保和绿色发展，充分利用绿色建筑技术和生态植被，营造宜居的居住环境。本次以其中两栋商业办公综合体为例，如图 6.4-18 所示。

图 6.4-18　项目效果图

2. 作业流程

本项目作业流程与上一个案例规划竣工测绘基本一致。

（1）数据采集。

① 场地规划竣工、地籍测绘。

该项目属于商业办公综合体，根据项目的特色、场地规划竣工、地籍测绘，共规划了 3 段扫描路线，其中地上扫描路线 2 段（覆盖测区总平及用地周边 30 m 范围），地下车库扫描路线 1 段，确保全面覆盖测区用地及周边 30 m 范围；每段扫描路线均控制在 30 min 内，总计扫描时长不超过 3 h，扫描过程中要求实时根据现场情况，进行动态路线调整。

② 实地规划竣工、地籍测绘数据采集。

启动 RTK-SLAM 设备，待各种参数设置完成、项目创建、初始化成功后，进行实地数据采集。采集扫描移动过程中，保持匀速行走以确保数据的稳定性和可靠性，实时监测数据 GNSS 信号，减少 GNSS 信号长时间缺失的观测；考虑到本项目装饰较多、线条比较复杂，扫描过程中应做到对隐蔽的地方主动扫描；为了后续地籍资料的制作，对用地红线周边界址物，也应做到主动扫描。通过以上步骤，扫描获取整个项目竣工区域的全要素点云信息，为后续的内业数据处理等工作，提供有效的数据支撑。

③ 房产测绘。

结合项目的特点，采用不带 RTK 的手持扫描方式，室内每一层平面单独进行扫描，地上室内总计扫描 22 段数据，地下室共扫描 2 段数据；每一段数据都要求闭合，以减少惯导的累积误差，每一段扫描时段都严格控制在 30 min 内；房产外业扫描时，启动 RTK-SLAM 设备，项目创建与规划竣工测绘时操作步骤一致。外业扫描时唯一的要求是关闭室内无信号的 GNSS 设置；进入每个房间进行室内扫描时，需要缓慢地移动，同时设备不要距离墙壁太近，使房间内外的点云有足够多的特征点进行匹配拼接。

（2）数据处理。

本项目内业数据处理通过仪器配套的数据处理软件 mapper 进行点云解算（点云成果模型如图 6.4-19 所示）。分为两部分进行：第一，对于规划竣工部分，与上一个规划竣工案例操作一致；第二，对于室内房产测绘，直接跳过 GNSS 设置，其他设置与规划竣工测绘参数设置一样。

图 6.4-19　模型点云成果图

3. 成果绘制

规划竣工图的绘制按照上一个规划竣工案例操作。

房产测绘部分，通过挂接在 CAD 软件中的 CloudWorx 插件打开相应楼层的 ModelSpaces 视图，即可在 CAD 软件环境下对点云数据进行操作。利用裁剪切片功能，将视图调整至前视图，按相应高度进行水平切片，切片厚度宜调整为 0.5 m 左右，然后再切换至俯视图，即可得到清晰的建筑物墙体切片数据，如图 6.4-20 和图 6.4-21 所示。这时可量取墙体之间的点云尺寸数据，分层逐户进行实量，与建筑竣工图中的理论尺寸进行比对，结合采集到的全景影像照片，分析现场与建筑竣工图的不一致之处，完成建筑面积报告与房产测绘报告绘制。

图 6.4-20　0.5 m 厚度点云切片地下室平面图

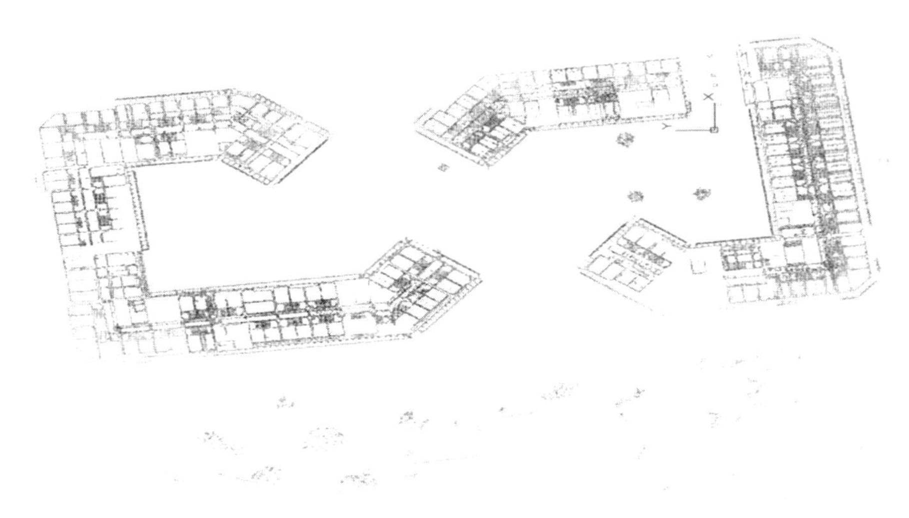

图 6.4-21　0.5 m 厚度点云切片室内平面图

4. 精度分析

精度分析是评估 SLAM 技术测量结果可靠性的重要环节。为了验证 SLAM 技术的精度和准确性，我们将其与传统测量方法进行了对比分析，见表 6.4-3、表 6.4-4 和图 6.4-22、图 6.4-23。

规划竣工部分，外业使用全站仪采集了一些具有明显特征角点的地物点坐标，将观测得到的坐标作为地形检查点。

表 6.4-3　检测点平面坐标较差统计表　（单位：m）

点号	实测坐标检测值		点云成果坐标值		差值		
	X1	Y1	X2	Y2	D*x*	D*y*	D*s*
1	*****.741	*****.489	*****.769	*****.507	−0.028	−0.018	0.033
2	*****.828	*****.845	*****.798	*****.821	0.030	0.024	0.038
3	*****.458	*****.399	*****.453	*****.413	0.005	−0.014	0.015
4	*****.706	*****.738	*****.709	*****.746	−0.003	−0.008	0.009
5	*****.038	*****.225	*****.026	*****.255	0.012	−0.030	0.032
6	*****.146	*****.796	*****.168	*****.777	−0.022	0.019	0.029
7	*****.094	*****.122	*****.124	*****.111	−0.030	0.011	0.032
8	*****.182	*****.551	*****.173	*****.548	0.009	0.003	0.009
9	*****.821	*****.845	*****.801	*****.847	0.020	−0.002	0.020
10	*****.502	*****.551	*****.489	*****.538	0.013	0.013	0.018
11	*****.868	*****.890	*****.853	*****.899	0.015	−0.009	0.017
12	*****.140	*****.349	*****.131	*****.355	0.009	−0.006	0.011
13	*****.268	*****.452	*****.249	*****.460	0.019	−0.008	0.021
14	*****.505	*****.246	*****.498	*****.260	0.007	−0.014	0.016
15	*****.229	*****.635	*****.214	*****.649	0.015	−0.014	0.021
16	*****.565	*****.760	*****.546	*****.769	0.019	−0.009	0.021
17	*****.908	*****.788	*****.896	*****.802	0.012	−0.014	0.018
18	*****.606	*****.334	*****.591	*****.354	0.015	−0.020	0.025
19	*****.102	*****.211	*****.077	*****.221	0.025	−0.010	0.027
20	*****.917	*****.686	*****.889	*****.698	0.028	−0.012	0.030

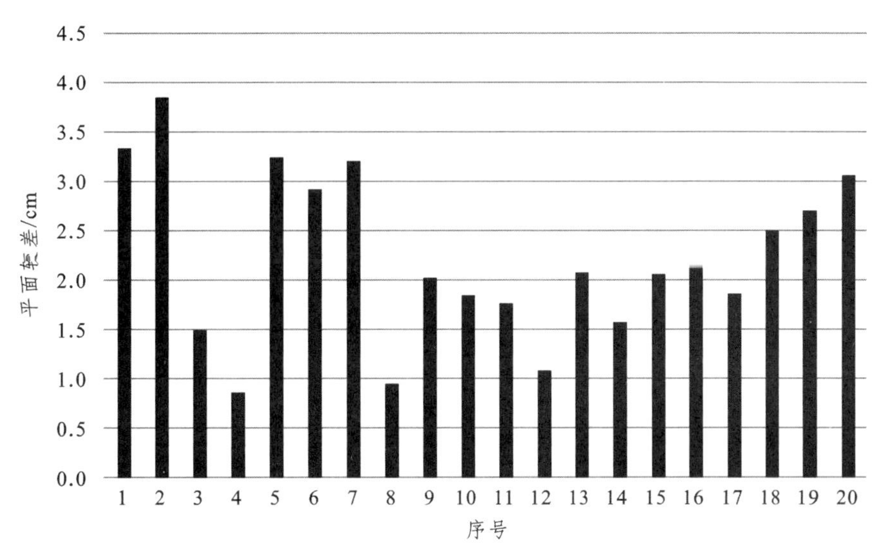

图 6.4-22　检测点平面坐标较差分布图

通过表 6.4-3 和图 6.4-22 分析可得，所有平面误差均在 0.05 m 以内，计算得到平面中误差 ± 0.013 m，均满足现行行业标准《城市测量规范》CJJ/T 8 对地形图平面精度的要求。

表 6.4-4　检测点高程较差统计表　　（单位：m）

点号	实测高程检测值	点云成果高程值	差值
	H1	H2	d*h*
1	***.822	***.810	0.012
2	***.634	***.600	0.034
3	***.495	***.480	0.015
4	***.479	***.460	0.019
5	***.424	***.416	0.008
6	***.490	***.467	0.023
7	***.030	***.017	0.013
8	***.986	***.980	0.006
9	***.805	***.810	−0.005
10	***.842	***.830	0.012
11	***.385	***.400	−0.015
12	***.449	***.470	−0.021
13	***.044	***.051	−0.007
14	***.486	***.510	−0.024

续表

点号	实测高程检测值	点云成果高程值	差值
	H1	H2	dh
15	***.283	***.271	0.012
16	***.202	***.202	0
17	***.598	***.620	−0.022
18	***.676	***.700	−0.024
19	***.459	***.470	−0.011
20	***.995	***.976	0.019

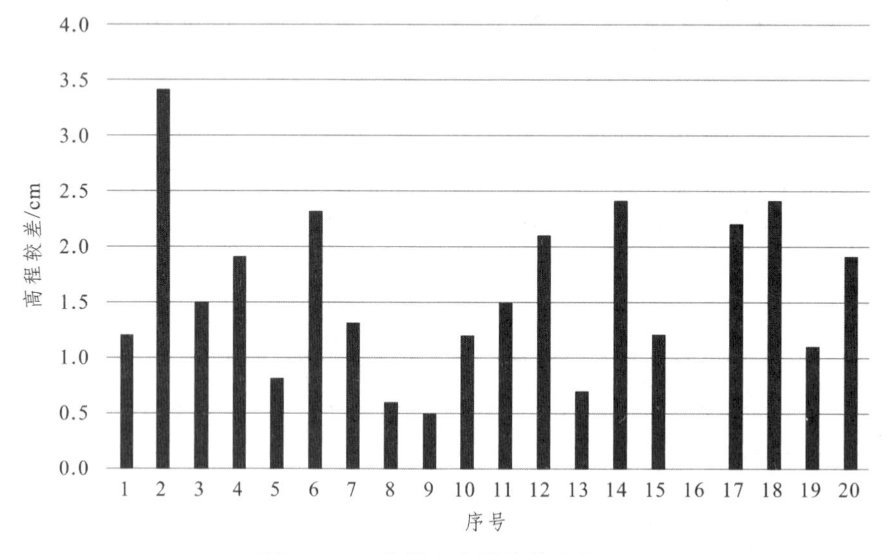

图 6.4-23　检测点高程较差分布图

通过表 6.4-4 和图 6.4-23 分析可得，所有高程误差均在 0.05 m 以内，计算得到高程中误差 ± 0.012 m，均满足现行行业标准《城市测量规范》CJJ/T 8 对地形图高程精度的要求。

房产部分，为验证 SLAM 三维激光扫描仪点云数据的精度，项目外业过程中同时使用手持激光测距仪对现场部分墙体尺寸进行量测，与项目扫描得到的点云数据相同部位进行比对，见表 6.4-5 和图 6.4-24。

表 6.4-5　检测点平面尺寸较差统计表　（单位：m）

尺寸编号	实测检测尺寸	点云量取尺寸	较差
1	0.379	0.357	−0.022
2	0.323	0.313	−0.010
3	0.275	0.267	−0.008

续表

尺寸编号	实测检测尺寸	点云量取尺寸	较差
4	0.803	0.781	-0.022
5	0.203	0.194	-0.009
6	0.132	0.130	-0.002
7	0.091	0.068	-0.023
8	0.561	0.552	-0.009
9	0.860	0.847	-0.013
10	0.548	0.529	-0.019
11	4.567	4.576	0.009
12	1.758	1.759	0.001
13	8.694	8.697	0.003
14	0.889	0.907	0.018
15	7.502	7.504	0.002
…	…	…	…
30	0.949	0.945	-0.004
31	0.544	0.522	-0.022
32	0.370	0.354	-0.016

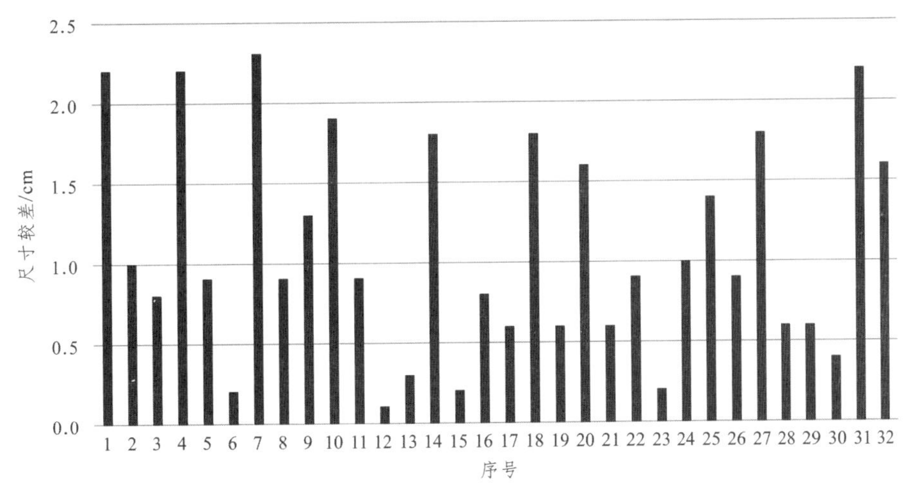

图 6.4-24　检测墙体平面尺寸较差分布图

通过表 6.4-5 和图 6.4-24 可知，其中检测边长最大较差值 0.023 m，最小较差值 0.022 m，中误差为 ± 0.011 m，满足现行国家标准《房产测量规范》GB/T 17986.1 要求的精度。

5. 项目小结

相较于传统测量方法，RTK-SLAM 技术在本项目具有的显著工艺优势如下：

（1）外业采集效率提升。

装饰较多、线条比较复杂，采用传统全站仪采集方法，每一个装饰线条都需要进行详细测量；而采用 RTK-SLAM 技术，能够在一次扫描中，采集高精度点云数据的同时，满足规划竣工和地籍测绘需求；外业扫描时间不超过 2 h，外业效率相比较传统测量提升了 5 倍以上。

（2）高精度定位优势。

结合仪器自带 RTK 技术和 IMU 惯导技术，避免了外业布设图根控制点，减少了全站仪无法测量高层退台的问题，可以在 GNSS 信号较弱或遮挡环境下保证较高的精度。

（3）自动化程度高。

减少了人工干预，自动化生成测量结果，降低了人为误差。

（4）数据精度高。

室内房产扫描如果采用测距仪进行测量，需要每条边都进行尺寸校核，外业周期长；采用 SLAM 扫描方法，外业中严格按照室内扫描的方法，数据精度经过验证满足房产测量的要求。

（5）适应性强。

SLAM 技术不受地形和环境限制，能够适应各种复杂的测量场景。

第 7 章　移动三维扫描技术在市政工程测量中的实践应用

市政工程项目是城市基础设施建设的重要组成部分，市政项目属于民生工程，涉及市政改造、人居环境改善等多项工程，能推动城市基础设施再更新、人居环境再提升、民生保障再加强，是新时代城市全面建设的基础保障。

本章在介绍不同市政工程项目测绘特点及成果要求的基础上，结合移动三维扫描技术在成都某道路竣工、某河道竣工测绘项目中应用的典型案例，详细梳理了其作业流程，总结了相关经验。

7.1　市政工程测量概述

7.1.1　市政工程项目介绍

市政工程（Municipal engineering）是指市政设施建设工程。在我国，市政设施是指在城市区、镇（乡）规划建设范围内设置、基于政府责任和义务为居民提供有偿或无偿公共产品和服务的各种建（构）筑物、设备等。在城市勘测领域，市政工程包含的项目场景主要有道路交通工程、河湖水系工程、地下管线工程、架空杆线工程、街道绿化工程五大类。

按照市政工程类测量项目的不同，本节主要选取市政工程勘测设计阶段测量、道路竣工测量、桥梁竣工测量、河道竣工测量这四种具有代表性的市政工程测量项目进行详细介绍。

7.1.2　市政工程项目测绘特点

市政工程项目测绘，从普遍性方面来说，通常要求提供基于 1∶500 带状地形图的成果图和纵横断面成果；从特殊性方面来说，针对不同类型的市政工程项目，其测绘及成果要求有不同的特点。

1. 市政工程勘测设计阶段测量特点

市政工程勘测设计阶段测量主要服务于设计方，按其测量内容和成果要求提供数据，一般为带状地形图与纵横断面成果。其中，道路工程前期阶段的测量工作是最具有代表性，也是最主要的一种工程类型。道路工程是指以道路为对象而进行的规划、设计、施工、养护与管理工作的全过程及其所从事的工程实体。道路工程作为城市基础设施建设，其设计质量会直接影响整个城市建设的成效，它关系着一个城市交通体系的顺畅与否，影响着广大人民的日常出行。此外，我国城市化进程的不断深入也对城市道路设计提出了更高的要求。

道路工程勘测设计阶段测量作为城市道路设计工作中的重要一环，其测绘成果的质量、精度对设计质量影响重大。因此，道路工程项目测绘普遍具有测量要求细致、测量要素多样、施测工期短等特点，尤其是在整个勘测设计的前期阶段，设计方会不断提出新的测量内容和测量要求，测绘保障单位需要按时核实提供。

道路工程项目的测绘成果主要服务于设计使用，因此成果的精度及样式需提前与设计沟通确定，确保所提供的数据内容与格式满足设计要求，例如地形图施测宽度、纵横断面成果格式、特殊作业内容、需重点测绘的地物等。

2. 道路竣工项目测绘特点

道路竣工测量是业主、行政主管部门对建设完成的市政道路及其附属设施的施工符合性进行测绘复核与评定的工作,是对市政道路建设项目进行工程管理的一项重要内容。

道路竣工项目测绘时，外业作业通常面临现场车流量大、交通情况复杂等状况，人员长时间停留路面进行作业，存在很大的人身及设备安全隐患，在已通车的高速路、快速路、城市主干道等工程项目区域作业时，安全问题尤其需要重点关注。

道路竣工项目的测绘成果图,通常在 1∶500 带状地形图的基础上展绘规划控制线，标注中桩里程、行车道与人行道的实测间距、实测道中坐标、施工起终点坐标，按成果样式要求整饰图面后最终形成。道路竣工项目的纵断面通常按照一定间隔（一般每隔 20 m 测量一个数据），结合线路起终点、折点、交点或其他特征点，沿中线逐桩进行测量，遇到高程变化处应加测高程点，如果道路中线位于中央隔离带（绿化带），应采集中央隔离带（绿化带）对应两侧路面中线同步里程处的高程。道路竣工项目的横断面测量，其宽度应结合竣工范围，一般测至道路红线，道路有突出地面道牙石的，横断面测量时应采集其道牙石上下两点高程。道路竣工项目的纵横断面采集结束后，经数据处理、高程提取、断面校核、生成断面线等步骤，按成果样式要求整饰图面，最终形成纵横断面成果图。

3. 桥梁竣工项目测绘特点

桥梁是指供汽车、火车、行人等跨越障碍（河流、山谷或其他线路）的建筑工程物。桥梁可按工程规模、用途、结构体系、跨越对象等多种方式进行分类，在城市勘测领域，常见的桥梁有铁路桥、公路桥、人行天桥、跨河桥、跨线桥、立交桥等。

桥梁工程竣工后，应对桥墩、桥面及其附属设施进行现状测量。每个桥墩应按地面实际大小施测角点或周边坐标和高程；桥面测量应沿桥梁中心线和两侧，并包括桥梁特征点在内，以 20～50 m 间距施测坐标和高程点。在城市勘测领域常见的跨河桥、跨线桥、立交桥，其桥梁主体、匝道等大部分构筑物通常无法采取接触式测量，并且这些桥梁通常结构多样、个性化程度高，测绘难度大。

桥梁竣工项目的测绘成果图，通常是参照其设计图标注实测坐标位置、实测间距、底板高、净空高等数据，同时对于跨河桥，应由甲方提供或到相关单位调查收集最高洪水位、常年洪水位、常年枯水位、最低枯水位、通航水位等资料，并标注在竣工图上。因桥梁结构通常比较复杂，桥墩、路灯、指示牌等地物多，在图面绘制完成后，最好外业调绘进行查漏补缺。桥梁竣工通常只绘制纵断面，一般针对桥上桥下的主路、辅道、匝道等。在纵断面的绘制过程中，需特别注意桥梁起、终点位置和原有道路桥梁接口位置的高程，在外业调绘时，最好进行复测校核。

4. 河道竣工项目测绘特点

随着城市化进程的不断推进，人们对城市环境的重视度也不断提高，为了解决河道水质污染、河床淤积、洪水灾害等问题，河道治理类工程项目越来越多。作为民生工程的一种，其筹建单位一般都是政府的相关机构和部门，通过工程招标的方式，将河道治理工程发包给社会企业，由其负责具体施工。当河道工程竣工完成后，筹建单位会对该项目的整体建设情况组织竣工验收，确保项目达到预期目标。

河道竣工测量主要涉及河道及其附属设施、绿化景观、周边地形、水下地形等要素。河道竣工测量的难点主要集中在河堤底部通常无法抵近接触式测量、水下地形数据采集困难两方面。

河道竣工项目的测绘成果图是在 1∶500 地形图的基础上展绘规划控制线，通过对比其设计图标注实测间距、实测坐标、河底高、桥梁底板高等数据，按成果样式要求整饰图面后出具最终成果。河道竣工纵断面通常依据河底高绘制，在过程中若发现有高程异常变化的地方，需外业进行核实，排除河道底部异物的影响。河道竣工横断面的绘制宽度以能完整表示施工范围为宜，此外还需具有代表性的河堤样式与高差成果。

7.2　传统作业方式介绍

对于市政工程类项目的测量，传统作业主要采用 RTK 为主、全站仪为辅的混合模式。

市政工程成果地形图采用传统作业的方式测量，其作业方法和流程与传统大比例尺地形图测绘类似，步骤包括准备工作、图根控制测量、地形图要素采集、地形图成图、地形图检验与提交等。外业采集要求、测量要素、测量精度按照现行行业标准《城市测量规范》CJJ/T 8 中关于大比例尺地形图测绘、市政工程测量、竣工测量有关规定执行。

市政工程纵横断面成果采用传统作业的方式测量，外业时应将中线、断面辅助线相关数据（纵断、横断、里程）导入 RTK 手簿，通过放样确定纵、横断面相应位置，按照采集内容要求对高程进行测量。因现场限制，个别点位无法实测时，可实测点位周边高程后进行内插。对于精度要求较高的工程，可先采用 RTK 确定纵、横断面相应位置，再使用全站仪进行高程测量。内业时对测量数据进行计算处理，获得散点数据并展绘到线路图中，通过断面数据提取软件，生成纵、横断面相应点位高程点，然后导出高程点形成断面数据，最终形成纵横断面成果图。

传统作业模式目前存在着工作效率低、劳动强度大、数据采集能力有限、修补测内容多等问题，越来越难满足城市市政工程建设快速发展的需求。因此，选择合适的高精度、高效率的测量方法实施是市政工程测量项目需要重点考虑的问题。

7.3 移动三维扫描方式的优势

近些年，随着三维激光扫描技术的快速发展，特别是以手持式、背包式、车载式为代表的移动三维激光扫描技术在城市勘测领域的推广应用，颠覆了传统的人工机械式单点获取数据的方式和手段，推动了市政工程类项目工程测量的自动化、智能化发展。相较于传统作业方式，移动三维扫描技术可以为作业人员实现自动、连续、快速地采集和获取物体表面的三维位置数据和纹理属性信息，即点云数据和影像数据。移动三维扫描技术应用于市政工程项目测绘中的优势如下：

1. 采集效率高、外业强度小

移动三维扫描技术在市政工程项目测绘应用中，通过与传统方式的测算工期进行效率对比，外业数据采集效率提升了 3 ~ 8 倍，且规模越大、测量内容越复杂的项目，效率提升越明显，其综合效率提升 2 ~ 3 倍；同时，相比于传统测量，外业强度低，所需投入的人力资源少，部分项目单人即可完成。

2. 适用场景广、机动灵活、可全天候作业

移动三维扫描在市政工程测量外业采集时，可以采取手持式、背包式、车载式等多种方式，根据市政工程项目现场通行条件、测量要素等灵活选择搭载平台，满足市政工程测绘多样性的采集需求，可作为传统测量、航空摄影等方式无法完成采集时的一个有效补充测量手段。同时，作业前可分析工程任务要求，灵活选择时间段进行采集作业；例如不需要高质量照片成果时，可选择在夜晚或者凌晨、现场干扰条件少的时间段进行采集。

3. 高密度高精度全息采集、按需提取，避免重复外业

通过移动三维扫描技术的全方位、一体化高精度高密度采集，可满足多样性的成果要求和个性化程度高的异形建筑物的绘图；与此同时，面对如市政工程勘测设计阶段测量中经常出现新的测量要求与内容的情形，可以避免重复外业。

下面将结合具体案例，从生产流程、精度分析、作业经验等方面分析介绍移动三维扫描技术在市政工程项目测绘中的实践应用。

7.4　应用案例

7.4.1　在成都某道路竣工测绘项目的应用

1. 项目概况

该道路是在成都现有南北城市轴线基础上规划的一条东西走向城市轴线，西起都江堰市，东至简阳市，总长约 149.2 km，是 2018 年成都市政府启动的一项重点建设工程项目，大体可分为西段、中段、东段三大部分。本次首阶段竣工测绘为此项目东段（东二环至龙泉驿区界段），长度约 12.2 km，如图 7.4-1 所示。竣工测绘内容包含道路竣工、桥梁竣工、下穿隧道竣工、市政管线管廊竣工、地下通道及建筑物竣工等多种类型，相关测量精度按照现行行业标准《城市测量规范》CJJ/T 8 执行。

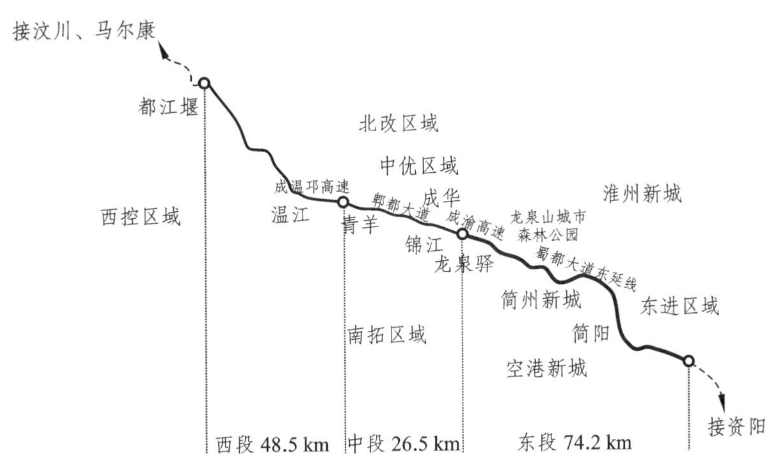

图 7.4-1　成都市东西城市轴线示意图

本项目如果采用传统测量的方式作业，需投入大量的人力、物力资源，很难在甲方规定工期内完成测绘，同时由于现场主路为城市快速通道且已通车，传统外业采集测量会存在很大的安全隐患，最终采取移动三维扫描技术的方式进行作业。

在移动三维扫描中，倾斜三维模型的优点是能够快速地进行大范围、高精度的采集，效率高，成果显示效果好；但同时受限于空域条件的许可，对遮挡严重区域无法采集的缺点。多平台激光雷达三维扫描的优点是采集方式灵活多变，地面车载式扫描效率高，安全系数高；缺点是对无 GNSS 信号区域，无法作业。RTK-SLAM 移动三维扫描的优点是适用性强，有无 GNSS 信号均可，外业所需人员少；缺点是受运动物体影响大，有效特征不足时无法完成点云解算。本项目测量目标类型多、情形复杂，基于移动三维扫描技术的应用经验，综合考虑现场情况、市政竣工测量的技术要求，采取无人机倾斜模型、多平台激光雷达扫描为主，RTK-SLAM 移动三维扫描、RTK 与全站仪传统测量为辅的“空地一体化”方式作业，通过多源测量、数据融合的方式，实现各技术优势互补。

2. 作业流程

仪器分别选用深圳飞马的 D200（搭载 D-OP300 相机）、上海华测导航的 AU900、北京欧思徕的 R8。申请空域后获得批准的区域，采取无人机倾斜摄影的作业模式完成数据采集；对于项目中无空域条件件的测绘范围，主要采取地面移动三维扫描的方式完成。无人机倾斜模型、RTK-SLAM 移动三维扫描作业模式在本书其他章节有详细介绍，本节重点介绍车载式移动测量作业，其整体作业流程如图 7.4-2 所示。

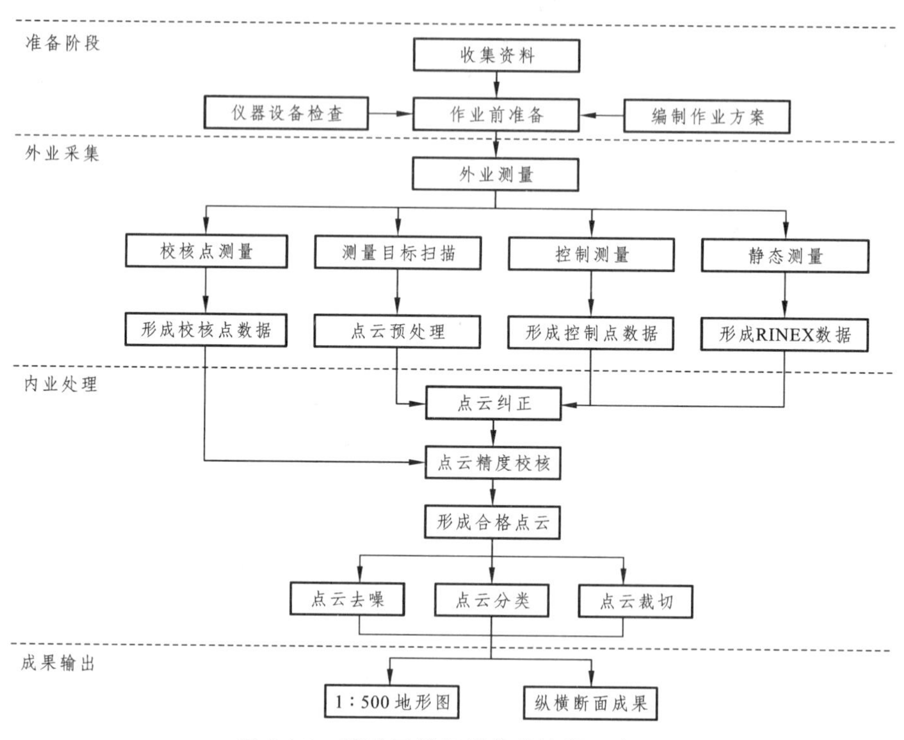

图 7.4-2　移动三维扫描作业流程示意图

（1）准备阶段。

车载式移动测量作业准备阶段的工作主要包括：资料收集与分析、现场踏勘、设备校检、技术设计、线路规划、点云纠正点与精度检校点选定等内容。此阶段工作中需要注意以下几点：

① 项目相关及已有图形资料尽量收集完整，包括项目技术要求、工地现场交通状况、天气状况、设计数据、已有地形及控制点资料等。

② 提前熟悉现场，通过现场环境条件确定地面三维扫描采集方式。本项目主路为城市快速通道且已通车，通过华测多平台车载扫描系统完成数据采集；辅路、桥梁以下、非机动车道、人行道、绿道等区域，采取欧思徕 R8 扫描仪搭载电瓶车或背负式完成数据采集。

③ 运用车载式移动测量时，结合测区的形状、主次干道分布、道路走向等特点，对

测区进行分区；结合卫星混合地图规划每个测区的起、终点，勾绘大概行车轨迹；规划每个测区基站架设位置。现场踏勘时做好线路详细规划，观察周边环境，确保扫描静态初始化和静态结束化区域周边环境空旷；遇到扫描线路周边卫星信号遮挡严重时记录区域位置，后续采用 RTK-SLAM 移动三维扫描或传统测量的方式进行补测。

④ 外业出发前对项目使用的设备进行全面检查，重点检查电池是否充满电、数据存储空间是否充足、设备完整性等方面，确保设备无故障，处于可使用状态。

（2）外业采集。

外业采集阶段的工作主要包括设备安装及连接调试、基站架设、SLAM 激光扫描设备参数设置及初始化、数据采集、设备拆卸装箱、控制点测量、点云纠正点与精度检校点测量、外业补测、点云与影像数据的拷贝转存等。相较于其他应用场景，道路竣工类实地现场复杂，车辆及行人较多，外业采集中要时刻注意相关设备及人员安全问题。在车载式移动测量采集过程中，需要注意以下几点：

① 根据附近道路交通状况、日常拥堵情况、是否存在限高障碍等情况合理规划路线，并提前查询、确认工地区域附近的天气状况，雾霾、大雾、下雨等天气以及雨后地面积水严重的情况下，不能够进行车载扫描作业。

② 分析工程任务作业要求，需要高质量照片成果时，考虑外业采集时的光照条件；如不需要或要求不高时，可以在夜晚或者凌晨、现场干扰条件少的时间段进行采集，提高点云数据的精度。

③ 道路中央无大量需测量的地物时，尽量在最外侧车道行驶，尽量保证人行道边及绿道等地物采集完整。

④ 高架桥下等信号不好的区域采集时（图 7.4-3），车辆应尽量靠车道外侧信号良好的区域行驶；确实需要在遮挡比较严重的区域采集时，因 GNSS 信号的缺失，车辆尽量保持匀速行驶。

⑤ 车载扫描设备安装过程复杂，需要配置至少两名人员进行安装，以确保设备安全；同时，应配备常用工具箱，防止因某一工具突然损坏而无法完成设备安装工作。

⑥ 测量道路竣工等精度要求较高的工程时，尽量将基站架设在高等级城市控制点上；若测区没有满足要求的控制点，则需按相关规范或项目设计书要求，合理布设、施测基站控制点。移动站与基站的直线距离建议最大不超过 10 km。在多批次的外业数据采集中，需确保基站采集时间足够；同时，在每车次结束后，都要检查仪器设备的情况，并对每个稳固螺丝进行拧紧加固操作，最好两人重复检查一遍。

⑦ 车辆行驶过程中，道路交通状况复杂多变，导航及数据采集人员需提前警示驾驶员前方路况信息，并将车道变换、路口转向等操作提前告知驾驶员，确保能按线路规划方案完整的完成外业采集工作。

⑧ 采集过程中需要掉头时，尽量在测区外进行掉头，减少测区掉头数据；一般道路行车速度控制在 40 km/h 以内，快速路行车速度控制在 60 km/h 以内；时刻注意电池电量，不够完成下一车次采集时应提前更换。

图 7.4-3　东西城市轴线现场环境

RTK-SLAM 移动三维扫描在本项目采集过程中，需要注意以下几点：

① 使用背包扫描模式作业时，本项目采取两人一组。背包背起和放下的过程中做到有队友辅助操作，以确保设备安全，但在协助背起设备时，注意不要将激光雷达完全遮住，让激光雷达扫描到尽可能多的有效特征。扫描过程中，除操作人员外，其他人不要跟随设备移动，如果要跟随设备移动，需保持 20 m 以上的距离。

② 在市政道路上使用 RTK-SLAM 设备进行外业采集时，扫描到的移动物体占比会比较多，有可能使重建三维点云失败，所以外业采集时应采取措施，尽量避免扫描到过多的移动物体。对于环境遮挡严重或无法进入的测区应做好记录，现场条件允许时应补采。

③ 在扫描的过程中灵活控制设备的朝向与扫描时间，对重要、复杂的地物进行重复扫描，且尽量保证在有 GNSS 信号的状态下进行。尤其注意桥梁设计图中明确的“定制预制件”结构部分，在外业采集中应注意此部分的采集精度。

④ 可采用电瓶车、摩托车等轻便交通工具与背包扫描仪结合的方式进行扫描采集。骑行方式进行背包扫描时，因整体重心靠后，行驶速度应控制在 10 km/h 以内，在骑行过程中避免急加速、急减速，且必须穿戴反光背心和安全头盔进行作业。

（3）内业处理。

本节以华测 AU900 车载平台采集的数据为例，详细介绍利用其配套的 CoPre 软件进行车载式三维激光扫描设备内业数据解算的过程。

① 数据准备。

- 车载点云扫描数据，注意检查数据装载类型是否正确（PANO 代表车载，BAG 代表背包）;
- 基站控制点大地坐标、基站静态数据；
- 测区控制点、检核点坐标。

② 任务创建。

选择工程扫描数据，设置坐标系统，完成任务创建。坐标系统设置成 2000 国家大地坐标系，解算出来的点云就是 2000 国家平面坐标，高程是大地高；坐标系统设置成地方坐标系，解算出来的点云就是地方平面坐标系，高程是大地高。

这里需要注意，解算软件不支持非英文路径以及空格，原始数据应存放在英文路径下，新建 CoPre 任务时应使用英文的名称和存放路径。

③ POS 解算。

选择需要解算的原始工程进行 POS 解算，星历数据可选择 GPS、北斗、GLONASS、GALILEO 和 QZSS；在项目生产中，一般会把基站数据提前放入 Base 文件夹下，软件会自动识别。解算完成后，观察 POS 是否存在跳变，如果有跳变，则需要用 POS 修复功能对解算的 POS 进行修复；修复完成后，打开 POS 精度曲线查看各项精度指标，对测段整体的点云精度会有个大致认识。

④ 点云解算。

POS 解算完成之后，进行点云数据解算。

Ⅰ. 选择轨迹：采集工程的轨迹之间大多有重叠、往返、冗余等，在进行数据解算时需要按目的选择需要的轨迹进行数据解算。工程之间的采集轨迹有重复的，需要注意数据的接边问题。

Ⅱ. 参数配置：解算点云数据时，需要配置解算参数。车载数据外业采集时难以避免停车，配置“静态数据过滤”可以去除停车时间段采集到的点云数据，如路口等待红绿灯时扫描仪采集到的点云。车载数据解算时，三维距离滤波可根据项目特点配置，过滤掉不需要或影像数据质量差的点云。合理设置三维滤波距离，可以过滤掉被扫描到的采集车辆上的点云、距离过远的冗余点云等；例如在本项目中，三维滤波距离设置最小值为 1 m，最大值为 120 m。

Ⅲ. 数据查看：点云数据解算完成之后，鸟瞰点云数据，查看有无数据缺失和大面积遮挡的情况，确认点云数据是否完整。数据如果存在部分无法使用或者全部无法使用的问题，需要导出对应路段的 KML 文件，以便后续进行补充采集和重新采集。

Ⅳ. 点云精度评定与输出：为了确保数据的绝对精度能够达到项目要求，需要使用控制点对点云数据进行精度验证（图 7.4-4），原始点云数据精度如果不满足项目要求，则需要利用控制点对点云数据进行纠正，来提高点云数据的绝对精度。

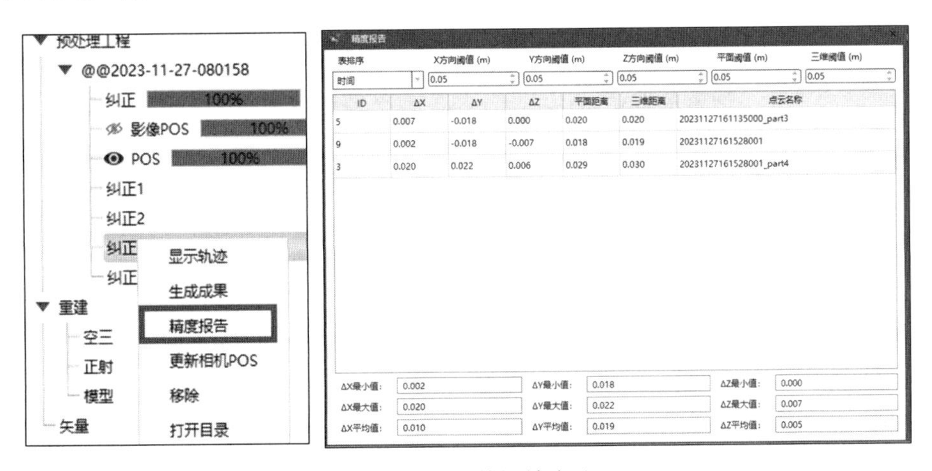

图 7.4-4　点云数据精度验证

Ⅴ. 数据输出：纠正后的数据精度满足项目需求时，则可以输出成果数据，主要包括着色点云数据、全景照片及其他相关文件。

对于本项目不同手段采集到的点云数据，最终应统一在同一坐标系统内，并且进行全面的精度校核，获得最终的合格点云数据用于点云成图，不合格的点云需要外业返工重新采集。在已投入使用的道路竣工测量中，外业扫描时会采集到大量的移动物体，如行驶的车辆、非机动车、路过的行人等，为方便后期作图，避免其影响点云判读、高程注记，需要对解算后的点云数据进行点云去噪、点云分类等。

⑤ 点云分类。

目前，市面上有许多软件可以实现点云分类，常用的有 TBC（Trimble Business Center）软件、MicroStation Terrasolid 软件等。本项目主要是在 MicroStation Terrasolid 软件中完成对点云数据的地面层与非地面层分类，主要步骤如下：

Ⅰ. 新建 Terrasolid 工程，打开 TerraScan 应用。新建工程时 seed 设置为“3D Metric Design.dgn”，在菜单栏 Utilities 下找到“Availble Applications”，加载 TSCAN 模块。

Ⅱ. 导入 LAS 点云。在 TerraScan 模块中，选择需要导入的点云（选择多个点云数据时软件会自动将其合并为一个）。选择点云后会弹出“Read pionts”选项，勾选抽稀选项“Only every __th point”，填入需要抽稀的倍数，在导入点云时，会对点云按倍数抽稀；勾选按分类信息导入“Only class __”，导入点云时，按需要导入的点云类型进行导入，这个功能常用于合并各段点云数据的地面层点云。

Ⅲ. 点云分类。在 TerraScan 菜单栏点击“Classify”，依次选择“Routline”、“Ground”，弹出分类地面层参数设置。分类地面点的主要参数有：

- Max building size（最大建筑物的尺寸），本项目主要是地面移动三维扫描，点云数据几乎不会采集到屋面点云，此项参数对分类结果影响较小，对分类速度有一定影响，设置较小的参数时分类速度较快；
- Terrain angle（地表允许的最大坡度），在人造地形区域一般使用 88° ~ 90°；
- Iteration angle（迭代角度），一个点和三角形最近顶点的连线与这个三角形所构成的平面最大夹角，通常的取值范围在 4° ~ 10°，平原区域取值 4°，高山区域取值 10°；
- Iteration distance（迭代距离），在重复构建三角形过程中，点与三角形的最大距离，通常的取值范围在 0.5 ~ 1.5 m，这样可以避免跳跃过大而将低矮建筑物加入到地面点中（取值越小地面点越密）；
- reduce iteration angle when（减小迭代角度），用于减少地面点，避免形成太密集的地面点。

参数设置完成后，点击“OK”，软件将进行点云分类，在分类过程中，软件会进入假死状态，耐心等待即可。

Ⅳ. 分类成果保存与导出。此步骤需注意，导入多个点云后，因软件对其进行了合并操作，点云分类后只能另存（save as）。处理的数据为单个点云时，选择需要保存的点云类，默认为全部点云，也可以仅选择地面层（Ground），这样导出的点云仅为地面层点云。点击保存后软件将进入假死状态，完成后软件会弹出提示框“*** points written to file”，分类成果导出完成。

Ⅴ. TerraScan 模块宏脚本批处理（图 7.4-5）。在 TerraScan 菜单栏先后点击“Tools”、“Macro”，加载编写好的宏脚本，添加待处理点云文件，选择分类成果点云存储格式，软件将进行批量分类操作，此时软件会进入假死状态，待所有点云完成分类后，会弹出分类详情提示框，可以将分类详情保存为 txt 文件，以便后期查看。

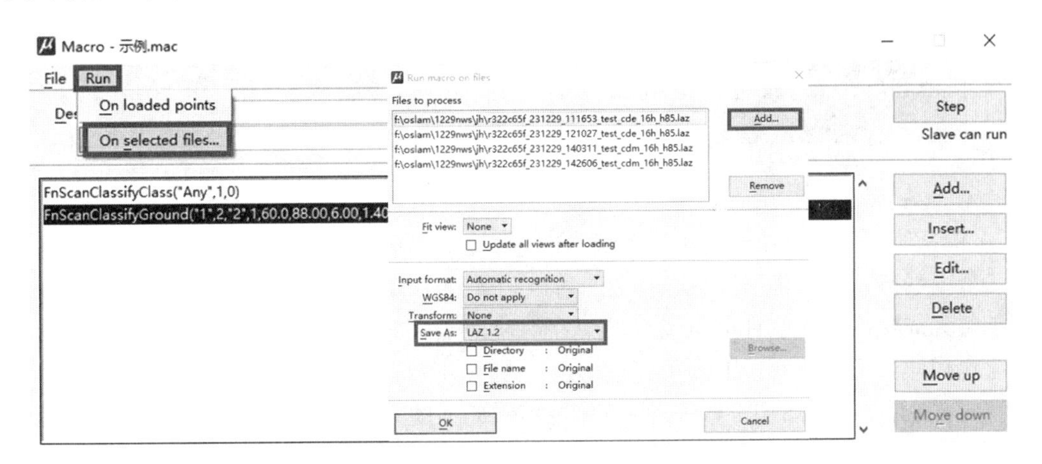

图 7.4-5　Terrasolid 软件点云分类批处理

通过 Terrasolid 软件完成自动分类后，还需对地面点云数据进行检查，剔除分类错误点云。基于以上步骤获得的最终点云数据，应做好科学、有序的数据管理工作。对于不同方式采集、不同日期获得的点云，可按区域位置、采集日期做好分类并附说明文档，便于同后期参与人员的生产衔接。

（4）成果输出。

本项目成果主要有道路、桥梁竣工图，以及纵横断面等。

① 依据点云数据生产道路、桥梁竣工图时，可参考同步获取的全景影像进行辅助判读；实测间距与坐标，尽量选择道路、桥梁边线的绘制节点处进行标注。对遮挡严重区域，如俯视图树木遮挡或多层次结构的桥梁，在点云成图时可通过分层绘制的方式进行，可以选择具有“指定高程范围内过滤显示”、“显示或隐藏部分点云”等功能的点云制图软件，或是通过点云裁切处理成分段点云进行绘制。例如，本项目中使用的 SummitMap 软件具有的“高程过滤器”功能，可以实时、方便地对各层次结构进行绘制，如图 7.4-6 所示。

依据移动三维扫描技术获得的点云，在竣工图绘制完成后，最好进行外业调绘检查，查漏补缺。

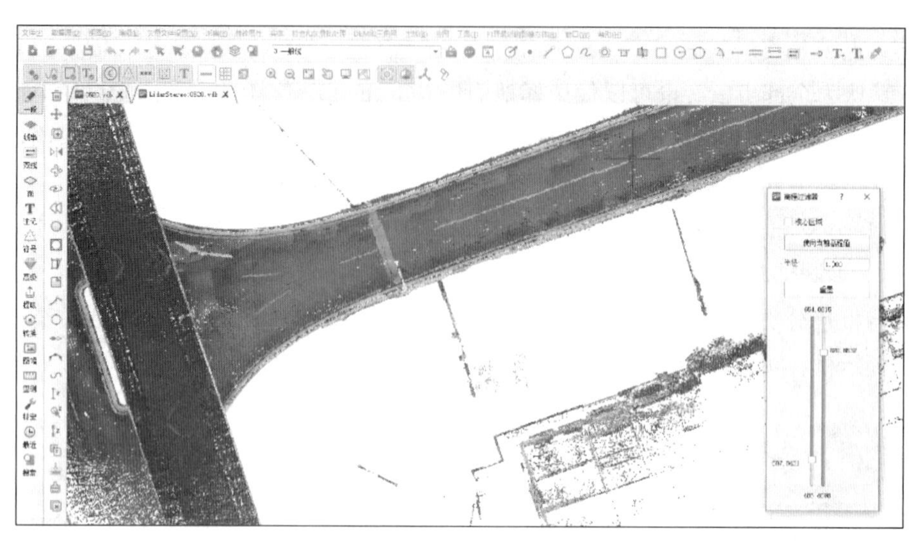

图 7.4-6　SummitMap 软件的“高程过滤器”功能

② 基于点云数据绘制的纵横断面，能更好地与现场实际情况相匹配，这主要得益于点云数据的高精度、高密度，且外业时可以扫描到路两侧山坡等人员不易到达的区域。目前暂无成熟的适配软件可实现基于点云数据的智能提取、自动生成。本项目纵横断面的生产作业方法主要有以下两种：

Ⅰ. 在南方 CASS10.1 软件里，依据纵横断面辅助线，在点云上高密度按线自动提取高程（图 7.4-7），查看断面关键点，如高程变化处是否提取到，若未提取到则进行人工标注。

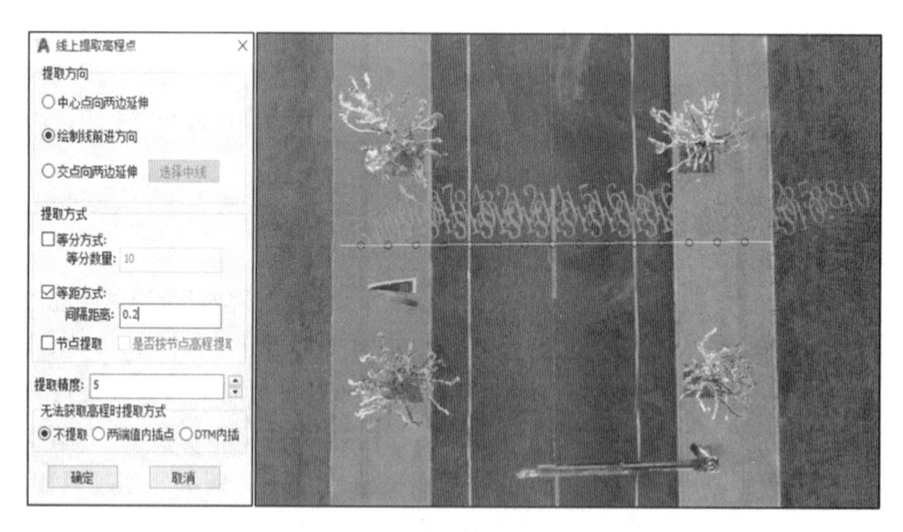

图 7.4-7　CASS10.1 软件的“线上提取高程点”功能

根据点云数据获取的高程注记点，通过断面数据提取软件，生成纵、横断面相应点位高程点，最后导出高程点形成断面数据，如图 7.4-8 所示。

```
%              纵 断 面 数 据

%           工程编号:**********
%           工程名称:**********
%           项目名称:**********
%           工程地址:**********
%           工程负责人:**********

% 里      程      高      程          注          释
    0+21.654       ***.77       %  Z1施工起点 X=*****.925 Y=*****.381
    0+26.369       ***.88
    0+33.793       ***.08
        0+40       ***.25
    0+46.763       ***.46
    0+53.659       ***.67
        0+60       ***.86
    0+67.854       ***.12
    0+73.595       ***.31
        0+80       ***.54
    0+86.708       ***.79
    0+94.143       ***.07
         1+0       ***.30
     1+6.479       ***.55
    1+13.502       ***.83
        1+20       ***.10
    1+24.959       ***.29
    1+33.369       ***.61
        1+40       ***.86
    1+46.635       ***.09       %  ZY1 X=*****.498 Y=*****.439
    1+53.749       ***.33
        1+60       ***.52
    1+66.593       ***.71       %  QZ1 X=*****.936 Y=*****.128
    1+73.268       ***.88
        1+80       ***.03
    1+86.551       ***.19       %  YZ1 X=*****.195 Y=*****.005
    1+93.341       ***.36
         2+0       ***.53
     2+5.633       ***.67       %  Z2施工终点 X=*****.047 Y=*****.759

%              文 件 完!

%              文件名:*****
```

```
%              横 断 面 数 据

%           工程编号:**********
%           工程名称:**********
%           项目名称:**********
%           工程地址:**********
%           工程负责人:**********

% 里      程      高      程          注          释
  00+20                      ***.12
              -5.86          ***.36
              -5.87          ***.11     %  中央花台
             -17.59          ***.06     %  主辅花台
             -17.59          ***.30
             -18.53          ***.30
             -18.53          ***.01     %  主辅花台
             -25.51          ***.94     %  主辅花台
             -25.51          ***.11
             -26.95          ***.11
             -26.95          ***.92     %  主辅花台
             -30.47          ***.92     %  道路
             -30.47          ***.24
             -32.45          ***.24
              +4.63          ***.36
              +4.63          ***.12     %  中央花台
             +16.31          ***.01     %  主辅花台
             +16.31          ***.26
             +17.61          ***.26
             +17.61          ***.97     %  主辅花台
             +24.52          ***.97     %  主辅花台
             +24.52          ***.20
             +26.05          ***.15
             +26.06          ***.91     %  主辅花台
             +29.54          ***.90     %  道路
  00+40                      ***.07
              -5.68          ***.40
              -5.68          ***.16     %  中央花台
             -17.27          ***.02     %  主辅花台
             -17.27          ***.16
```

图 7.4-8　断面数据

获得断面数据后，通过断面成图软件，根据成果要求确定出图比例尺，生成断面图，并进行必要的图面整饰。内容主要包括标注成果所使用的坐标、高程系，标注外业测量时间，标注中线数据来源，标注重要地物和地貌等。另外，断面测量如果位于路中绿化带时，一般情况下，当前进方向左右两侧路面高差大于 20 cm 时，应分别出具两侧路面纵断面图；当高差小于等于 20 cm 时，可任选一侧出具路面纵断面图，并且在纵断面图面上备注“纵断高程取自道路中线里程前进方向路中绿化带左（右）侧路面同步里程高程”。竣工阶段的横断面线下方一般标注实测车行道、人行道、绿化带宽度信息，还有红线、绿线等控制线名称及宽度信息，本项目的横断面成果如图 7.4-9 所示。

Ⅱ. 基于点云数据生产纵横断面的另一种作业方法是使用具有点云裁切功能的软件（如 FME 软件、MicroStation Terrasolid 软件），依据纵横断面辅助线，在点云上直接裁取一定宽度的点，将这些点数据导入 CASS10.1 软件里，此后根据这些数据进行纵横断面生产，其流程与前一方法类似。

在道路竣工、桥梁竣工纵横断面的测绘中，纵断面测量一般起于施工起点，止于施工终点；横断面测量的宽度应结合竣工范围，一般测至道路红线。纵横断面的绘制过程中，需特别注意道路与桥梁起终点位置、新建部分与原有的道路及桥梁接口衔接处的高程，在外业调绘时，最好进行复测校核。

3. 精度分析

为了验证移动三维扫描技术在本项目中的精度和准确性，将其与传统测量方法进行了对比分析。外业使用 RTK、全站仪采集了一些具有明显特征角点的地物点坐标作为检测点，将其与点云成果坐标作对比，平面坐标较差部分结果见表 7.4-1。

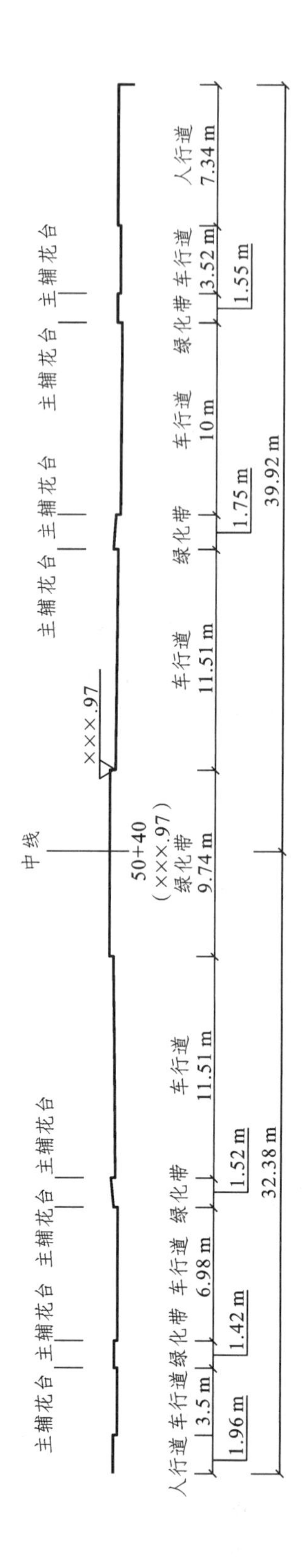

人行道
1.96 m
车行道
3.5 m
绿化带
1.42 m
车行道
6.98 m
绿化带
1.52 m
车行道
11.51 m
32.38 m
50+40
(×××.97)
绿化带
9.74 m
中线
×××.97
车行道
11.51 m
绿化带
1.75 m
车行道
10 m
39.92 m
绿化带
1.55 m
车行道
3.52 m
人行道
7.34 m
主辅花台

图 7.4-9　横断面图

表 7.4-1　检测点平面坐标较差统计表　　（单位：m）

点号	实测坐标检测值		点云成果坐标值		差值		
	X1	Y1	X2	Y2	Dx	Dy	Ds
1	*****.072	*****.996	*****.078	*****.021	−0.006	−0.025	0.026
2	*****.153	*****.756	*****.176	*****.756	−0.023	0.000	0.023
3	*****.014	*****.413	*****.997	*****.389	0.017	0.024	0.029
4	*****.798	*****.257	*****.771	*****.272	0.027	−0.015	0.031
5	*****.312	*****.312	*****.299	*****.335	0.013	−0.023	0.026
6	*****.737	*****.308	*****.732	*****.284	0.005	0.024	0.025
7	*****.634	*****.843	*****.654	*****.864	−0.020	−0.021	0.029
8	*****.119	*****.023	*****.099	*****.026	0.020	−0.003	0.020
9	*****.913	*****.535	*****.934	*****.521	−0.021	0.014	0.025
10	*****.887	*****.839	*****.906	*****.816	−0.019	0.023	0.030
…	…	…	…	…	…	…	…
31	*****.128	*****.056	*****.094	*****.074	0.034	−0.018	0.038
32	*****.530	*****.713	*****.533	*****.701	−0.003	0.012	0.012

本项目检测点平面较差均在 0.05 m 以内，计算得到平面中误差为 0.02 m，满足现行行业标准《城市测量规范》CJJ/T 8 对道路竣工测绘地形图平面精度的要求。平面坐标较差分布情况如图 7.4-10 所示。

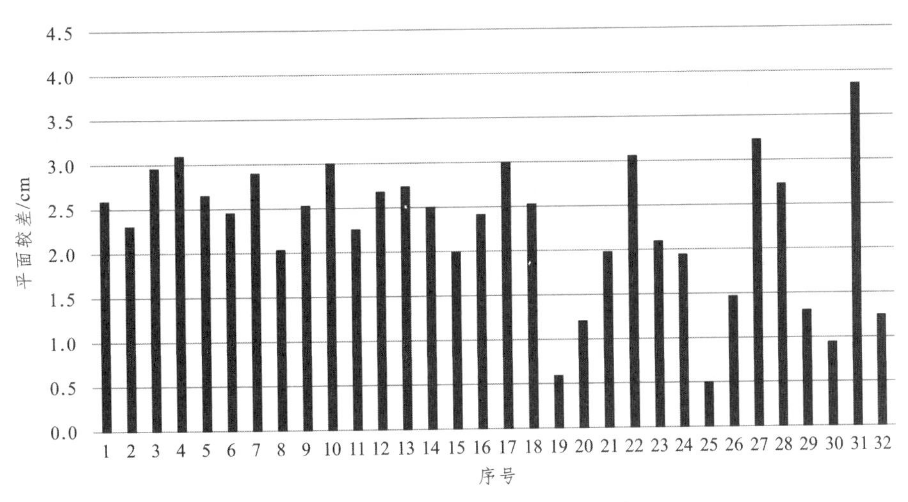

图 7.4-10　检测点平面坐标较差分布图

检测点高程较差，部分结果见表 7.4-2 所示。

表 7.4-2 检测点高程较差统计表 （单位：m）

点号	实测高程检测值	点云成果高程值	差值
	H1	H2	dh
1	***.620	***.648	−0.028
2	***.076	***.098	−0.022
3	***.334	***.383	−0.049
4	***.008	***.962	0.046
5	***.749	***.776	−0.027
6	***.639	***.600	0.039
7	***.547	***.500	0.047
8	***.899	***.960	−0.061
9	***.574	***.520	0.054
10	***.835	***.900	−0.065
…	…	…	…
31	***.254	***.310	−0.056
32	***.442	***.490	−0.048

本项目检测点高程较差均在 0.06 m 以内，计算得到高程中误差为 0.03 m，满足现行行业标准《城市测量规范》CJJ/T 8 对道路竣工测绘地形图高程精度的要求。高程较差分布情况如图 7.4-11 所示。

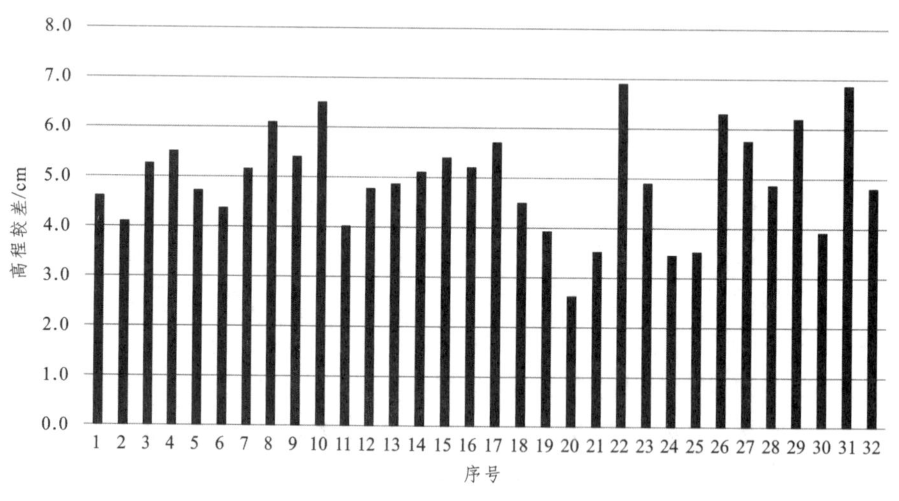

图 7.4-11 检测点高程较差分布图

4. 项目小结

本项目采取“空地一体化”的移动三维技术进行作业，外业效率明显高于传统测量，内业的工作量与其基本相当，综合测算，可以将工期缩短 30%，综合效率提升 3 倍左右；且工程项目越大，效率提升越显著，同时，质量精度与传统测量相当，满足相关规范要求。

移动三维扫描技术在道路竣工测量项目中的应用，突出了其效率高、采集数据全面、安全性高等优势，同时点云加全景照片的内业模式，提高了判读的可靠性，不易画错，也方便了后续审核、审查、质检等工作的进行。对于结构复杂、异形、特高特大的桥梁等建（构）筑物，传统测量采集效率低且耗时长，部分区域的测绘要素采集、绘制困难，与之相比，自动化、立体化、实时化、智能化的移动三维扫描技术为此提供了一个更好的解决方案。

7.4.2　在成都某河道竣工测绘项目的应用

1. 项目概况

贯穿成都市郫都区全境的某河道，是一条兼顾灌溉、排洪、输送环境用水的多功能渠道，境内河道全长约 23 km。河道两岸整治提升工程的项目实施前，存在界面封闭、建设无序、交通建设不完善、水体污染较为严重等问题，作为郫都区人民的“母亲河”，区委、区政府把它的综合整治工程提升为区重大民生工程、成都西门口卫星城建设的重大项目。本项目包含河道治理、绿化景观建设、休闲区域打造、景观廊道和景观桥建设等内容，整个项目特别注重自然体系的保护，沿河改造范围内的原生态树木全部保留（图 7.4-12），并结合树木的形态设计多种形式的亲水空间。

图 7.4-12　河道整治提升工程现场图

本项目测量涉及河堤及其附属设施、绿化景观、周边地形、水下地形等内容，测量目标类型多、情形复杂，并且通过现场踏勘，若采用传统测量方式存在以下几点困难：

（1）河堤形式多样，有斜坡式、直立式、石垄式多种河堤形式，其中斜坡式底部无法抵近接触测量。

（2）水流湍急，部分区域水深较深，人工采集河底高困难，且容易发生安全问题。

（3）现场堤顶较窄、条件有限，无法架设全站仪进行无棱镜测量。

（4）绿化景观设施测量包含原生树木生长轮廓、异形建筑等，传统方式测绘难度大。

与之相比，移动三维扫描技术具有以下优点：

（1）快速扫描、非接触式获取河堤、涵洞、出水口等数据。

（2）采取对向扫描采集的方式，利用有限的通行条件可完成斜坡式河堤底部扫描。

（3）一次采集可完整获取树木的生长轮廓数据。

基于以上优点，本项目选用 RTK-SLAM 扫描仪与无人船相互配合，完成了河道竣工测量。

2. 作业流程

本项目选用北京欧思徕 R8 移动三维扫描仪，完成河堤、绿化景观、周边地形等数据采集；选用中海达 iBoat BS3 型号无人船，完成河底高数据采集。移动三维扫描作业的整体流程如本章前文图 7.4-2 所示；中海达无人船的作业流程如图 7.4-13 所示。

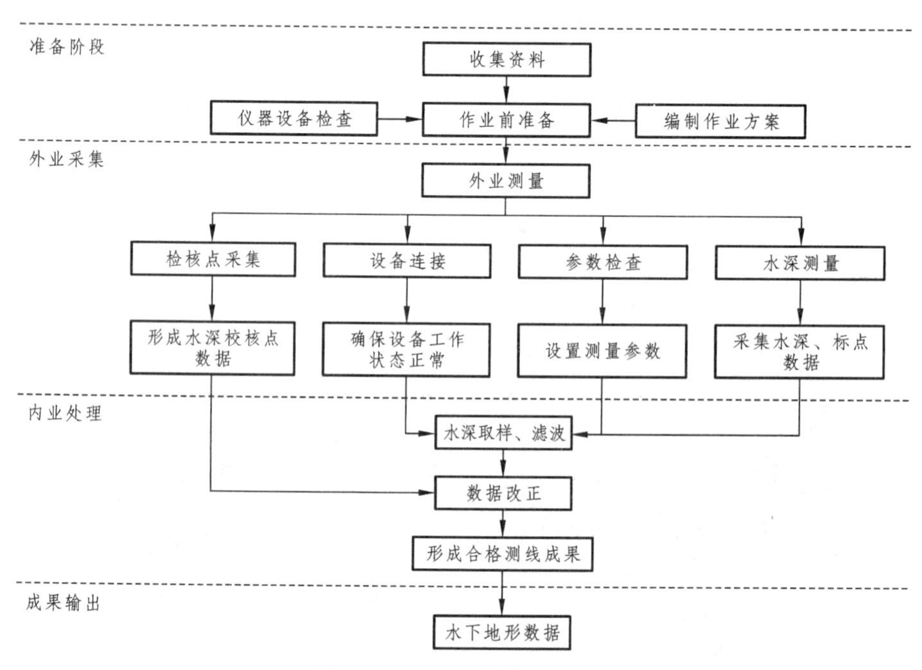

图 7.4-13　无人船作业流程

（1）准备阶段。

移动三维扫描准备阶段与前文介绍内容类似，本项目需额外注意的是河道的河堤两侧现场通行条件有限，在现场踏勘时需要制定出一条合理、安全的采集路线。本项目用到的无人船，其准备阶段包含以下工作：

① 资料收集。

收集测区的地理、气象、交通、控制、水文等资料，明确测区范围、坐标系统、任务内容。

② 设备准备。

对无人船仪器的齐全性、完好性进行检查，确保设备电力充足，处于可用状态。

③ 现场踏勘。

确定停车位置、无人船下水与出水位置、船体搬运转移路线。确定操作人员的移动路线，排查可能出现的危险。

④ 方案设计。

对作业方案进行详细设计，划分测区，尤其需要确定无人船操作控制方式（自动、手动、手自结合）、采集处理方式（固定解、差分解）等。另外，还要提前做好安全预案设计，防范人员落水、无人船设备失联、无人船倾覆等风险。

（2）外业采集。

本项目外业采集过程中，特别是在狭窄河堤附近作业时，需特别注意人员及设备的安全问题；外业采集时需配备两名以上作业人员；在使用移动三维扫描作业时，绿化景观、周边地形采用常规扫描作业模式，河堤测量采用对向扫描的方式。

无人船在外业采集时，以本项目使用的中海达 iBoat BS3 型号为例，具体操作步骤如下：

① 设备连接。

组装设备，遥控器上侧左拨杆拨至最左边，右拨杆拨至最右边。

② 设备开机。

先开启遥控器，后开启无人船，将遥控器左拨杆拨到最右边，手动控制。

③ 工作站电脑 IP 设置。

本地 IP 设定成固定 IP，若使用 Wi-Fi 连接，除更改 IP 和子网掩码外，还需要更改默认网关。

④ 打开虚拟串口软件。

分别添加有 3 个串口，目标端口 7000、8000、9000 分别对应船控、GPS 模块、ADCP 模块，显示“已连接”时进入正常工作状态。

⑤ 打开 HiMAX 测深软件。

新建项目、确定坐标参数、设定参数、连接 GPS 设备进行测试。

⑥ 打开船控软件。

此步骤非必要，主要用于大面积水域，可以全自动布设航线进行测量。

⑦ 放船下水。

先放船头、再放船体，水中较浅处测量水深控制点，用于测深检核。

⑧ 开始记录。

注意右侧的时间、解状态以及水深数据是否正常；设置功率、增益、门槛的参数。

⑨ 结束测量。

再次点击“开始记录”停止记录。

⑩ 设备关机。

将船开到岸边，关掉船开关，先上船尾，再上船头，最后关闭遥控器。

⑪ 清点设备装箱。

最好对照“无人船设备清单”清点设备，确认齐全后再进行装箱、搬运。

无人船外业采集过程中，当水域空旷时可只采集固定解；当水域平整且上部遮挡较多或重要区域有遮挡时，可采集差分解，利用邻近测量的水面高进行改正；当水域上下游水面高度变化较大或随时间变化较大且存在遮挡时，外业采集几个可靠点，利用可靠点做多站验潮改正。采集过程中需注意船体电源电量低于 24V 时必须返航，更换电瓶；数传网桥模块信号强度指示灯低于 2 格时必须返航；遥控器电量指示灯闪烁时必须更换电池；观察测深仪和 GNSS 设备的工作状态显示界面有无测深数据、打标点的记录；确保无人船在视野内，遇到紧急情况可以及时处置；采集时手动调整功率、增益及门槛，当右下角测深波形出现一深一浅两条波形时为最佳采集状态。

测深过程中或结束后，应进行测深检查，通过 RTK、全站仪等方式直接测量水底高程，后期与无人船测量处理成果进行比对验证。

（3）内业处理。

河道竣工测绘采用移动三维扫描技术作业，其内业处理部分除按常规流程进行外，本项目还需要注意现场河堤两侧多为绿化植被，对欧思徕 R8 扫描仪来说有效特征较少，点云解算易出现失败。遇到此种状况，在用欧思徕配套的 Mapper 软件进行点云解算时，可适当提高参与点云解算的特征密度，适当降低参与点云解算的特征质量（图 7.4-14），再重新进行点云解算，多数情况下点云解算就会成功，但需对最终点云数据进行精度校核。

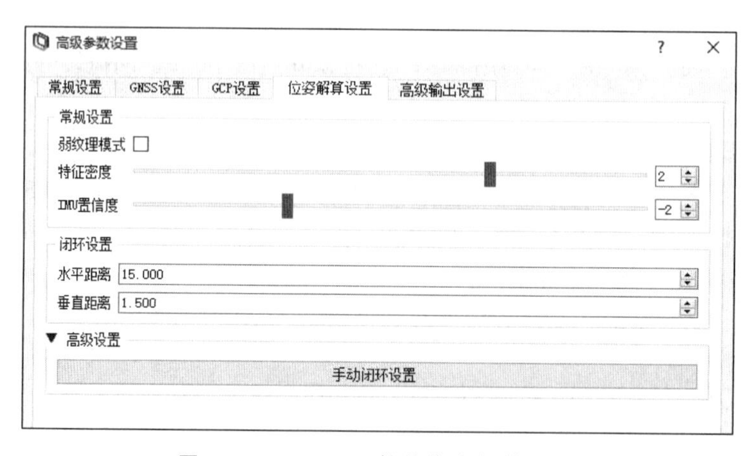

图 7.4-14　Mapper 软件位姿解算设置

无人船采集的数据，是经水深取样、滤波处理、数据改正后生成的合格测线成果，最终获得水下地形。其内业处理的具体步骤如下：

① 水深取样、滤波处理。

Ⅰ. 打开 HiMAX 软件，点击上方“显示回波”，可进行模拟回波与数字水深叠加，判别假水深（图 7.4-15）。红色粗线是模拟回波，蓝色线为数字水深点，两者匹配，说明水深真实准确。

Ⅱ. 选择采样间隔，点击“采样处理”，最后保存测线。

Ⅲ. 选择滤波方式，一般选择中值滤波；强度一般选择 3 以下，再点击“滤波处理”，大部分假水深会被处理掉；然后再拖动窗口下方的进度条，找到蓝线与红线不匹配的地方，用鼠标左键拖动蓝线，跟红线匹配即可。

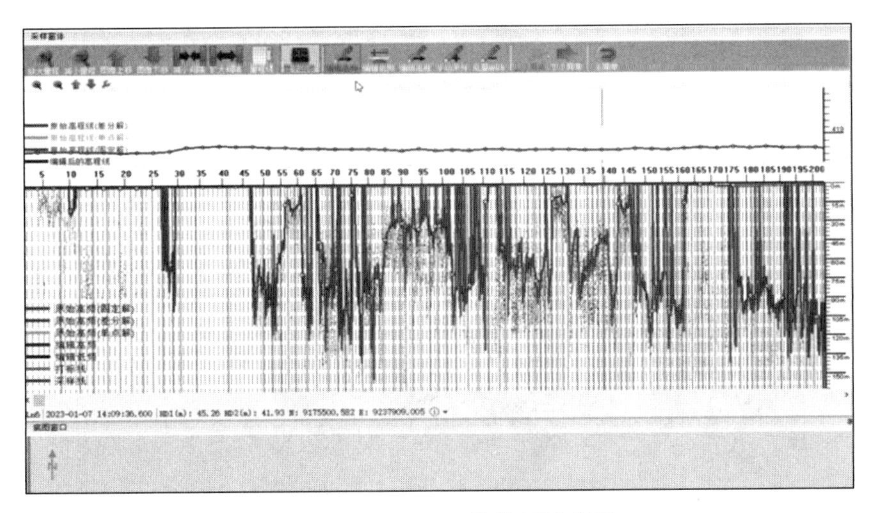

图 7.4-15　HiMAX 软件回波处理

② 数据改正。

本步骤除检查测量前期相关参数是否输入正确外，还可根据实际情况对采集时的吃水、声速等参数进行改正，其中最主要的是水面高程改正。对每一条测线进行滤波处理，与“水深取样”类似，蓝色线是水面高程；如果是湖泊，水面高程基本不变；若蓝色线跳动较大，说明数据不准确，也需要用鼠标将其拉平。全部测线成功处理后，点击“保存”，数据处理完成（图 7.4-16）。

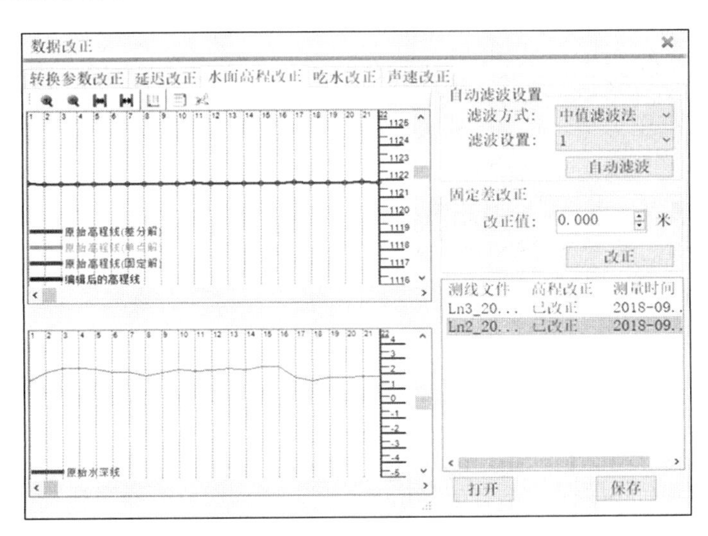

图 7.4-16　HiMAX 软件数据改正

③ 成果预览输出。

选中测线点击成果导出，处理此步骤时可对成果进行预览（图 7.4-17），生成彩色水下地形图，检查是否有明显高程错误点。

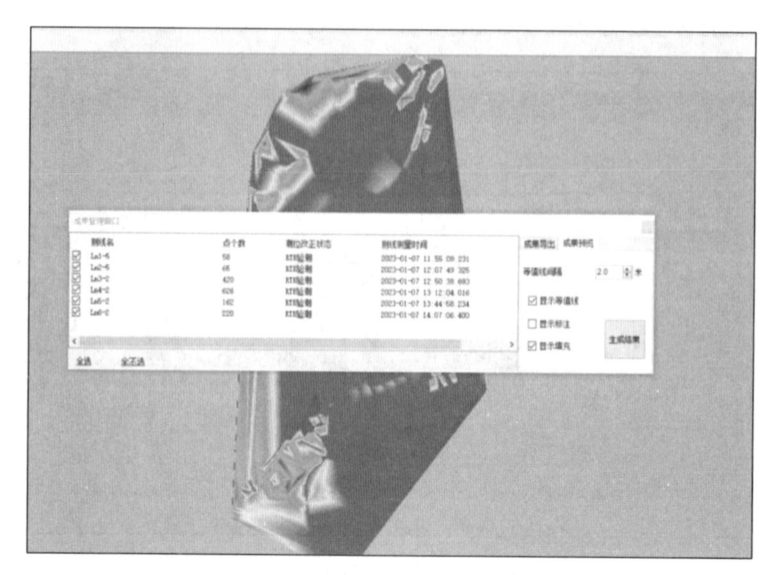

图 7.4-17　HiMAX 软件水深成果预览

（4）成果输出。

本项目成果主要有河道竣工图、纵横断面成果图、“一图一表”的原生树木生长数据成果。

① 河道竣工图是在 1∶500 地形图的基础上，展绘规划控制线、设计河堤线，通过对比河道设计图标注实测间距、实测坐标、桥梁底板高与净空高等数据，按要求样式整饰图面后出具的最终成果。

② 河道竣工纵断面的绘制通常依据河底高数据。在过程中发现有高程异常变化的地方时，需外业进行核实，排除河道底部异物的影响。本项目河道横断面的绘制宽度以能完整表示施工范围为宜，此外，还需具有代表性的河堤样式和高差等成果。纵横断面的具体生产流程可参照 7.4.1 案例中的介绍。

③ 本项目的原生树木生长数据成果，在生产时可在点云的立面视图下直观地绘制出树木的生长轮廓，精确采集到任意指定高度的胸径以及树高等数据，这些对于传统测量而言测绘难度较大。在 SummitMap 软件中，依据点云数据绘制原生树木的生长数据，如图 7.4-18 所示。

3. 精度分析

为了验证移动三维扫描技术在本项目中的精度和准确性，将其与传统测量方法进行了对比分析。外业使用 RTK、全站仪采集了一些具有明显特征角点的地物点坐标作为检测点，将其与点云成果坐标作对比，平面坐标较差部分结果见表 7.4-3。

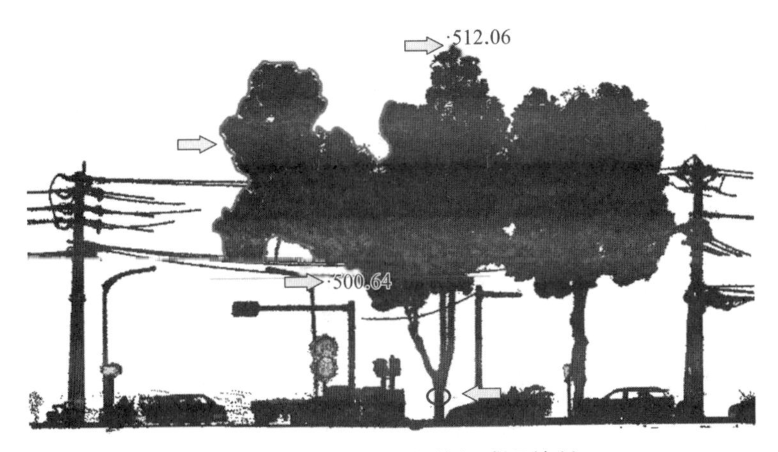

图 7.4-18　树木生长数据成果绘制

表 7.4-3　检测点平面坐标较差统计表　　（单位：m）

点号	实测坐标检测值		点云成果坐标值		差值		
	X1	Y1	X2	Y2	Dx	Dy	Ds
1	*****.866	*****.393	*****.905	*****.365	−0.039	0.028	0.048
2	*****.308	*****.101	*****.279	*****.086	0.029	0.015	0.033
3	*****.538	*****.422	*****.586	*****.423	−0.048	−0.001	0.048
4	*****.786	*****.365	*****.797	*****.372	−0.011	−0.007	0.013
5	*****.109	*****.303	*****.089	*****.286	0.020	0.017	0.026
6	*****.788	*****.163	*****.819	*****.127	−0.031	0.036	0.048
7	*****.099	*****.935	*****.061	*****.937	0.038	−0.002	0.038
8	*****.800	*****.389	*****.795	*****.395	0.005	−0.006	0.008
9	*****.838	*****.757	*****.807	*****.738	0.031	0.019	0.036
10	*****.841	*****.685	*****.846	*****.662	−0.005	0.023	0.024
11	*****.877	*****.883	*****.919	*****.888	−0.042	−0.005	0.042
12	*****.298	*****.660	*****.301	*****.619	−0.003	0.041	0.041

本项目检测点平面较差均在 0.05 m 以内，计算得到平面中误差为 0.03 m，满足现行行业标准《城市测量规范》CJJ/T 8 对河道竣工测绘地形图平面精度的要求。平面坐标较差分布情况如图 7.4-19 所示。

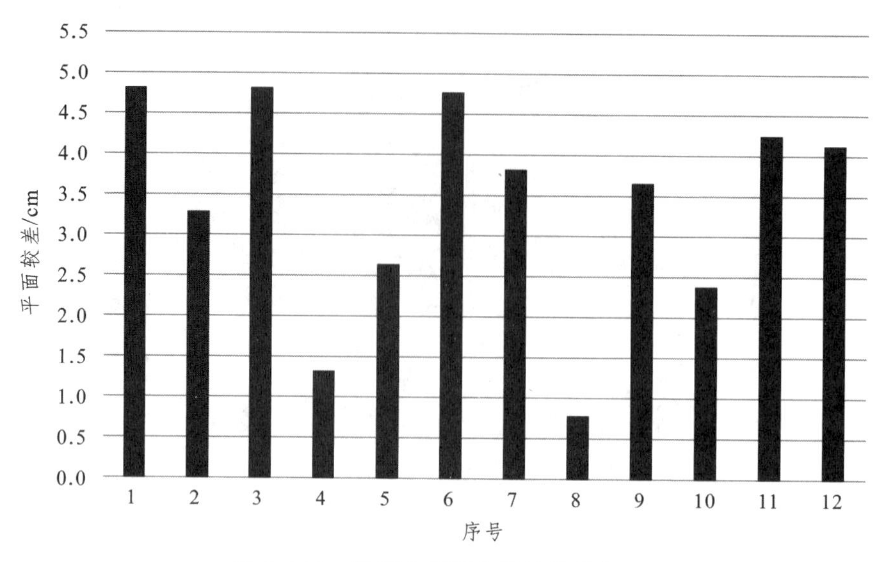

图 7.4-19　检测点平面坐标较差分布图

检测点高程较差，部分结果见表 7.4-4。

表 7.4-4　检测点高程较差统计表　　（单位：m）

点号	实测高程检测值	点云成果高程值	差值
	H1	H2	dh
1	***.871	***.920	−0.049
2	***.252	***.307	−0.055
3	***.614	***.556	0.058
4	***.573	***.510	0.063
5	***.322	***.370	−0.048
6	***.116	***.049	0.067
7	***.645	***.585	0.060
8	***.334	***.351	−0.017
9	***.872	***.895	−0.023
10	***.321	***.283	0.038
11	***.116	***.083	0.033
12	***.695	***.630	0.065

本项目高程较差均在 0.06 m 以内，计算得到高程中误差为 0.03 m，满足现行行业标准《城市测量规范》CJJ/T 8 对河道竣工测绘地形图高程精度的要求，高程较差分布情况如图 7.4-20 所示。

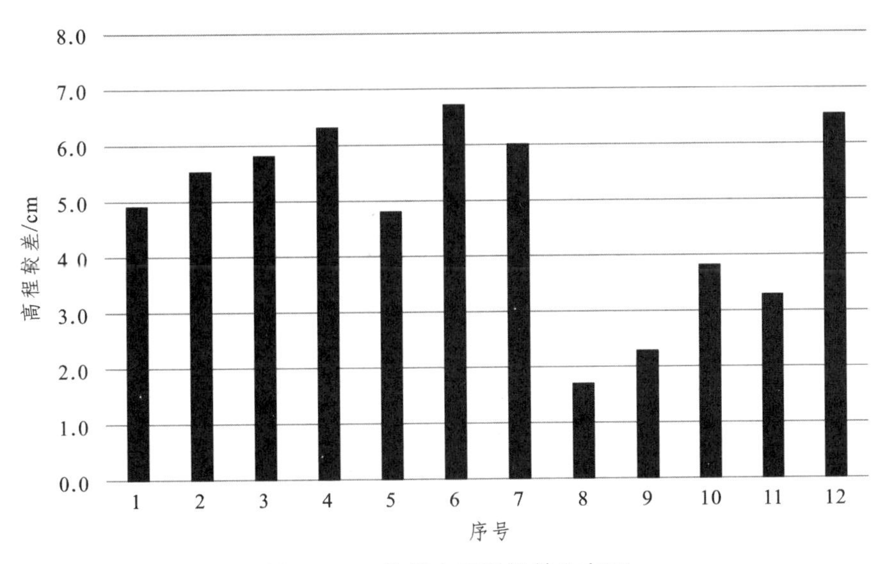

图 7.4-20　检测点高程较差分布图

4. 项目小结

本项目采取移动三维技术结合无人船的方式作业，外业效率明显高于传统测量，同时内业的工作量与其基本相当。对比传统测量，本项目将工期缩短了 40%左右，效率提高了 2 倍左右，同时工程质量精度方面，满足相关规范要求。

移动三维扫描技术在河道竣工测量中的应用，突出了其非接触式扫描、采集数据全面、机动灵活、适用场景广的优势。本项目在对无人船的使用中，也总结出了一些经验，具体如下：

（1）水深小于 1 m 的水域，声呐波形不好，不宜使用无人船作业。

（2）无人船相关附件较多，出发前、结束后一定要按设备清单进行清点，防止遗漏。

（3）水深检核点必须采集，可避免水下地形测量出现较大错误。

（4）船体尽量保持低速、匀速航行，可获得较好的测量数据。

（5）河堤测量可采用对向扫描的方式，若仍不能保证河堤扫描的完整性，可考虑采取人员背负仪器后乘船的方式，对沿岸河堤进行扫描采集。

（6）人员安全最重要，测量过程中需时刻保持警惕，排除一切安全隐患，同时注意调查相关水域是否会有开闸放水等情况。

第 8 章　移动三维扫描技术在实景三维建设中的实践应用

目前，实景三维建设工作是城市勘测和测绘地理信息行业中的热点话题和重点工作之一，北京、上海、广州、武汉、成都等地均开展了多项实景三维建设工作，而移动三维扫描技术是实景三维建设工作中不可缺少的技术手段和数据来源。

本章简要介绍实景三维建设的基本定义与分类，然后详细介绍移动三维扫描技术在数字高程模型、数字表面模型、城市三维模型 LOD1.3 级和道路高精地图等生产实施中的基本指标、技术路线和注意事项，并结合具体案例分析了不同地形条件下的移动三维扫描技术生产实景三维的作业流程。

8.1　实景三维建设概述

8.1.1　基本定义

实景三维建设是目前测绘地理信息行业研究、生产、交流的重要内容之一。自然资源部 2021 年 8 月 11 日印发的《实景三维中国建设技术大纲（2021 版）》（自然资办发〔2021〕56 号），将实景三维（3D Real Scene）定义为“对人类生产、生活和生态空间进行真实、立体、时序化反映和表达的数字虚拟空间”。该定义直接说明了实景三维系列数据具有的真实性和立体性等显著特点。

实景三维的数据成果包括数字高程模型（DEM）、数字表面模型（DSM）、数字正射影像（DOM）、MESH 三维模型、基础地理实体二维图元、基础地理实体三维图元等。各类数据根据颗粒度等指标，又可以分为地形级实景三维、城市级实景三维、部件级实景三维三大类别。

8.1.2　地形级实景三维

地形级实景三维数据成果包括格网尺寸为 2 ~ 5 m 的 DEM 和 DSM、分辨率为 0.5 ~ 2 m 的 DOM，以及基于 1∶5 000 ~ 1∶50 000 基础地理要素转换或采集生产的基础地理实体。其中，DEM、DSM、DOM 的生产方式包括利用卫星遥感或航空影像、利用机载激光雷达点云、利用高精度同类产品重采样等；地形级基础地理实体的生产方式包括对现有数字线划图（DLG）进行转换，以及利用 DOM 等数据进行人工或自动化采集。地形级实景三维主要用于宏观层面的三维数据服务（图 8.1-1），为宏观规划提供三维可视化与空间量算。

图 8.1-1　地形级实景三维用于大范围场景展示效果图

8.1.3　城市级实景三维

城市级实景三维数据成果包括格网尺寸为 0.5 ~ 2 m 的 DEM 和 DSM、分辨率为 0.05 ~ 0.2 m 的 DOM、基于 1：500 ~ 1：2 000 基础地理要素转换或采集生产的基础地理实体二维图元，以及 MESH 三维模型和基础地理实体三维图元。其中，DEM、DSM、DOM、MESH 三维模型、基础地理实体三维图元、城市三维模型的生产方式包括利用机载倾斜摄影影像生产和机载激光雷达点云生产；城市级基础地理实体生产方式同样包括对现有数字线划图（DLG）进行转换生产，以及利用城市级实景三维其他数据成果进行人工或自动化采集生产。城市级实景三维主要用于城市级别的三维数据服务（图 8.1-2），为城市的规划、建设、管理等提供更加精细化的三维可视化与空间统计分析服务。

图 8.1-2　城市级实景三维用于规划报建效果图

8.1.4 部件级实景三维

部件级实景三维数据成果通常为比城市级实景三维更加精细化的专题性三维数据，包括建筑信息模型（BIM）、三维不动产模型等，其数据生产包括利用现有设计图（施工图、竣工图）建模生产、利用多平台激光雷达点云生产等。相比其他类别，部件级实景三维主要用于特定行业的精准表达，将各类设施物体以高精细度三维模型的形态准确表达。例如，典型的道路高精地图会将道路上指定类别的部件设施、交通标记、行道树等物体创建为三维场景（图 8.1-3），用于部件普查、高精度导航地图生产、道路场景展示等；室内精细模型会将室内指定类别的墙体、设施等创建为三维场景，用于场景展示、辅助设计、安防管理等。

图 8.1-3　部件级实景三维用于道路高精地图生产效果图

8.2 移动三维扫描用于城市级实景三维建设

8.2.1 城市级实景三维建设概述

移动三维扫描技术具有的多平台特性，使得该技术可以在城市级实景三维建设中发挥巨大的作用。利用航空平台搭载移动三维扫描设备，具有更加高效的激光点云采集能力。相比航空倾斜摄影技术，机载三维激光扫描数据成果具有诸多如下优势：

1. 更高的空间位置精度

倾斜摄影和机载三维激光扫描都具有获取高密度点云的能力，但倾斜摄影的点云需要通过影像的同名点匹配、空间前方交会等流程计算获得，因而其空间位置精度取决于影像的图像质量、基线形态、内外方位元素精度等。对图像纹理强度较弱的水泥、沥青、瓷砖、玻璃、金属等材质，影像的同名点匹配容易出现无有效同名点或错误同名点的情况，直接导致点信息的空间位置出现极大偏差。相比之下，机载三维激光扫描技术获取的激光点云通过激光脉冲直接测量得到，点云的空间位置精度主要取决于机载三维激光扫描设备的测距、测角、定位精度。在图像纹理强度较弱的道路、建筑表面，激光点云具有更高的空间位置精度。两者对比效果如图 8.2-1 所示。

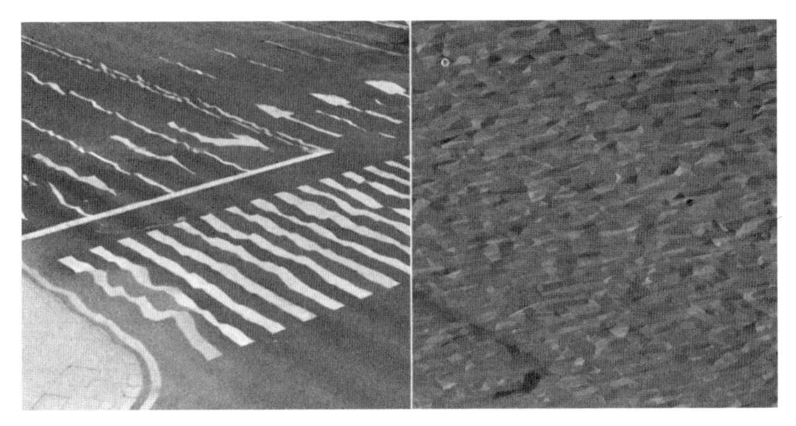

图 8.2-1　弱纹理道路场景倾斜摄影模型（左）与激光点云模型（右）对比

2. 一定的植被穿透能力

如前文所述，包含机载三维激光扫描在内的移动三维扫描设备所发射的激光脉冲，在密度较大或激光脉冲光斑较大的条件下，部分脉冲可以透过植被枝叶之间的缝隙到达地面（图 8.2-2），在植被覆盖区域的垂直空间上，点云呈现出多层、多种高度的空间特征。相比而言，倾斜摄影、合成孔径雷达（SAR）等手段均无法获得植被覆盖下的地面数据，因此在植被覆盖较多的城市、森林、农田等区域，机载三维激光扫描具有独特的技术优势。

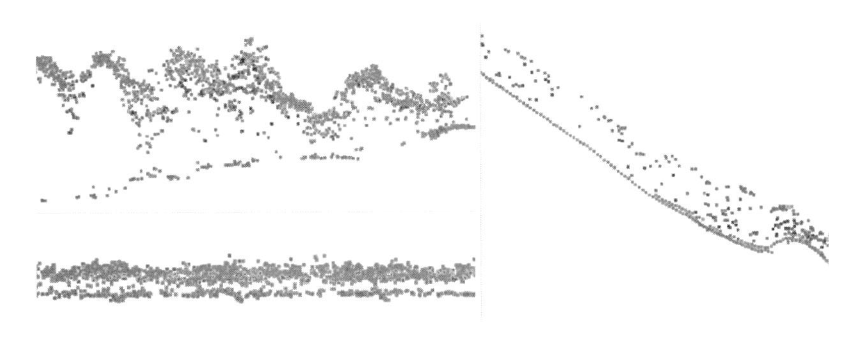

图 8.2-2　机载三维激光扫描具有的穿透植被能力

3. 数据采集不受光照条件影响

机载三维激光扫描通过发射激光脉冲对物体表面实施主动测量，因此不依赖于光照条件，可以在光照条件不好的清晨、黄昏以及夜间实施数据采集作业。因此，相比倾斜摄影等成像技术，机载三维激光扫描的作业时间选取更加灵活。对于空域时间窗口十分有限的城市和区域，通过在夜间实施机载作业可以有更加充分的空域使用时间，从而有效保障实景三维项目的建设实施进度。

8.2.2 数据采集基本流程

1. 基本指标

根据现行行业标准《机载激光雷达数据获取技术规范》CH/T 8024 的规定，使用激光点云生产城市级实景三维 DEM、DSM 时，需满足表 8.2-1 和表 8.2-2 的要求。

表 8.2-1 激光点云密度规范要求

DEM、DSM 格网间距/m	点云密度/（点/m²）
0.5	≥16
1.0	≥4
2.0	≥1

表 8.2-2 激光点云高程精度规范要求

DEM、DSM 格网间距/m	地形类别	点云高程中误差/m
0.5	平地	0.15
	丘陵地	0.25
	山地	0.35
	高山地	0.50
1.0	平地	0.15
	丘陵地	0.35
	山地	0.50
	高山地	1.00
2.0	平地	0.35
	丘陵地	0.85
	山地	1.75
	高山地	2.80

2. 航线设计

使用无人机或直升机等航空器平台搭载移动三维扫描设备作业时，需设计扫描作业的航线，航线基本参数及要求如下：

（1）航线高度。

航线高度首先应满足安全飞行的条件，即航线高度应超过作业区内最高建（构）筑物一定距离。其次机载激光点云的激光脉冲反射率、高程精度、点云密度等指标与航高具有较强的相关性，因此应根据移动三维扫描设备的标称精度指标选取适合的航线高度。若航线高度过高时，会出现激光脉冲反射强度太低，造成点云缺失、高程误差超限、点云密度不足等后果；而航线高度较低时，则会降低数据采集的效率。

（2）飞行速度。

机载三维激光扫描点云的密度取决于移动三维扫描设备的激光脉冲发射频率和航空器平台的飞行速度，因此应根据设备的激光脉冲发射频率选取适合的飞行速度。若飞行速度过快，会出现激光点云密度不足的后果；而飞行速度过慢，会降低数据采集的效率。

（3）航线长度。

移动三维扫描设备的 IMU 设备会存在误差累计现象，因此在航线设计时应考虑 IMU 误差累计影响。通常情况下，一条航线的飞行时间不宜超过 25 min，最长不超过 30 min。

（4）航线间隔。

为确保点云密度，以及点云后期校准需要，不同航线之间的点云应具有一定的重叠度。通常点云的航带重叠度应达到 20%，最小不应低于 13%。在城市建筑密集区域，建筑物会造成一定程度的遮挡（图 8.2-3），因此在建筑密集区域应增加点云的航带重叠。在航线设计时应根据航线高度、设备视场角以及地面地物情况等，选取合适的航线间隔距离，确保激光点云的重叠度和覆盖完整性符合要求。

图 8.2-3　建筑物遮挡造成的点云漏洞

移动三维扫描设备厂商均在其配套的软件中集成了航线设计功能，作业人员可根据项目所需要的点云密度，结合实际空域和地形情况设置合适的高度，软件即可设计出适合的航线高度、飞行速度、航线长度、航线间隔。

（5）分区。

测区内地形起伏较大时，应根据测区内地形特点设置不同的扫描分区。每个分区应综合考虑地形情况，采取最低点高程作为基准面，保证基准面的点云密度满足要求。目前大部分无人机可以通过软件内置的地形资料设计仿地变高飞行的航线，在地形起伏区域控制无人机随着地形起伏变化高度，从而确保相对航高基本不变。

（6）检校场选取。

检校场适宜选取较平坦地区的工业园区。工业园区平坦裸露的道路、停车场、货场较多，且有大量形状规则、尺寸较大的厂房仓库等建筑，这类地物形成的激光点云形状规则、易判别，可以有效提高检校的效率和精度。

（7）基站位置选取。

当无人机作业时，需在测区或周边区域选取基站位置。基站位置尽量位于测区内部，可以在作业时不变更基站位置。基站位置附近应没有高大的建（构）筑物和树木遮挡，远离高压输电线、通信基站等电磁辐射源。

3. 航飞实施

（1）无人机起降场地选取。

当移动三维扫描设备的飞行平台是无人机时，可以根据当日作业区域灵活选取适合的起降场地。通常起降场地选取需注意以下内容：

① 应远离人口密集区域，选择开阔平整，最好是硬化的地面。

② 场地周围以及起飞和降落航线上没有高压输电线、通信基站以及高大建（构）筑物。

（2）环境与设备检查。

对作业区域和起降场地的气象条件、电磁环境等进行检查，确保天气、能见度、云高、风速、磁场、GNSS 信号等均满足作业条件。对照规定的检查内容逐项对无人机平台和地面站相关设备进行检查，包括无人机的动力部分、旋翼部分、通信天线、电池电量、存储卡等。

（3）实施过程操控。

按照无人机操作流程实施航飞点云数据采集，飞行过程中现场各岗位人员职责分工应明确，密切监视无人机状态，关注作业区天气、环境、空域变化情况，随时准备应急干预操作。

（4）数据下载存储。

完成数据采集后，及时下载并备份设备采集的激光测距记录、POS 数据以及地面基站的 GNSS 数据等，并按相关规定填写飞行记录表。

4. 数据预处理

数据预处理包括对激光测距数据、POS 数据和地面基站等数据进行解压缩、差分计算、点云输出、姿态校正等处理，获得各项指标符合要求的激光点云成果。

（1）POS 数据和地面 GNSS 基站数据的联合解算。

使用 Inertial Explore 或设备自带的后处理软件进行后差分处理，获得飞行过程中各个时刻的航线 POS 轨迹，包括空间位置坐标以及姿态角度。

（2）点云解算。

将航线轨迹与激光测距记录进行同步解算，得到具有空间位置坐标的标准格式点云数据成果。

（3）点云校正。

利用检校场的样本点云，计算出 IMU 的安置角，并对点云进行校正处理。根据重叠区点云的情况，对所有点云条带进行计算，获取各条航线的精细修正值并修正。

5. 点云检查

由于 GNSS 解算、数据预处理过程中会出现引入粗差，导致最终点云精度不满足要求的情况，因此在后续处理之前，要对采集生产的点云进行平面和高程精度检查。

（1）平面精度检查。

利用实测的平面检查点，或已有 DLG 的特征点检查点云的平面精度。当点云密度较高，可以直接分辨出特征位置时，可以直接比对点云和检查点的平面坐标值。当点云密度较小时，可利用点云的空间形态，拟合出房角等特征位置，并比对该特征位置的检查点坐标。如图 8.2-4 所示，当点云密度较小时，可选取形状规则的建筑，根据点云的空间形态，绘制出建筑物的轮廓线，轮廓线的交点即为该建筑的角点。利用实测或从已有 DLG 处获取建筑角点坐标进行检查比对。

图 8.2-4　根据点云形态轮廓判断平面精度

（2）高程精度检查。

利用实测的高程检查点来检查点云的高程精度。大部分点云处理软件均有自动高程检查功能，导入实测的高程检查点，软件自动提取检查点附件的点云，并计算其高程误差；或者人工对检查点附近的点云进行检查，通过剖面上检查点与点云的高度差，判断点云高程精度是否符合要求。

8.2.3 移动三维扫描用于 DEM、DSM 生产

1. 分离重叠区冗余点云

重叠区域由于含有多个航带的点云，会存在较大的数据冗余，并且较大的数据量会影响后续数据处理效率，若个别航带平差效果不佳，重叠区域航带点云的高程值不同，就会出现明显的分层现象（图 8.2-5），因此需要将重叠区的冗余数据进行分离处理。

图 8.2-5 重叠区点云分层

2. 分离粗差点

在移动三维扫描数据采集过程中，由于扫描仪噪声等，会出现部分远高于地面和建筑的空中噪点（图 8.2-6），空中噪点如果不预先分离，后续处理过程中会影响部分人工分类处理，并且在 DSM 中会出现严重的高程粗差。

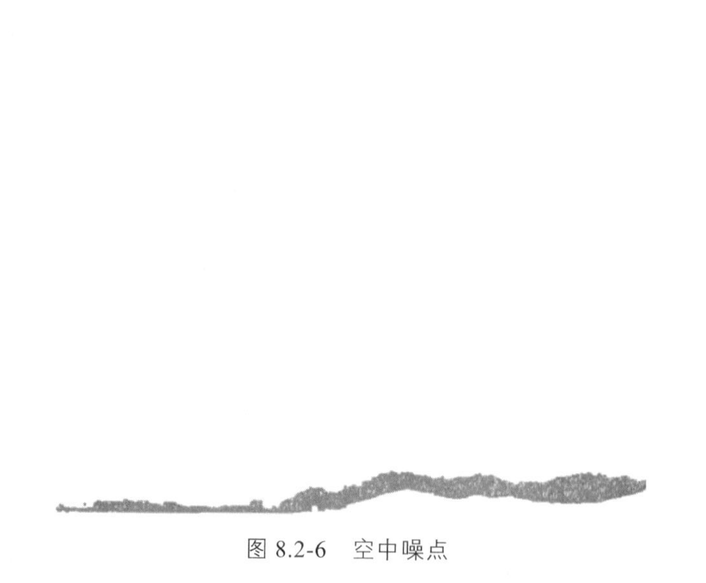

图 8.2-6 空中噪点

激光脉冲在部分建筑密集区域易发生多路径反射，造成个别激光脉冲的测距值增加，因此形成了低于正常高度的低噪点（图 8.2-7）。此类低噪点如果不预先分离，后续处理中会极大地影响地面点自动分类的准确度，并造成较严重的 DEM 高程粗差。

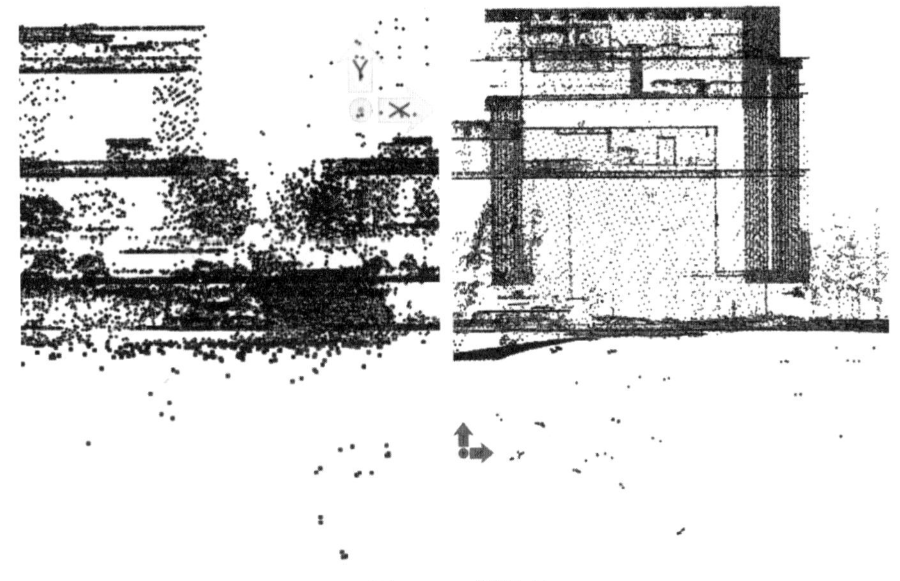

图 8.2-7　低噪点

3. 地面点自动分类

目前，大部分点云处理软件的软件自动分类是利用渐进加密三角网滤波，如 5.2.1 节中提及的 LiDAR360 以及 TerraSolid。该方法的基本处理过程如下：

第一步，按照用户给定的窗口区域，保证其大于最大建筑物的尺寸，例如设定最大建筑尺寸为 60 m 时，会将点云分割成若干个 60 m 的网格，并提取该区域内最低点为初始地面点，随即用所有第一级地面点构建出初始不规则三角网（TIN）。

第二步，将初始地面点与其最近距离的点连线，计算该连线与初始 TIN 的角度，以及该点到 TIN 的距离（图 8.2-8），通过阈值进行判断，将满足阈值的点补充进地面点，并更新 TIN。

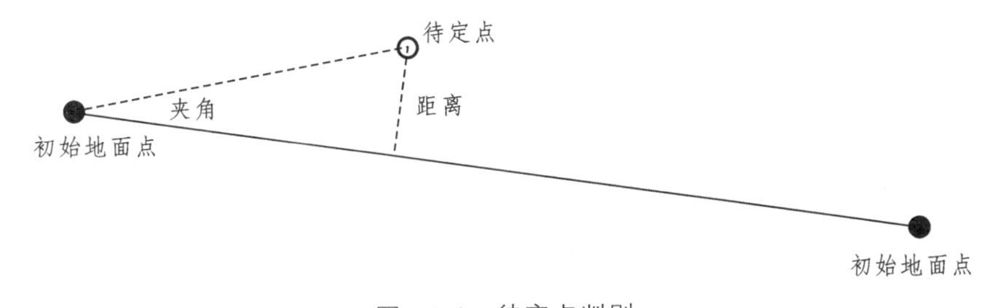

图 8.2-8　待定点判别

第三步，重复执行第二步的迭代过程，直至达到迭代停止条件，完成分类过程。

由于不同区域的地形地貌往往会出现较大差异，需要不同类型的分类参数才能得到较好的分类效果。使用渐进加密三角网分类的软件工具都会有最大建筑尺寸、地形或坡度角、迭代角、迭代距离四项参数设置（图 8.2-9）。在不同地形地物条件下，通过设置不同的参数，可以达到不同的分类效果。

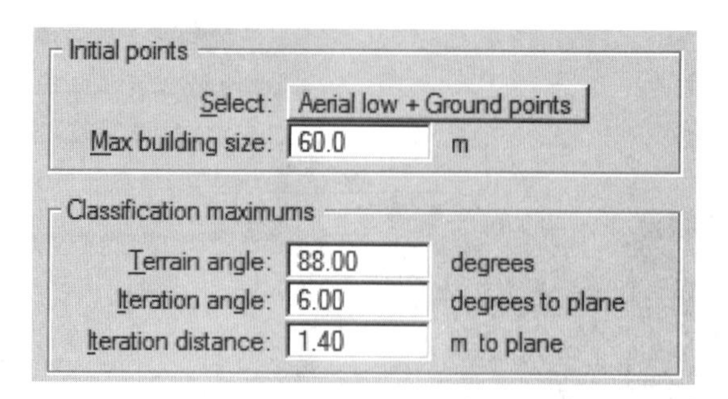

图 8.2-9 自动分类参数设置

4. 地面点人工分类

自动分类后仍然存在一定数量的错误分类点，因此需要进行人工分类处理。

由于点云为三维离散形态的点，不利于人工观察出地形的形状与特征，因此需要将点云生产出三维可视化模型（图 8.2-10），将地形真实直观地展示。

（a）点云　　（b）三维模型

图 8.2-10 点云与三维模型对比图

局部细节需要利用剖面图，根据点云在垂直方向上的分布形态，判断点云的类别是否正确（图 8.2-11）。

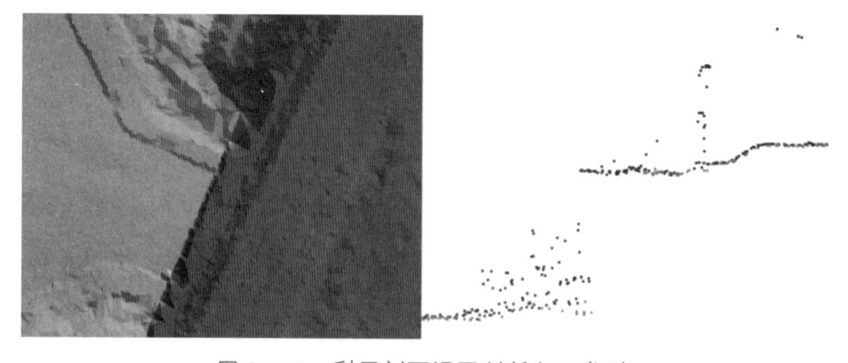

图 8.2-11 利用剖面视图判断点云类别

地面点自动分类和人工分类存在两类误差情况。

第一类，地面点被错误分类为非地面点。对于陡坎、山脊等地形突变区域，第一类误差会造成地形失真。由于周围地面点的内插，地面点缺少的陡坎或山脊区域会呈现为较平缓的斜坡，使得地形特征发生显著变化，因此要通过人工分类修正。对于地形变化较小的平地、坡地等区域，部分地面点的缺失不会造成地形的变化，可以不处理。

第二类，非地面点被错误分类为地面点。若将植被、车辆、建（构）筑物、噪点等非地面点错分为地面点，会出现地面的明显突起或凹陷，在地形形态上有明显的错误，并且高程误差超限。因此这类错误也需要通过人工分类修正。

综上所述，点云分类处理时应尽量减少第二类误差，并在地形突变区域减少第一类误差。大多数情况下，自动分类时两类误差数量有较强的关联性，通过参数的调整，自动分类减少某一类型误差的同时也会增加另一类误差，因此，需要根据实际地形地貌情况进行合理的调整。如在地形平坦的城市（区域），应减少建筑被错分为地面的第二类误差；在地形陡峭的山地、丘陵区域，应减少第一类误差的数量。

5. 地表点人工分类

点云中除了地面、植被、建筑等地面或地表的点，还有较多的车辆、行人、电线等点，为生成较优的 DSM 成果，需要将车辆、行人等非地表点分离。分类方法依然是利用三维可视化模型与剖面视图判断点云的类别。

6. DEM、DSM 输出与修正

（1）DEM 输出。

利用分类后的地面点，构建不规则三角网（TIN）并输出栅格格式的 DEM 初步成果。如图 8.2-12 所示，需要设置地面点类别、内插方式、栅格尺寸、最大三角网边长、缓冲区范围等参数。

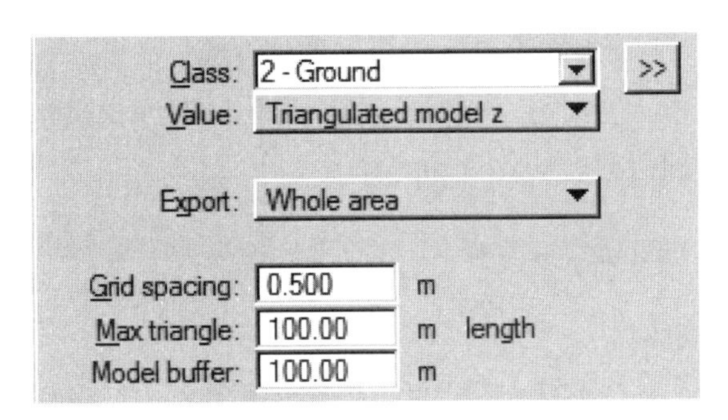

图 8.2-12　DEM 输出参数

当区域中有大型建筑、河流、湖泊等地面点大面积缺少的区域，应设置较大的三角网尺寸，避免 DEM 中出现无效区域，不同参数条件下的 DEM 如图 8.2-13 所示。

图 8.2-13 较小的三角网尺寸 DEM（左）和较大的三角网尺寸 DEM（右）

（2）DSM 输出。

利用分类后的地面点和地表点，以格网内最高点的高程为栅格高程，输出栅格格式的 DSM 初步成果。

（3）水面修正。

由于水面区域缺少激光点，而利用周围地面点构 TIN 内插时会出现水面区域不平整的现象，因此需要人工绘制出水面区域，并对该区域内的高程进行修正处理，确保水面平整。

7. DEM、DSM 质量检查

将 DEM 或 DSM 输出为等高线，叠加对应区域的 DOM，通过人工观察等高线形态与影像上的地物，判断 DEM 或 DSM 形态是否正确。通常容易出现质量问题的区域如下：

（1）水面不平整，表现为在水面上出现多条等高线。

（2）异常凸起或凹陷，表现为在平整地面如公路、广场等区域出现多条闭合等高线。

（3）陡坎变形，陡坎区域等高线间距较大。

8. 生成 DLG 等高线与高程点

（1）内插生成等高线。

利用分类后的地面点，构 TIN 后即可内插获得等高线。此过程中如果不对地面点进行抽稀处理，生成的等高线会具有非常多的节点。等高线上小尺寸弯折众多，会影响图面的美观性。因此，需要对地面点进行一定程度的抽稀处理，在等高线的美观性和精度之间取得一个较好的平衡（图 8.2-14）。

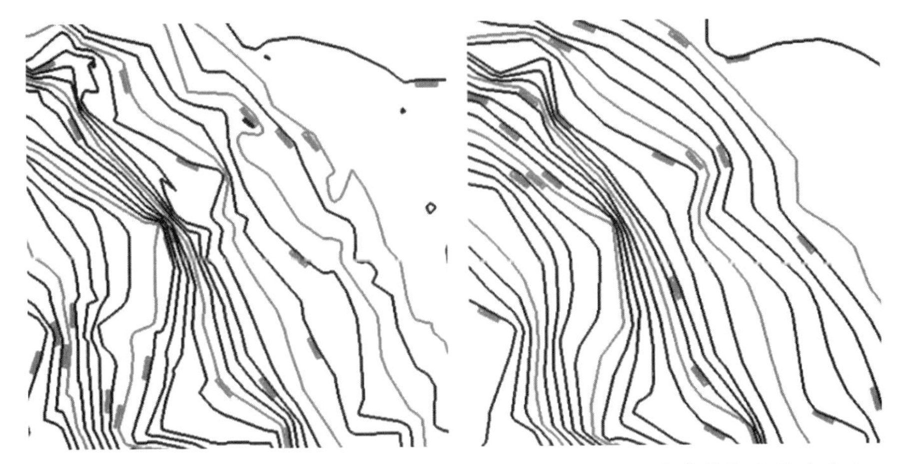

图 8.2-14　全部地面点生成的等高线（左）与抽稀后点云生成的等高线（右）

（2）抽稀生产高程点。

对地面点进行进一步抽稀处理，提取地形转折处地面点和部分平地地面点，形成 DLG 高程点。

8.2.4　移动三维扫描用于城市三维模型（LOD1.3 级）生产

1. 基本指标

城市建（构）筑物是三维场景中最具重要性的地物，如何快速进行建（构）筑物的三维模型生产，是各类实景三维建设项目中的重难点。利用倾斜摄影技术进行城市三维模型生产是目前最主要的技术手段，但对于模型精细度要求不高、倾斜摄影空域受限制的项目，采用激光点云方式生产城市三维模型是一种十分有效的技术手段。

自然资源部 2023 年 3 月印发的《实景三维中国建设总体实施方案（2023—2025 年）》，明确要求组织开展城市三维模型（LOD1.3 级）快速构建，构建内容为地级以上城市、城镇开发边界范围内建筑物。相比于常见的城市三维模型，LOD1.3 级在模型精细度、纹理真实性等方面要求均有所降低，模型的各项指标要求见表 8.2-3。

表 8.2-3　城市三维模型（LOD1.3 级）指标

类型	指标
平面中误差	平地、丘陵：2.5 m； 山地、高山地：3.75 m
高程中误差	平地 0.5 m，丘陵 1.2 m，山地 2.5 m，高山地 4 m
高度精度	高度小于 30 m：高度差不大于 10%； 高度高于 30 m：高度差不大于 3 m
精细度	基底面大于等于 1.5 m 凹凸变化应表示； 顶部大于 3 m 的高度变化，基底面积大于 12 m^2 的，高度变化应表示

LOD1.3 级模型中普通建设使用区分高度的体块三维模型表示，即采用单个或多个棱柱体表达，其生产流程包括建（构）筑物基底绘制、高程采集、模型构建、纹理映射等，其中模型构建和纹理映射大部分为自动化处理方式，建（构）筑物基底绘制、高程采集可采用以下技术方法：

（1）利用高分辨率卫星立体影像。

使用立体影像进行区域网平差，构建立体模型，在此基础上人工使用立体测图方式采集建（构）筑物的基底面和高度。

（2）利用大比例尺数字线划图（DLG）。

从 DLG 中提取建（构）筑基底面，利用 DLG 高度信息、楼层信息，或者利用其他数据源采集高程。

（3）利用高精细度模型。

利用高精细度模型简化或提取建（构）筑基底面及高程。

（4）利用倾斜摄影数据。

利用倾斜摄影数据进行空中三角测量，并进行三维重建，生成表面三维模型（MESH）数据。以 MESH 模型为基础绘制建（构）筑基底面及高程。

（5）利用 LiDAR 数据。

对 LiDAR 点云进行自动分类、人工精细分类，形成准确的地面点、建（构）筑物顶点点云数据，根据点云的空间形态绘制建（构）筑基底面及高程。

2. 点云自动建模

移动三维扫描技术获得的高精度、高密度的点云数据，可使用点云自动建模和辅助 DLG 建模两种方式用于 LOD1.3 级模型的生产。部分点云处理软件具有点云自动建模的功能，可根据点云的分布形态，自动提取简化的建筑物三维模型。点云自动建模主要实施过程依次为地面点分类、建筑点分类、建筑顶部轮廓提取、三维模型构建，使用软件为 TerraSolid 软件。

（1）建筑点自动分类。

建筑点分类同样是需要自动分类和人工分类相结合的方式进行处理。对点云进行建筑自动分类处理，可以将大部分建筑顶面分类至指定图层，但如果建筑顶面有较多凹凸结构，平整度不好时，将无法获得完整的建筑顶面。对于建筑顶部不完整的情况，需要人工根据点云的分布形态进行人工分类处理，方式方法与地面点分类相同。

（2）建筑顶部轮廓自动提取与模型构建。

使用软件的矢量化建筑工具，利用建筑类别和地面类别点云创建建筑三维模型，如图 8.2-15 所示。

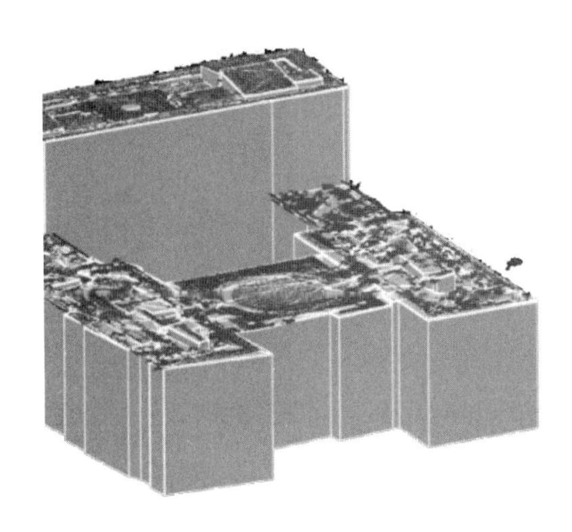

图 8.2-15　自动构建的建筑三维模型

3. 点云辅助 DLG 建模

如果测区范围内有大比例尺 DLG 成果，则可以使用 DLG 中的房屋矢量数据作为模型的基底，然后从点云中提取建筑的地面高程和楼顶高程，实施建模生产。点云辅助 DLG 建模主要使用的软件为 Safe FME 或超图 iDesktop。

（1）DLG 预处理。

从 DLG 中提取建筑物，构成模型基底面，根据 LOD1.3 级规范以及建筑工程相关规范的要求，阳台、檐廊、挑楼、挑廊、门廊等非主体结构部分不构成建筑物基底面，因此需要对 DLG 中建筑类别进行筛选。

（2）地面高程提取。

提取模型基底面周围一定范围的激光点云地面点（图 8.2-16），并统计出这类点云中最小的高程值作为模型的地面高程。

图 8.2-16　提取建筑周围地面点

（3）楼顶高程提取。

提取模型顶面范围内的激光点云（图 8.2-17），根据实际需要获取相应的高程值作为模型的楼顶高程。

图 8.2-17　提取建筑顶部激光点

（4）模型自动构建。

将模型基底面抬升至地面高程位置，然后向上拉伸至楼顶高程位置，形成棱柱体三维模型。

4. 纹理挂接

LOD1.3 级模型使用通用纹理作为模型的表面纹理，通用纹理即所有模型都可使用的、符合通常建筑表面形态的、可重复排列贴图的纹理。通常，通用纹理由墙面纹理和窗户构成，可以实地拍摄建筑立面照片，进行相应的处理获得。使用 Safe FME 或超图 iDesktop，对模型进行自动贴图处理，也可使用 3D MAX 等建模软件工具进行人工贴图处理，最终获得具有通用纹理的 LOD1.3 级模型成果。

8.2.5　应用案例

1. 丘陵地区 DEM 和 DSM 生产

西部某地区 1∶500 比例尺的 DEM 和 DSM 生产项目中，区域内有约 40 km^2 的浅丘地形。浅丘区域有较平缓的地形起伏，地表基本被农作物和树木覆盖，有少量房屋和道路。为确保植被覆盖区域地面高程的准确性，项目使用机载三维激光扫描方式实施生产，实施过程中使用了华测 BB4 型多旋翼无人机搭载 AU900 型多平台激光雷达。

（1）实地踏勘。

通过实地踏勘对区域内的地形起伏、高大建（构）筑物情况进行观察。踏勘中发现丘陵高度普遍为 30 m 左右，区域内无高大建（构）筑物，最高物体为高压输电线和铁塔，高度低于 80 m。因此，地形和地物均对无人机作业不构成影响，并且区域内道路网密集，院落和晒谷场较多，有利于无人机的起降作业。

（2）航线设计。

综合考虑点云密度、精度、飞行安全性、作业效率等因素后，设计飞行高度 150 m，旁向重叠度 30%，飞行速度 10 m/s。

（3）点云检查。

对点云的覆盖范围、漏洞情况、不同航带之间的高程较差、平面误差、高程误差等指标进行检查。检查中发现个别检查点存在 5 m 左右的高程误差，通过对比点云形态和检查点照片，最终发现此类区域是因为工程施工导致地形发生变动；排除此类情况后，最终点云的高程中误差为 0.056 m，并且其他各项指标均符合项目要求，因此无须进行重新处理或补飞。

（4）地面点自动分类处理。

根据该区域建筑尺寸小、地形较平缓、田埂田坎众多的情况，按照 8.2.3 节的地面点自动分类原则，应尽量减少第一类误差的数量，自动分类出尽可能多的地面点，减少后期人工补充分类的工作量。

分类参数中的最大建筑尺寸、地形角和迭代角越小时，被分类为地面点的数量就越多。在该地形地貌条件下，应将最大建筑尺寸设置较小（如 20 m），将地形度设置为 90°，将迭代角设置较大（如 15°），将迭代距离设置为 1.5 m。

如图 8.2-18 可以看出，相比默认的参数，调整后的自动分类中会有较多的地面点，使得地形细节更加完整，各类田埂田坎清晰可见。

图 8.2-18　地面点较少时地形细节形态（左）与地面点较多时地形细节形态（右）

（5）地面点人工分类处理。

由于在自动分类中为获得尽可能多的地面点，将最大建筑尺寸设置较小，因此，部分尺寸较大的建筑被错分为了地面点。建筑被错分为地面点后，在三维地形和剖面上均会呈现出清晰的建筑形态，如图 8.2-19 所示，较容易辨认，且由于建筑点通常高于地面，因此，在剖面条件下人工分类也更准确和高效。

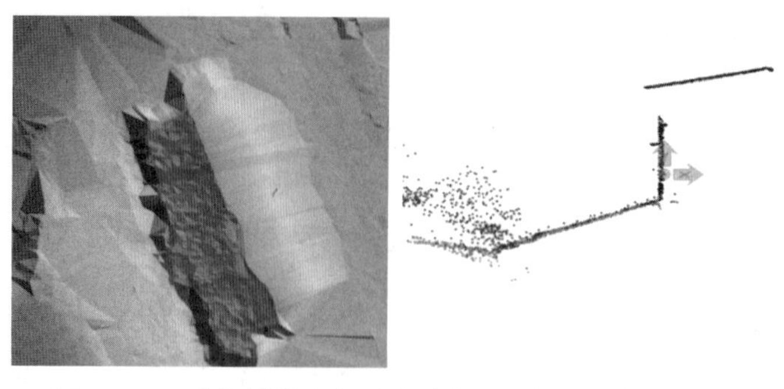

图 8.2-19　建筑错误点的形态（左）和剖面形态（右）

由于设置了较高的地形角、迭代角，因此部分较密集的低矮植被也会被错分为地面点。低矮植被与周围地面高程差异较小，并且茂密的枝叶会让大部分激光点集中在植被顶部，自动分类时植被点的高差和迭代角往往会满足阈值条件，从而分类为地面点。低矮植被被错分为地面点时，在三维地形和剖面上会呈现出凹凸起伏的形态，如图 8.2-20 所示。由于这类区域整体尺寸较小，且凹凸变化与周围地形差异较小，因此不易被发现和处理。

图 8.2-20　植被错误点形态（左）和剖面形态（右）

陡坎、陡坡等区域仍然会有较多地面点未被分类正确。目前的自动分类算法对这类区域均无法达到较好的分类效果，而这类地形转折点对地形的完整性、正确性有较大影响，因此绝大部分人工分类都集中在陡坎、陡坡的分类处理中。如图 8.2-21 所示，在地面点的较稀疏三角网呈线状分布时，就有可能是被错误分类的陡坎。

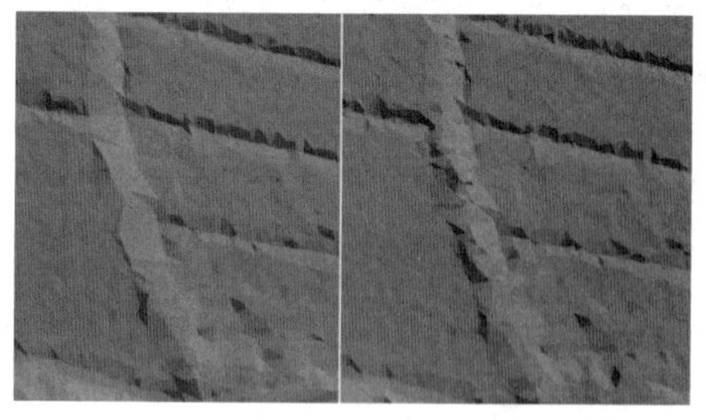

图 8.2-21　陡坎分类错误形态（左）、修正后形态（右）

（6）地表点分类处理。

当前丘陵、田野区域中，车辆和行人的点云较少，仅有部分区域有输电线，因此地表点分类处理相对较简单。输电线在地表点三维模型和剖面中会呈现非常明显的线状特征，如图 8.2-22 所示。

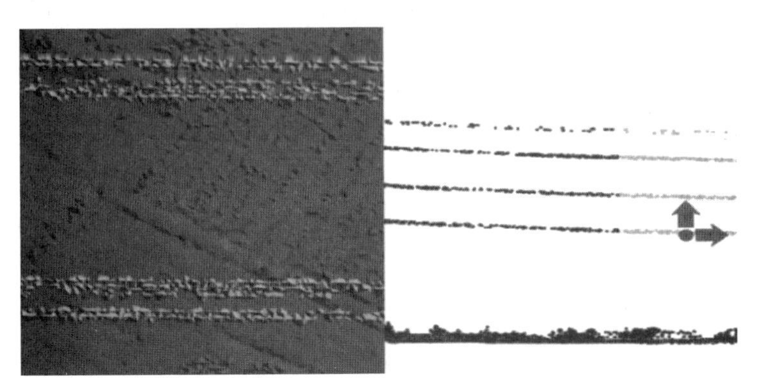

图 8.2-22　输电线区域的三维形态（左）和剖面形态（右）

（7）水面修正处理。

点云输出的 DEM、DSM 中的水面往往会存在着不平整的情况，需要根据对应区域的 DOM 等影像数据绘制出水面范围，结合周围点云的高程对 DEM 和 DSM 中的水面进行高程修正处理，如图 8.2-23 所示。

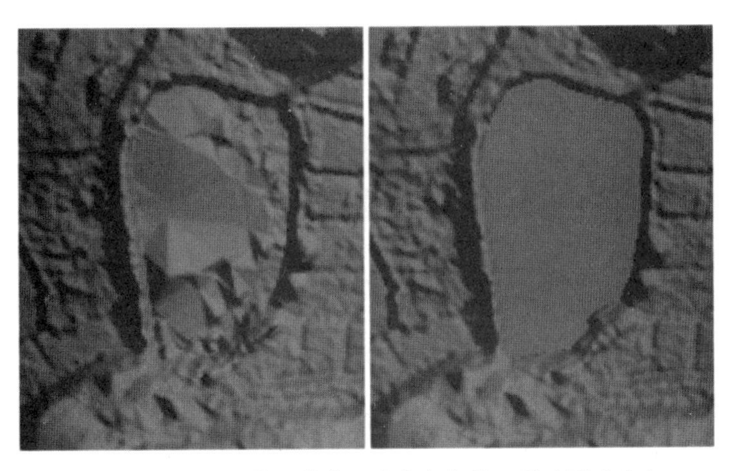

图 8.2-23　DEM 修正前水面（左）与修正后水面（右）

（8）等高线套合 DOM 检查。

将 DEM 或 DSM 内插为等高线，叠合对应位置的 DOM 等影像数据，人工观察等高线的地形特征和 DOM 地物，即可发现 DEM 或 DSM 中不合理的区域。如建筑点被错分为地面点时，会在 DOM 建筑区域上呈现出闭合且密集的等高线；水面未进行高程修正处理时，在 DOM 水面上会呈现出多条等高线，如图 8.2-24 所示。

图 8.2-24　等高线叠加 DOM 检查房屋（左）与水面（右）的地形正确性

（9）项目小结。

在平原、丘陵的农村地区，由于大部分地表都有森林、灌木、农作物等植被覆盖，仅有移动三维扫描技术可以完成植被覆盖区域的地面数据获取，因此可以高效率、高质量地完成 DEM 和 DSM 的生产。在点云的分类处理时，由于此类区域有较多的田坎、田埂等地形起伏区域，因此可以通过设置自动分类参数最大建筑尺寸为较小，地形角和迭代角为较大，以确保获得尽可能多的地面点。在人工分类阶段，需对错分的建筑、植被的地面点进行分类修正，并对田坎、田埂等区域补充必要的地面点。在质量检查阶段，同样需要重点检查建筑、水面、田埂、田坎等区域。

2. 山区 DEM 生产

某项目的 DEM 生产项目中，测区地形全部为山地，地表覆盖绝大部分为森林，有少量区域的梯田、房屋、道路等。为确保植被覆盖区域地面高程的准确性，项目同样适用华测 BB4 型多旋翼无人机搭载 AU900 型多平台激光雷达获取高密度的点云数据。

（1）实地踏勘。

在实地踏勘过程中，作业人员发现测区北部有跨越山谷的高压输电线（图 8.2-25），长度约为 7 km；在测区中部有沿山脊方向的高压输电线，长度约为 14 km。作业人员使用小型无人机对输电线进行了详细的观察，测量了输电线的高度，并绘制了输电线的平面位置。

（2）航线设计。

区域内地形落差超过 500 m，并且部分区域有输电线跨越山谷，在综合了地形地物条件后，利用已有的中小比例尺 DEM 数据设计了仿地飞行航线，即航线高度与地面高低起伏同步变化，相对航高设计为 200 m，旁向重叠度为 30%。

（3）点云检查。

在对点云检查时发现个别区域的点云在不同航带上存在着较明显的分层，高程较差为 0.3 m。经过分析发现是由于航带平差时地面点较少，导致自动匹配平差效果不好，因此，对此类区域重新进行地面点自动分类处理和航带平差，最终将高程较差降低至 0.1 m，整个山地区域的点云高程中误差为 0.093 m。

图 8.2-25　山区的高压输电线

（4）地面点自动分类处理。

考虑到山区地形起伏较大、建筑物稀少、植被覆盖茂密，且有梯田、公路等陡坎较多的区域，因此在自动分类处理时同样应减少第一类误差的数量，让尽可能多的点被分类为地面点。分类参数的差异在山地表现得更加突出，不合理的分类参数会造成大量的山脊、梯田边缘丢失。在该地形地貌条件下，将最大建筑尺寸设置为 20 m，将地形角度设置为 90°，将迭代角设置为 20° ~ 30°，将迭代距离设置为 1.5 m。自动分类完成后，大范围地面点缺少的情况得到了改善，如图 8.2-26 所示。

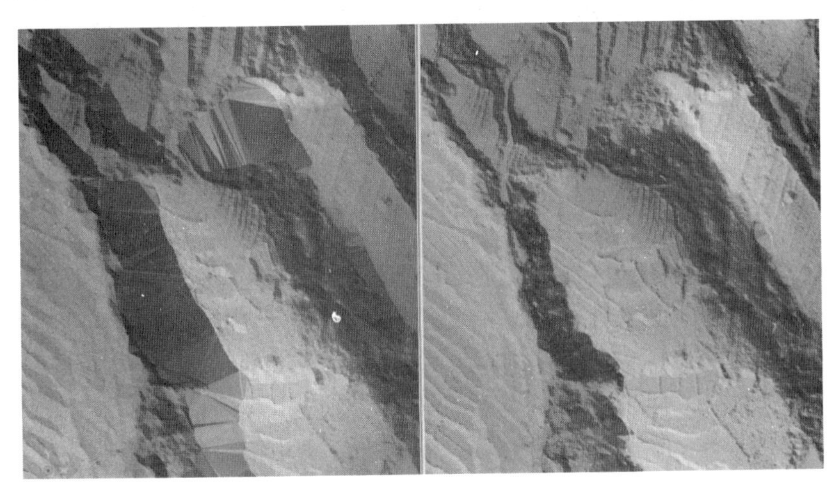

图 8.2-26　地面点较少时地形细节形态（左）与地面点较多时地形细节形态（右）

（5）地面点人工分类处理。

在坡度变化大的陡坎、陡坡、山脊区域会存在数量多、面积小的地面点缺少区域，需要人工分类处理，如图 8.2-27 所示。

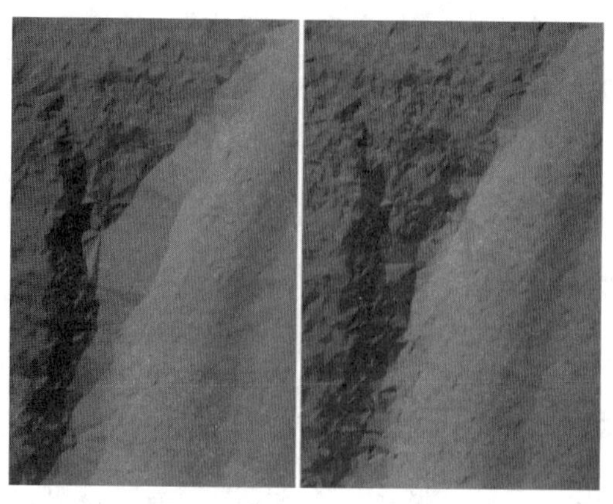

图 8.2-27　山脊点分类错误形态（左）和分类修正后的形态（右）

（6）等高线套合 DOM 检查。

在使用 DSM、DEM 套合 DOM 检查中可以发现，部分道路边缘地面点缺失区域，会呈现出多根等高线与道路平行或交叉的形态，如图 8.2-28 所示。

图 8.2-28　套合检查发现道路边缘点云分类错误

（7）项目小结。

在植被覆盖茂密的山地区域，大部分地表被覆盖，仅有激光点云可以完整的表达地形，因此移动三维扫描技术可以高效率高质量地完成山区 DEM 的生产。在点云的分类处理时，山区有较多的陡坎、梯田、山脊等区域，并且建筑物较少，因此在自动分类参数中设置更小的最大建筑尺寸，较大的迭代角，从而获得更多的地面点。在人工分类阶段，需对缺失的山脊、梯田、公路边缘等区域进行检查和人工分类处理。

3. 城市区域 DEM 和 DSM 生产

某城市 1∶500 比例尺的 DEM 和 DSM 生产中，绝大部分区域为城市建成区，其余部分为公园绿地、湖泊、河流、施工工地以及少量的农田，实施过程中使用了包括华测 AU900 在内的多种激光雷达系统，无人机使用了多旋翼和复合翼等多种平台。

（1）实地踏勘。

该区域内高度超过 100 m 的超高层建筑众多，因此实地踏勘的主要工作就是确定超高建筑物的位置和高度，作业人员使用小型无人机对所有超高层建筑进行了观察（图 8.2-29），对超过 150 m 的建筑标记其位置并测量高度。

图 8.2-29　使用小型无人机观察超高层建筑

（2）航线设计。

考虑到测区内高层建筑众多，因此大部分区域航高设置为 300 m，个别区域由于有超过 300 m 的建筑，因此单独设计了 400 m 航高的小型分区。考虑到建筑物会对点云造成较多遮挡，因此重叠度设置为 50%。

（3）地面点分类处理。

该测区整体地势平整，整体地形起伏较小，并且建筑尺寸和密度均较大，应尽量减少第二类误差的数量。在该地形地貌条件下，可将最大建筑尺寸设置较大（如 60 m），将地形度设置为 90°，将迭代角设置为 12°，将迭代距离设置为 1.2 m。在该条件下自动分类可获得较完整的地面。

城市中有较多河堤、下穿道路、下沉广场等区域，这类区域都存在着长度较长、高差较大、垂直或近乎垂直的陡坎（图 8.2-30）。自动分类参数对这类区域无法获得较准确的分类结果，因此全部需要人工分类补充。

图 8.2-30　陡坎点自动分类后错误形态（左）和分类修正后的形态（右）

（4）地表点分类处理。

城市区域中有大量的车辆、行人、施工工程机械等物体（图 8.2-31），需要使用人工分类方式从地表点中分离。

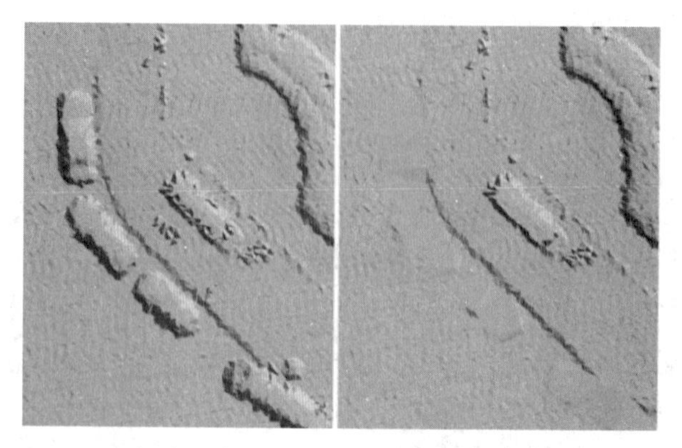

图 8.2-31　车辆未分离形态（左）和分类修正后的形态（右）

（5）等高线套合 DOM 检查。

在使用 DEM、DSM 套合 DOM 检查可以发现陡坎边缘缺失部分，以及 DSM 中未正确去除的物体（车辆、行人等），这类物体在等高线中会呈现出密集且闭合的形态（图 8.2-32）。

图 8.2-32　套合检查发现 DSM 中错误区域

（6）项目小结。

在城市区域，通常地形整体较平坦，建筑物数量众多，因此自动分类参数和山区丘陵不同，应尽可能减少建筑被错分为地面的情况。但大量人工修筑的陡坎需要较多的人工分类处理。在 DSM 中也会有较多的车辆、设备等地物需要人工分类处理。相比山地、丘陵等区域，城市区域的 DEM、DSM 生产中，在点云分类上需要更多的作业时间。

4. 城市三维模型（LOD1.3 级）

某城市的三维模型（LOD1.3 级）生产建设中使用了激光点云作为高程数据源。该地区有较完整的 1：500 DLG、机载激光点云、倾斜摄影、MESH 三维模型等数据成果，因此项目采取从 1：500 DLG 中提取建筑基底面、激光点云获取建筑高程高度、MESH 三维模型对照检查的方式实施模型生产。

（1）DLG 数据提取。

根据 DLG 中的类别信息，使用 FME 软件从 DLG 中提取 JMD 图层中建成房屋、建筑中房屋、架空房框架线、廊房框架线、棚房骨架线等类别的面状图元，构成建筑的基底面。

（2）一致性比对。

项目所在地 1：500 DLG 最新的更新时间晚于机载激光点云获取时间，因此在部分区域 DLG 中的地物与激光点云存在差异，部分新建建筑在点云中未体现，部分已拆除建筑在点云中依然存在，因此在高程赋值之前需分析 DLG 与点云现势性的差异（图 8.2-33）。将激光点云输出为 DSM 栅格数据，并作为底图与 DLG 叠加，通过人工判读方式检查两类数据的不一致情况。通过观察 DSM 形态，作业人员可以识别出建筑物、树木、裸露地表等区域，并和 DLG 中的建筑进行对比，即可发现现势性不一致的区域。根据分析结果，将现势性一致的建筑基底面，使用激光点云进行高程赋值处理，现势性不一致的建筑基底使用其他更新的数据源进行高程采集或野外实测。

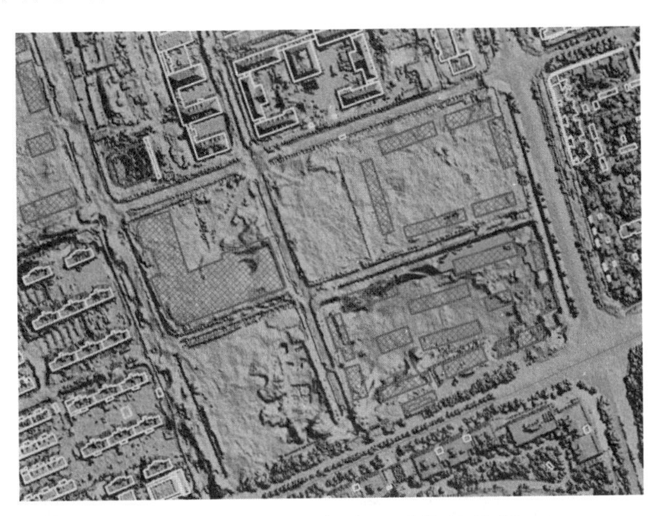

图 8.2-33　DLG 与点云现势性分析

（3）建筑高程提取。

使用 FME 软件编写脚本，将基底面外扩 3 m 后裁剪地面点图层的点云，并对裁剪后的点云高程值进行统计，以最低高程作为该建筑模型的底面高程。

再次使用 FME 基底面裁剪非地面点图层的点云，考虑到建筑楼顶上往往会有女儿墙、装饰架、设施等物体，所以点云呈现出多层次的垂直形态。假定建筑屋面是建筑顶部面积最大、占比最多的区域，则在屋面上的点云比重也最多。屋面基本为水平面，因此屋面点云高程基本一致。综合该两项基本条件，对屋顶的点云进行频次统计分析（图 8.2-34），将出现频次最高的高程值作为建筑的屋面高，即建筑模型的顶部高程。

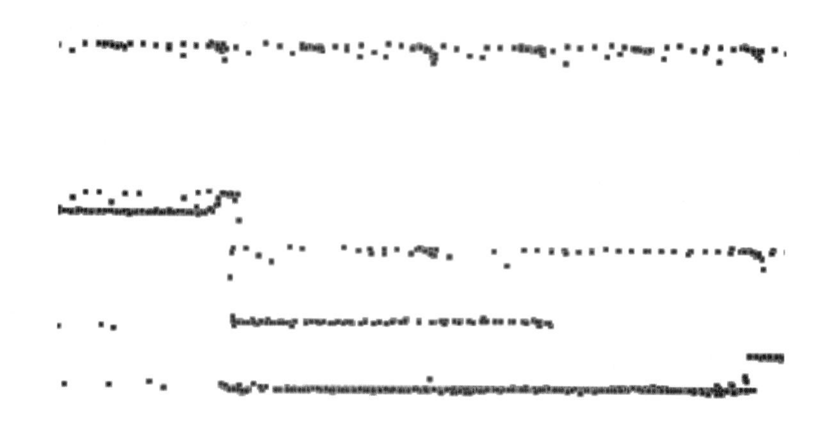

图 8.2-34　顶部点云形态

（4）模型构建与纹理映射。

使用 FME 对模型基底面进行处理，将模型基底面抬升至底面高程位置，然后向上拉升至顶面高程位置。再根据模型面的法线方向判断是模型顶面还是立面，并对顶面和立面分别映射通用纹理，形成三维模型成果，如图 8.2-35 所示。

图 8.2-35　完成纹理映射处理的三维模型

8.3　移动三维扫描用于部件级实景三维建设

8.3.1　道路高精度地图生产

1. 基本概念

道路是人类社会最重要的基础设施之一，千百年来始终支撑着人类社会的发展和运行。道路高精地图可以对道路路面、行车标志标线、附属部件设施等地物进行高精度和高精细度的三维表达，可以为道路日常维护管理、车辆导航等领域提供有力的地理信息数据支撑。

在实景三维的各个类别中，地形级实景三维仅能从宏观上表现道路的走向、周边地形、地貌特征等；城市级实景三维在道路宽度、材质等方面有更精细的表现，但依然缺乏三维化、语义化的表达，且对道路上的各类路灯、路牌等部件缺乏有效的表示；而部件级实景三维作为要素表达最精细、按需构建的产品类型，可以使用车载移动测量、便携式三维激光扫描等移动三维扫描技术，达到“能采尽采、应采尽采”的效果，进而实现道路高精数字地图的二、三维一体建设，成果对于城市管理、综合治理、交通导航等领域具有更具针对性、更符合需求的应用价值。

2. 精度指标

（1）外业控制点和检查点精度要求平面中误差不超过 0.05 m、高程中误差不超过 0.03 m。

（2）纠正后点云的平面中误差不超过 0.1 m，高程中误差不超过 0.05 m。

（3）矢量成果属性错误不超过总量的 5%，平面高程精度指标要求见表 8.3-1 和表 8.3-2。

表 8.3-1　点云数据平面精度指标

精度等级	平面中误差/m	要素类别
二级	0.1	交通道路及城市部件
三级	0.25	地貌、植被、其他设施

表 8.3-2　点云数据高程精度指标

精度等级	高程中误差/m	要素类别
一级	0.1	城市道路边线、交通标线
二级	0.15	城市部件
三级	0.2	非坚实地面和城市部件以外的其他设施

对于城市、城镇建成区内树木、房屋等遮挡严重导致 GNSS 卫星信号较差以及无标线的道路，以上成果精度在原有精度基础上可以放宽 0.5 倍；对于高架下的道路在原有

精度的基础上可以放宽 1 倍；隧道不受上述精度限制。

（4）三维模型精度在矢量成果基础上放宽 0.05 m，点状矢量要素定位点和三维模型定位点的平面较差和高程较差不超过 0.05 m。

（5）道路范围内点云的间距应小于 0.05 m。

（6）同步采集的全景影像单镜头像素不低于 500 万，采样间距不超过 10 m。

3. 数据采集

道路高精地图的数据采集流程与其他类型的测绘产品生产一致，均包括前期道路情况调查与踏勘、采集区域划分与路线设计、GNSS 架设与接收、设备安装与移动采集、控制点测量、数据解算等。

使用车载激光扫描的常规测绘项目中，主要关注道路、建（构）筑物、树木、设施等地面物体的平面位置和高程。因此在扫描作业中，对部件设施，尤其是空中部件设施的完整性没有要求。而道路高精地图中需要准确表达所有部件设施的位置、形状、朝向角度、尺寸、高度等信息，对部件设施的点云完整性有更高的要求。如图 8.3-1 所示，常规测绘作业时对路灯、路牌等部件，仅需扫描到杆状地物的底部即可完成该地物的测绘，但道路高精地图需要更加完整的点云才能获取路灯形状、路牌的尺寸、朝向角等信息。因此道路高精地图在数据采集阶段，需要更加密集的扫描路线。

（a）常规测绘作业的点云　　（b）更加完整的部件点云

图 8.3-1　道路高精地图需要更完整的部件点云

4. 数据解算

数据采集完成后依次实施数据下载、整理、GNSS 后差分处理、轨迹解算、点云解算输出、点云校正、全景影像拼接与输出、坐标转换等处理，作业流程与前文其他章节的车载移动测量生产过程基本一致，此处不再赘述。

5. 矢量采集

将最终输出的激光点云与全景影像导入山维 EPS、南方 iData 等成图软件中，人工对地物进行矢量采集。

（1）采集内容。

采集内容为范围内可见的要素以及要素的属性信息，包括基础设施、道路交通及附属设施、城市部件设施等。

① 城市基础设施：包括道路面、车行道边线、道路网格线、人行道、盲道、绿道、建（构）筑物、水域等基础要素。

② 道路交通及附属设施：包括道路交通标线、交通标志、附属设施、公共交通设施、停车场设施、带电设施等。

- 道路交通标线：标画在地面上的用于指引交通的标线，包括符号性道路标线、面状道路标线、线状道路标线、文字性道路标线。
- 道路交通标志：安装或架设在立柱、路灯、龙门架、桥墩等上面的交通标识牌，按类型包括交通指示标志、交通警告标志、交通禁令标志。
- 道路附属设施：包括护栏、绿化带、安全岛、警示桩、支撑杆、龙门架、人行天桥、减速带、收费站等。
- 公共交通设施：包括公交场站、公交线路、公交站点、公交岛台。
- 停车场设施：包括停车场、停车场出入口、路边停车位、路内停车、共享单车停车区域。
- 道路带电设备：包括交通信号灯、交通信息显示屏、监控设备、电力通信设备。

③ 城市部件设施：包括路灯、行道树、固定式垃圾桶、固定街头座椅、宣传橱窗、地下管线井盖、雨水箅子等。

（2）点状要素采集。

点状要素包括道路交通标识、杆类设施、箱类设施、行道树、警示桩等。

① 中心点坐标采集：所有点状地物均应采集中心点，通常为点状地物的落地中心位置。

② 朝向角度采集：对于有方向性的点状要素地物，如交通标识、路灯、垃圾桶、座椅等，需采集朝向角度；对于没有方向性的点状要素，如行道树、井盖、消防栓等，无须采集朝向角度。

③ 高度采集：对于杆状地物，如交通信息指示杆、电杆、路灯，以及行道树，均应采集顶部到地面的高度。

（3）线状要素采集。

线状要素包括道路边线、线状道路标线、盲道、减速带、悬臂式支撑杆、道路分隔设施、隔音墙、护栏等；对于具有一定宽度的线状地物，如盲道、减速带、车道分隔线等，按中心线采集；对于具有一定高度的线状地物，如护栏、隔音墙等，采集地面位置的中心线；对于悬臂式支撑杆等悬空地物，按实际高程和中心线采集。

（4）面状要素采集。

面状要素包括道路面、人行道、绿化带、安全岛、面状道路标记等，按地面处的实际边界采集。

（5）高程点采集。

对于大面积的面状要素，如道路面、人行道等，应在面内均匀采集高程点。

6. 模型构建

（1）部件模型素材库制作。

根据项目范围内各类部件设施的形状、样式制作部件模型素材库。模型素材库包括大部分点状要素，例如行道树、信号灯、监控探头、路面交通标记、路灯、电线杆、垃圾桶等，以及大部分线状要素，例如道路分隔线、护栏、减速带等。

路面交通标记、标志一类的设施，有统一的尺寸要求，因此在所有道路上的形状、尺寸均基本一致，仅需每一类设施制作一个模型即可。对于信号灯、监控探头、路灯等设施，可以归纳为少数样式，制作出每种样式对应形状的模型。行道树使用几种通用的模型树即可。考虑到道路高精地图实施范围内会有极大数量的各类设施部件，为保证大场景三维数据显示的流畅性，需对部件设施的面片数进行限制，因此在部件设施模型制作时，应表达主要的形状特征，细节结构择要表示，单个部件素材模型三角面片数应不超过 2 000 个。

（2）部件模型批量生成。

对于点状要素部件，使用脚本或相关软件工具，根据采集的点状要素平面坐标和高程，将各个类型的部件要素复制到指定位置。如果点状要素有高度、朝向角等属性，软件工具还应对部件要素模型进行延伸、旋转方向等处理；对于线状要素部件，使用脚本或相关软件工具，将部件要素模型沿线状要素的走向进行延伸。

（3）人工建模。

对于所有的面状要素以及部分点、线状要素，包括道路面、绿化带、桥梁、隧道等，在建模软件中，根据绘制的面状图元进行手工建模处理。对于道路、人行道、桥面等较大面积的面状要素，应将面状图元节点和高程点联合构建 TIN 三角面模型。

8.3.2 应用案例

本章中将以某城市中轴线道路高精地图生产为例，说明道路高精地图的具体实施过程以及要点。

1. 道路概况

项目区域为南北走向的中轴线主干道。道路总长度为 10.8 km，整体平整笔直、弯曲程度少。道路主道部分为双向六车道，两侧辅道均由一条机动车道和一条非机动车道构成，主道与辅道之间有绿化带，部分路段由高架桥和地面道路两部分组成，高架桥下方同样由主道与辅道构成。地面部分区域受到高架桥遮挡，部分区域两侧高楼较多，道路绝大部分区域均有绿化带树木遮挡，因此会对 GNSS 信号接收产生一定程度影响，如图 8.3-2 所示。

图 8.3-2　道路基本情况

2. 数据采集

（1）扫描路线规划。

根据实地踏勘，结合对卫星遥感影像数据资料的分析，确定了实施的扫描路线。考虑到绿化隔离带的遮挡，所以在主干道实施了 4 次扫描（沿主道右侧第一或第二车道扫描一次，沿辅道扫描一次，往返共 4 次）。高架桥下方路段同样实施主道与辅道往返 4 次扫描。考虑到高架桥桥面路段遮挡少，所以在桥面路段实施往返共两次扫描。

（2）基站架设与检查。

在道路南北两端的开阔路口或广场区域架设了两个 GNSS 基站，确保每个扫描路段都在以基站为中心、半径为 5 km 的覆盖区域内。

（3）移动数据采集。

将华测 AS900 HL 型号多平台三维激光扫描仪以及全景相机安装在采集车辆的顶部偏后位置，通过调整设备位置严格确保车身对激光扫描路径没有遮挡。将激光扫描仪的扫描线频率设置为 200 Hz，激光发射频率设为 550 kHz，保持车辆静止状态同步 GNSS 与 IMU 惯导信息，随后在测区之外道路上以绕“8”字方式行驶 1 km 左右，同时进行车辆的加减速运行。

按照事先设计的路线进行扫描作业。为减少道路上其他车辆对测量的干扰，扫描时间选取在下午 3～5 时，在进入测区前启动激光扫描与全景相机。正式扫描期间车速维持稳定，最高速度不超过 40 km/h。

（4）控制点、检查点测量。

使用 GNSS-RTK 设备在道路两侧选取特征位置作为纠正点和检查点。道路两侧对应位置成对选取特征点，考虑到部分道路两侧高层建筑众多，GNSS 移动测量时容易出现信号丢失，因此采集了更加密集的控制点和检查点。相邻控制点和检查点的间距为 100～150 m，均选取了道路上的标记线角点和路边明显的部件设施角点，此类点在颜色和形态上都具有十分明显的特征，可以清晰地从影像或点云中准确识别。

（5）点云数据解算。

依次完成 GNSS 后差分处理、轨迹解算、点云输出、点云校正、全景影像拼接，输出精度密度符合要求的点云成果，如图 8.3-3 所示。

（a）俯视图　　（b）断面图

图 8.3-3　输出点云成果

3. 矢量采集

将激光点云和全景影像导入至 EPS 三维测图系统中，对地物要素进行三维采集。

（1）线要素采集。

对于道路边线、车道标线等在点云上具有明显空间特征和色彩特征的线状地物，EPS 可以采用半自动方式采集提取，作业时在起点处点击即可自动跟踪提取出矢量线。道路上或附近的防护栏、防护网、水泥墩线要素采集点均为高度连续不变的顶部中心位置，并在转弯处适当加密采样点。

（2）点要素采集。

对于大部分尺寸较大的部件设施，均采用点要素采集其中心点位置。与地面接触的设施高程取值为地面高程，空中部件设施高程取值为与杆体连接的位置，对于道路上的箭头、文字、图形标志等地物，按照实际轮廓进行采集（图 8.3-4），并在路面、人行道范围内按照 20 m 左右的间距采集高程点。

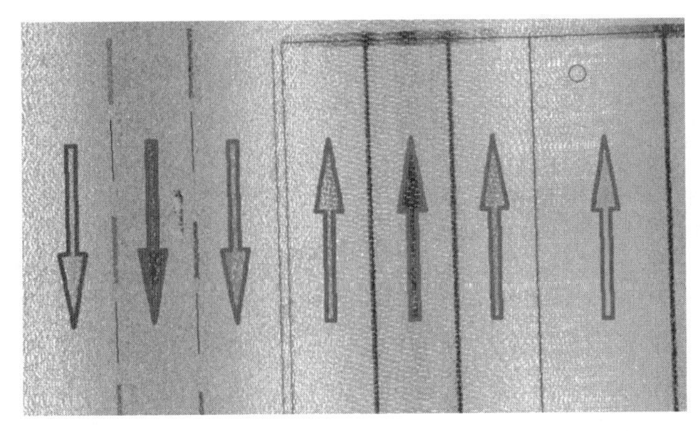

图 8.3-4　道路标记采集

（3）面要素采集。

以闭合线方式采集人行道面、绿化带、停车位、公交车站等地物。面状地物应沿该地物与地面衔接处采集。对于高出地面的面状地物，如绿化带等，还应采集该地物距离地面的高度。

4. 三维建模处理

（1）道路路面模型制作。

利用已采集的道路边线、路面、人行道面、绿化带面、高程点等要素，在经过相应的三角网创建、平滑、节点抽稀后，输出三角网模型。利用同步采集的全景照片或外业补充拍摄的照片更新完善道路路面的贴图纹理，如图 8.3-5 所示。

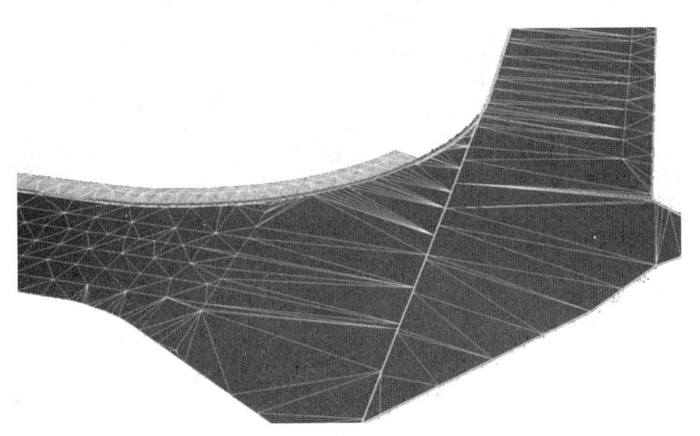

图 8.3-5　路面模型制作

（2）部件模型素材制作。

根据全景影像和实地调查的情况，统计分析路段、信号灯等部件设施的类型，从其他项目中积累的部件模型素材中找出相同形状的模型，存入当前项目的模型素材库中。如果当前部件模型素材中缺少对应的部件设施，则应根据点云上的尺寸，影像上的形态、颜色等信息，制作出该部件的模型（图 8.3-6），并存入当前项目的模型素材库中。

（a）电子眼探头

（b）路灯

图 8.3-6　部件模型素材制作

（3）部件设施摆放。

由于目前尚未有道路高精地图的相关软件工具，因此需自行开发。本项目中使用 3DMAX 软件的脚本工具，实现了部件设施模型的自动生产。脚本工具的基本原理为获取所有部件设施的名称、类别、坐标、朝向角度、高度等信息，从素材库中提取对应类型的部件模型，复制摆放到对应的坐标位置上（图 8.3-7），并通过旋转、拉伸等方式恢复部件设施的朝向角度和高度。

图 8.3-7　部件模型自动摆放

5. 质量检查

完成部件模型的自动摆放后，需人工结合全景影像，对部件设施的位置、形态等进行质量检测。质量检查过程中，发现了部分区域模型不完整、相互关系错误、纹理贴图错误等情况（图 8.3-8），并抽取了部分路段作为样本进行了精度检查，模型的平面中误差为 0.11 m，高程中误差为 0.10 m。

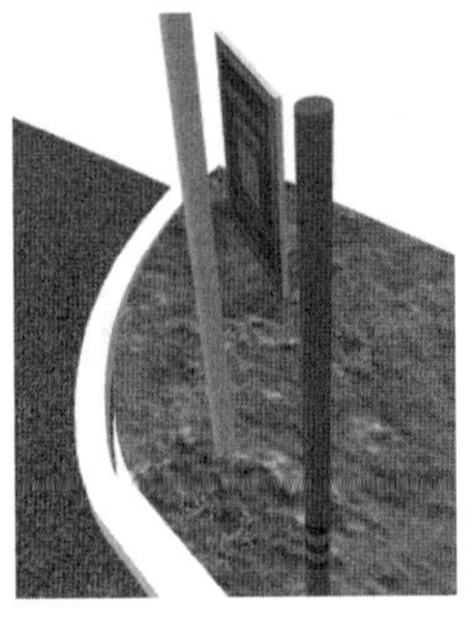
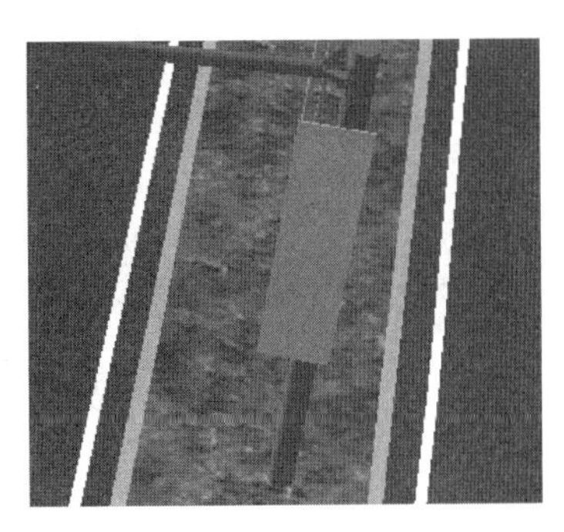

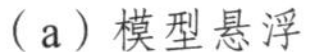
（a）模型悬浮　　（b）部件未连接　　（c）纹理缺失

图 8.3-8　模型质量问题

6. 项目小结

道路高精地图对道路上各种标记、部件设施的位置准确性、形状一致性等指标均有较高要求，因此车载激光雷达移动测量是道路高精地图生产最高效快捷的技术手段。在道路高精地图的生产中，需要大量的部件设施模型，因此对生产单位的部件设施模型存量数据有较高的要求。生产单位通过长期的生产积累建立起种类齐全、款式丰富的部件模型样本，可以在道路高精地图生产时减少部件设施的人工建模处理，更加高效地完成道路高精地图的生产。

第 9 章　移动三维扫描技术在其他项目场景中的实践应用

移动三维扫描技术除能够应用在城市地形图测绘、建筑工程多测合一、市政工程、实景三维等场景中外，还可以应用于土石方测量、立面测量、地下空间测量等其他项目场景中。本章主要介绍移动三维扫描技术在土石方、建筑立面及地下空间等场景中的应用，详细阐述了移动三维扫描技术的应用流程，并通过工程案例，对比评价了移动三维扫描技术的测量精度。

9.1　在土石方测量中的实践应用

9.1.1　土石方测量原理

土石方测量是工程施工阶段一项重要的工作，其主要内容是计算开挖（填充）前后的挖方量(填方量),即计算土方的体积。土石方测量原理主要涉及几种不同的计算方法，包括 DTM（数字地面模型）法、方格网法、断面法、等高线法等。

9.1.2　传统土石方采集方式

1. 水准测量

在实地用测绳拉网，然后用水准仪测出各格网角点的高程，通过计算各格网角点的落差来计算土石方量。这种方法可根据实地地形情况选择相应的格网，一般为 10 m × 4 m 或 5 m × 2 m，由于点位高程精度高以及点位分布比较均匀，所以相对精度较高；但其野外作业比较烦琐，内业计算工作量巨大[1]。

2. 三角高程测量

土石方测量的高程数据采集可利用全站仪三角高程测量方法，按极坐标法进行测量。而根据不同的土石方计算方式，使用的全站仪外业采集方式也有一定区别。例如，方格网法主要针对地形比较平坦的测区，对测区先进行格网划分，并确定格网轴线及编号，实地利用全站仪按极坐标法放样出各轴线点位并标识,然后对各角点进行高程数据采集，最后对各角点高程进行分格计算或整体加权平均计算。

在土石方测量中使用全站仪测量，受地形高差变化的限制较小，只要在仪器的可操作空间内，保持仪器与目标之间通视，就能测量出待测点的三维坐标。但此方法也有缺点，在地形复杂区域需要布设控制网和转站时，耗费时间较多，且转站过多会由于误差传递导致后面站点的测量精度下降[2]。

3. RTK 测量

RTK 测量有单基站 RTK 测量方式和网络 RTK 测量方式。

（1）单基站 RTK 测量方式。

主要通过多台 GNSS 接收机（基准站和流动站）进行测量，基准站是通过数据电台或数据传输链将观测值和测站坐标等信息传送给流动站，流动站接收来自基准站的数据后，再采集 GNSS 数据进行实时处理，最后得出定位结果。此方式与全站仪测量均能测量任意位置的特征点及特定位置的格网点，从而满足三角网和方格网等土方计算方法的要求，且无须站点间通视即可进行作业，在信号良好时基本不需要对基准站进行搬站，较全站仪测量方法效率大为提高；其缺点是对基准站及流动站之间的距离有一定要求。

（2）网络 RTK 技术是通过布设多个参考站组成 GNSS 连续运行网络，对各参考站的观测数据进行综合分析建立误差修正模型，再通过数据传输系统将改正数据发送到流动站，从而修正观测值精度，比单基站 RTK 能在更大范围内实现流动站的高精度导航定位服务。此种方法较上述两种方法来说优势很大，但在树木茂盛的山林地带，网络 RTK 流动站会受到诸如 GNSS 信号、数据传输链信号不强等情况的影响，从而导致测量精度无法满足工作任务的要求[2]。

9.1.3　土石方计算方法

1. 方格网法

在对此方法的运用中，首先需要将场地划分成多个面积相等的方格，然后从实际的测量中得到每个方格角点的自然标高，将自然标高和地面设计的标高进行差值计算，由此得到零线位置，在此基础上得到方格的工程量。方格网法的计算公式是非常多的，不同的公式有着不同的工作方案和程序，主要应用的方法有算术平均法和加权平均法。算术平均法是将方格网的四个角点高程相加之和，除以点的总数，得到平均标高；加权平均法中，方格平均高程的计算是取每个网格四个角点高程的平均值，将方格的平均高程相加再除以方格数，得到方格网的加权平均高程。方格网法可以使用水准仪、全站仪以及 GPS 进行测量，该方法主要用于场地平整，地形起伏不大，地势渐变的土方计算；跳跃性较大的地形地貌，用线性内插计算方格网四角高程点不够准确，均高也不具代表性，不适合用方格网法[3]。

2. 断面法

断面法分为（横）剖面法和堆饼法。（横）剖面法主要用于条带状土方工程挖（填），每个剖面有一定的相似性，精度和一定长度内剖面个数相关，主要用于道路土方工程。

堆饼法一般用于固定或线性规律形状边界的排（填）土工程计算，通过分阶段、分层累计计算土方量。其本质是在地形图上或者是碎部测量的平面图上，按照相应的间隔进行场地的分割，将其划分成若干个相互平行的横截面，以设计高程和地面线所组成的断面图作为主要依据，对每个断面线所围成的面积进行相应的计算。在对相邻的两断面间的体积进行计算的时候，需要将相邻两断面面积的平均值和等分的间距相乘；在对总体积进行计算的过程中，需要将相邻两断面的体积相加。断面法广泛应用于道路、管线工程等线性工程的勘察设计与施工过程中，对于外业作业效率有一定的提升，但对于测区地势起伏反映程度不够细致，计算出来的土石方量不是特别精确[3]。

3. 等高线法

等高线法是利用计算任意两条等高线面积和高差形成梯形台体来计算体积。此种方法适用于缺少采集数据，利用将旧图扫描矢量化后的数据进行的土方计算，和断面法中堆饼法有一定的相似度，适用于场地起伏大且有规律的土石方计算。

4. 数字地面模型法

数字地面模型（DTM）法土方测量是基于 DTM 模型计算土方量的方法，与常用的数字高程模型（DEM）法的区别是：DEM 是一定范围内规则格网点的平面坐标（*X*，*Y*）及高程（*Z*）的数据集；DTM 是地形表面形态属性信息（包括高程、坡度、坡向等），是带有空间位置特征和地形属性特征的数字描述。DTM 土方量计算法是通过外业极坐标测量实地采集的地面坐标（*X*，*Y*，*Z*）点，先测出地形图，再根据实地测定的地面点坐标和设计高程生成三角网，来计算每个三棱锥的填（挖）方量，最后累计得到计算区域内的填（挖）方量的一种方法。此种方法从微分角度三维建模该区域地形地貌的空间分布，累加每个三棱柱体的土方量，计算精度高，理论上适用于任何地形。但每块三角形区域大小不等，区域排（填）土量直观性较差[4]。

9.1.4 移动三维扫描技术应用原理及优势

1. 移动三维扫描技术应用原理

移动三维扫描技术应用原理在第 2 章已详细阐述。移动三维扫描技术是在三维激光扫描原理的基础上做出了一些改进，相比架站式三维扫描技术来说，更具有高效率、操作便捷等特点；并且针对不同的土石方测量环境，适用的移动三维扫描技术也会不一样。

2. 移动三维扫描技术应用优势

相对于传统的土石方测量技术，移动三维扫描技术有着无可比拟的优势。表 9.1-1 和表 9.1-2 中分别总结了不同土石方测量技术的特点，同时也介绍了在不同的土石方测量环境下，选用哪种移动三维扫描技术最合适。

表9.1-1　传统土石方测量技术

仪器	优缺点及适用条件	
水准仪	优点	（1）测量高程精度高； （2）仪器体积小、质量轻，比较灵活方便，便于换站； （3）测量得到的数据计算方法简单
	缺点	（1）功能单一，只能反映高差，测量水平距离需要配合其他测量工具； （2）测量范围小，需要多个测站点，不便于大范围的测量； （3）仪器使用时需要调平，需要人工按键测量，耗时耗力
	适用条件	地形比较平坦地区的地形图测量、土石方测量
经纬仪	优点	（1）仪器体积小、质量轻，比较灵活方便，便于换站； （2）测量得到的数据计算方法简单
	缺点	（1）测量精度不高，对精度要求高的工程不适用； （2）测量范围小，需要多个测站点，不便于大范围的测量； （3）仪器需要调平，需要人工读数，每次记录一组数据，测量耗时多
	适用条件	适用于起伏变化不是很大的地形测量、土石方测量
全站仪	优点	（1）测距和测角精度高，能自动读取测量距离、角度，减少了计算误差； （2）仪器体积小、质量轻，比较灵活方便，便于换站； （3）适用范围广，不受地形限制
	缺点	仪器使用时需要整平，每次记录一组数据，测量耗时多
	适用条件	任何地形的土石方测量
GPS	优点	（1）仪器体积小、质量轻，测量方式非常灵活方便； （2）在卫星信号正常情况下，可以大范围进行土石方测量； （3）采集高程数据十分便捷，数据处理也十分简便，极大提高作业效率
	缺点	在有植被覆盖或者卫星信号有遮挡的地方无法进行正常作业
	适用条件	在无卫星信号遮挡的区域，适用于任何地形的土石方测量

表9.1-2　新型土石方测量技术

仪器	优缺点及适用条件	
架站式三维扫描技术	优点	（1）能够以高密度、高精度的方式获取目标表面特征； （2）数据采集效率高，能够快速获取大面积目标空间信息； （3）能自动采集数据的三维坐标，采集的数据具有彩色信息； （4）采用完全非接触的方式对目标进行扫描测量，获取实体的矢量化三维坐标数据，从目标实体到三维点云数据一次完成，做到真正的快速原形重构，可以解决危险领域的测量、柔性目标的测量、需要保护对象的测量以及人员不可到达位置的测量等工作； （5）仪器不需要调平，操作简单，突破了单点测量方法，每次可测量大量的数据，不需要频繁换站
	缺点	（1）容易受到遮挡物的影响，对于植被茂盛的区域，后期点云数据处理难度较大； （2）外业扫描的测站与测站之间需要有一定的重叠度来进行点云拼接，不仅影响了外业测量效率，同时在对各个测站进行拼接的时候也会存在一定的拼接误差
	适用条件	适用于大面积无植被或者少植被覆盖区域的土石方测量

续表

仪器	优缺点及适用条件	
移动三维扫描技术	优点	（1）具有架站式三维激光扫描仪所有的优点； （2）相比于架站式三维激光扫描仪来说，外业采集效率更高，内业无须人工进行点云拼接，直接通过点云处理软件计算得到三维点云模型，极大的简化了点云数据处理工作量
	缺点	易受到遮挡物的影响，对于植被茂盛区域，点云数据处理难度较大
	适用条件	（1）适用于大面积无植被或者少植被覆盖区域的土石方测量； （2）便携式三维扫描技术适用于人员不能到达区域的土石方测量； （3）车载三维扫描技术适用于测量竣工道路的土石方测量； （4）机载三维扫描技术适用于大范围、地形较简单的土石方测量

9.1.5 移动三维扫描技术应用工作流程

图 9.1-1 为移动三维扫描技术在土石方测量应用中的基本工作流程，其中，各类三维扫描技术的外业数据采集、内业点云模型解算和点云坐标转换已在其他章节中进行了详细的介绍。本节将详细介绍图 9.1-1 中的后续几项工作流程。

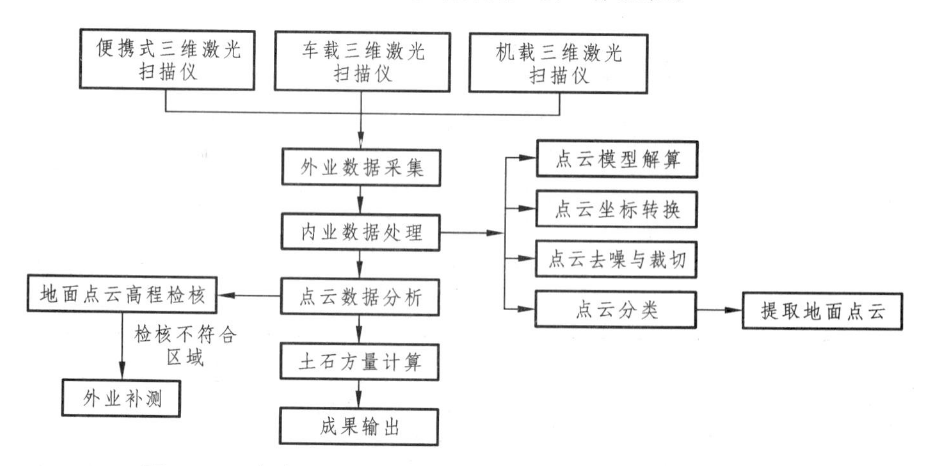

图 9.1-1　移动三维激光扫描在土石方测量应用中的工作流程

1. 点云去噪与裁切

在土石方测量中，无论是使用哪种三维扫描技术进行外业数据采集，在经过点云解算以及点云坐标转换处理后，最终得到的均是该项目绝对坐标系下的点云数据。但解算出的点云模型包含了大量的无效点云数据，比如该项目测量范围外的点云数据以及项目测量范围内的非地面点云数据。同时因点云数据量非常大，对计算机硬件要求也很高，为了提高后续点云分类效率，在点云分类之前，需要对解算出的点云模型进行去噪与裁切。

目前，市面上有不少点云处理软件可以对点云进行去噪与裁切处理，本节主要介绍利用徕卡 Cyclone 点云处理软件，对点云模型进行去噪与裁切。使用 Cyclone 进行点云去噪与裁切的优势在于可以大面积删除低于地面的点以及明显高于地面的点，能极大地减轻整个点云模型的数据量，具体操作流程如下。

（1）Cyclone 数据库的创建。

首先打开 Cyclone 软件，在 SERVERS 下面的 unshared（PC 主机名）上，鼠标选中“Database”并点击右键，进入 Database 选项，选择“Add”，再点击路径设置按钮，选择新创建数据库的路径并命名后，Add Database 空白处会根据设置显示，点击“OK”，数据库便创建完成。

（2）Cyclone 点云数据导入。

鼠标选中已创建好的数据库，并右键选择“Import”，在弹出的对话框中，加载需要导入的点云“.LAS”格式文件即可。

（3）Cyclone 点云浏览。

ModelSpaces 中的 Cyclone 点云数据，在“ModelSpaces View”中双击“ModelSpaces 1 View 1”进入点云数据浏览界面。

（4）Cyclone 点云去噪。

利用框选工具，选中需要进行删除的点云，右键单击，选择“Fence”→“Delete Inside”，如需要删除选中点云的外部数据则选择“Fence”→“Delete Outside”，如框选位置不正确需要重新框选，使用删除按键删除。

（5）Cyclone 点云裁切。

点云裁切的目的就是将项目测量范围线外的点云数据裁切掉，进一步减少点云模型的数据量，为后续的点云分类工作减轻压力。具体裁切步骤如下：

在 Cyclone 点云查看界面中选择“File-Import”选项，在弹出的图框中找到提前准备好的范围线坐标文件，范围线坐标文件的格式内容为点号、X 坐标、Y 坐标、Z 坐标，因裁切只需平面坐标即可，故 Z 坐标值可随意指定。选定之后，单击“打开”，在弹出的对话框中根据文本信息定义数据属性，如图 9.1-2 所示。设置完成后点击“Import”，即可在点云视图下看见导入的坐标点。再通过上述的点云去噪功能，依次选中各点，即可将范围线外的点云裁切掉。

2. 点云分类

原始点云模型经过去噪与裁切后，余下的点云即为测量范围内的点云数据，而计算土石方的有效点云是地面点云数据，故接下来还需对点云模型进行点云分类，提取地面点云数据。目前，市面上有许多常用点云分类软件，如 TBC（Trimble Business Center）软件、MicroStation Terrasolid 软件等。点云分类软件在其他章节中也有介绍，本节将详细介绍利用 TBC 软件进行点云分类的操作流程。

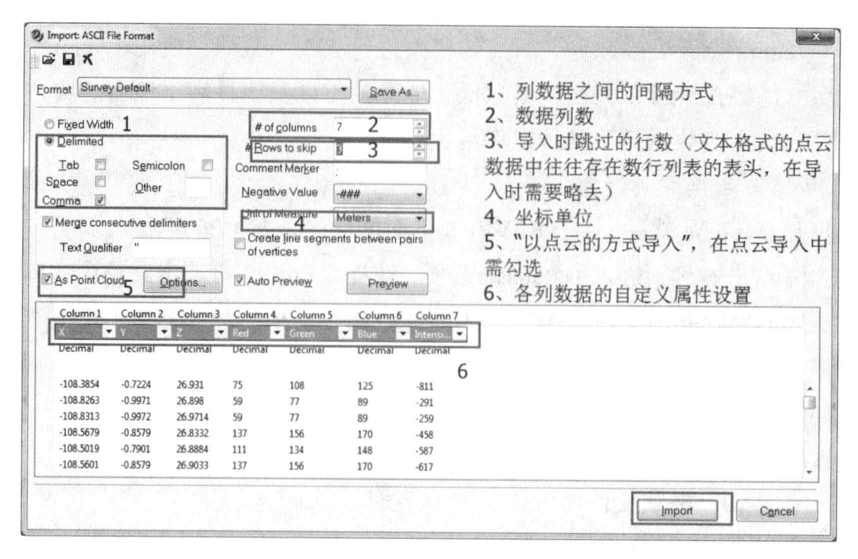

图 9.1-2　定义数据属性

（1）新建工程。

打开 TBC 软件，点击“新建工程”，模板选择米制模板，点击“确定”，完成工程建立。

（2）导入点云。

点击菜单栏“本地”→“输入”，选择“导入文件夹”路径，将需要处理的点云添加到工程中，选择点云文件使用的计量单位为“米”，选择点云文件的创建方式为“地理参考，网格比例点云”。弹出投影定义对话框，点击“确定”，完成点云导入（图 9.1-3）。也可以将需要处理的点云框选后拖入俯视图窗口，软件会自动识别点云并进行点云导入流程，导入提示与上面一致。

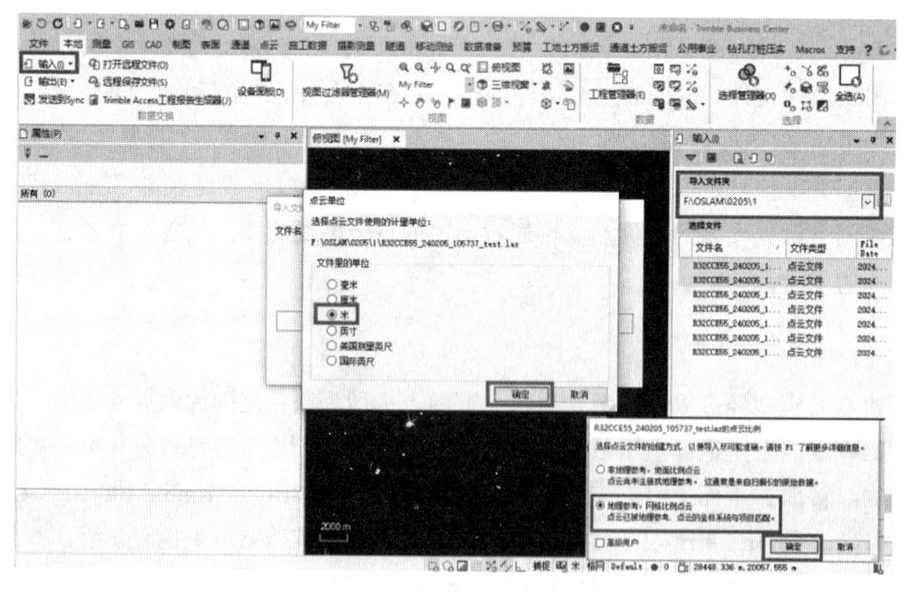

图 9.1-3　TBC 点云导入

（3）点云分类。

在俯视图窗口选中导入的点云，选中后点击菜单栏“点云”→“点云分类”，选择需要分类的点云类型，点击“提取”（图 9.1-4）。

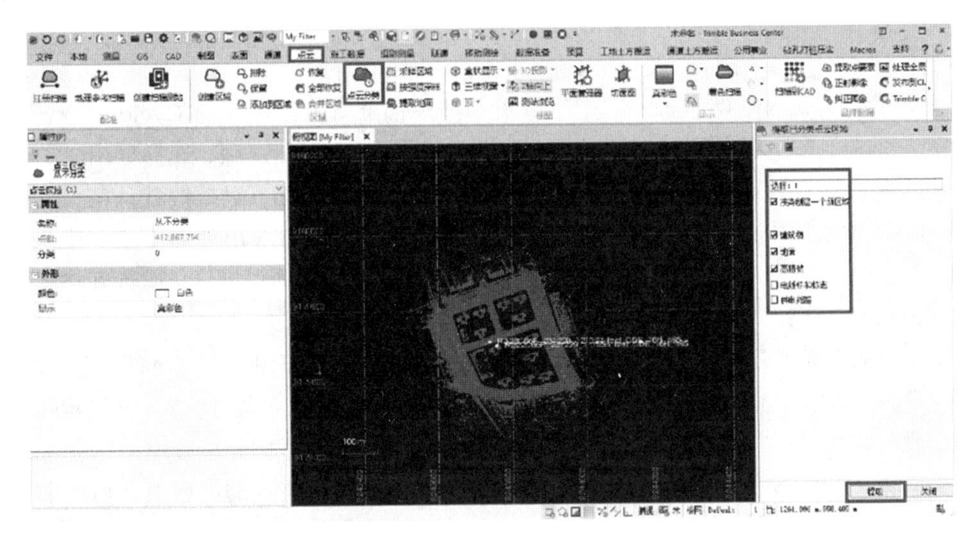

图 9.1-4　TBC 点云分类

（4）虽然通过点云分类处理软件可以分类出地面点云，但是由于目前点云分类软件的算法还有待进一步提升，同时又因外业测量环境复杂多变，例如，测区中存在建（构）筑物或者是植被茂密的区域，如果这些区域没有或者只有极少数的地面点云数据，那么点云分类软件在提取地面点云的时候，有可能会将建（构）筑物顶部区域或者是植被的顶端部位视为地面点云数据，从而导致提取的地面点云数据跟实际对应的地面高程相差比较大，因此需要进行人工分类处理。人工分类处理可参照第 8 章介绍的处理方式进行地面点云再次分类。

（5）地面点云成果导出。

经过人工地面点云分类处理后，在俯视图窗口点击“地面层点云”，选中后在菜单栏点击“本地”→“输出”，文件格式选择“LAS 导出器”，点云格式设置为“las1.4”，指定点云导出路径，点击“输出”。

3. 点云数据分析

分类得到地面点云数据后，需评定地面点云精度，所以在外业扫描过程中，我们还需要使用 RTK 对测区进行高程检核点的采集。

地面点云高程数据检核原理是采用 RTK 在测区内均匀采集一部分高程检核点，将这些高程检核点与其对应位置附近的地面点云高程值进行比较，当两者平均较差在 ±50 mm 内，则可认为该高程检核点周围的地面点云高程是满足要求的。原则上 RTK 采集的高程检核点应均匀分布，且检核范围需占测区面积的 5%以上，如局部区域地面点云高程不满足要求，则需要将该区域的地面点云裁切掉，并重新使用 RTK 补测该区域的高程数据。在此种情况下，计算土石方使用的数据既有满足检核要求的地面点云数据，也有RTK补测的数据。在绝大多数情况下，只要外业扫描的时候特别留意被遮挡的区域，对该区域进行反复精扫，便可以避免上述特殊情况的出现。而检核点高程与点云数据高程的对比方式有许多途径，接下来详细介绍两种比较快捷、直观的对比方式。

（1）利用 Cyclone 进行点云高程值与检核点高程值对比。

按上述的 Cyclone 操作步骤，先将分类后的地面点云数据加载到 Cyclone 中，在点云视图界面中，选中所有的地面点云，接着点击“File-Export”选项，选择导出“.TXT”文本格式并命名文件后，点击“保存”，在弹出的输出选项界面，直接按默认的设置点击“Export”按钮。导出的文本文件可以设置输出多种形式，针对导出地面点云三维坐标文件，则需要设置格式为点号、X坐标、Y坐标、Z坐标，后续几项可默认，设置好格式后，点击“Export”按钮。

将导出的地面点云三维坐标文件编辑处理成南方 CASS 能识别的“.DAT”展点文件，这里需要注意的是，Cyclone 软件中显示的地面点云三维坐标（X，Y，Z）应与实际的点云三维坐标（X，Y，Z）一一对应。将整理好的地面点云三维坐标和检核点三维坐标同时展绘到南方 CASS 软件中，利用南方 CASS 功能可捕捉出检核点的高程值，可以非常直观、便捷地对比出检核点高程值与周围地面点云高程值的较差，统计并评定出地面点云高程精度，快速判别分类提取的地面点云是否合格。

（2）利用南方 CASS 3D 进行点云高程值与检核点高程值对比。

打开南方 CASS 3D，选中菜单栏中的“点云”，在下拉窗口中选择“打开点云”，然后选择所要加载的地面点云文件，将地面点云加载进南方 CASS 3D 中，如图 9.1-5 所示。

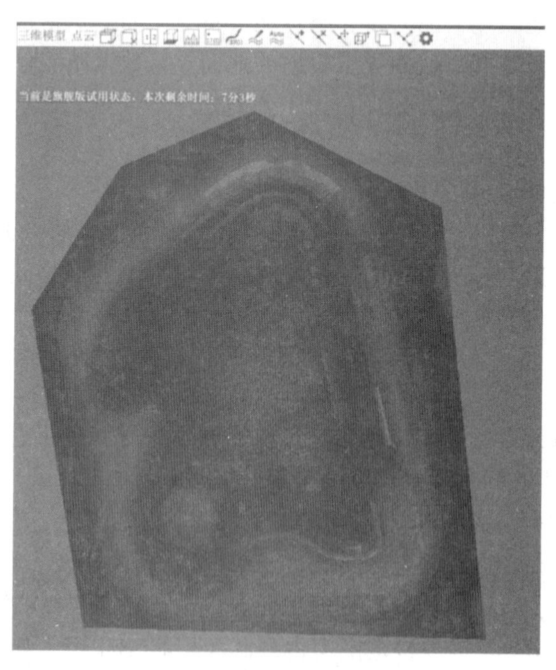

图 9.1-5 地面点云示意图

在图 9.1-5 的基础上，将检核点展绘到 CASS 3D 中，并且将检核点以及检核点附近的地面点云高程值捕捉出来，如图 9.1-6 所示，绿色高程值为检核点高程，黄棕色高程值为检核点附近的地面点云高程值，在图面上可以很直观地对比检核点高程值与附近地面点云高程值的差异情况，通过统计各高程较差即可评定地面点云高程精度，快速地判别地面点云是否合格。

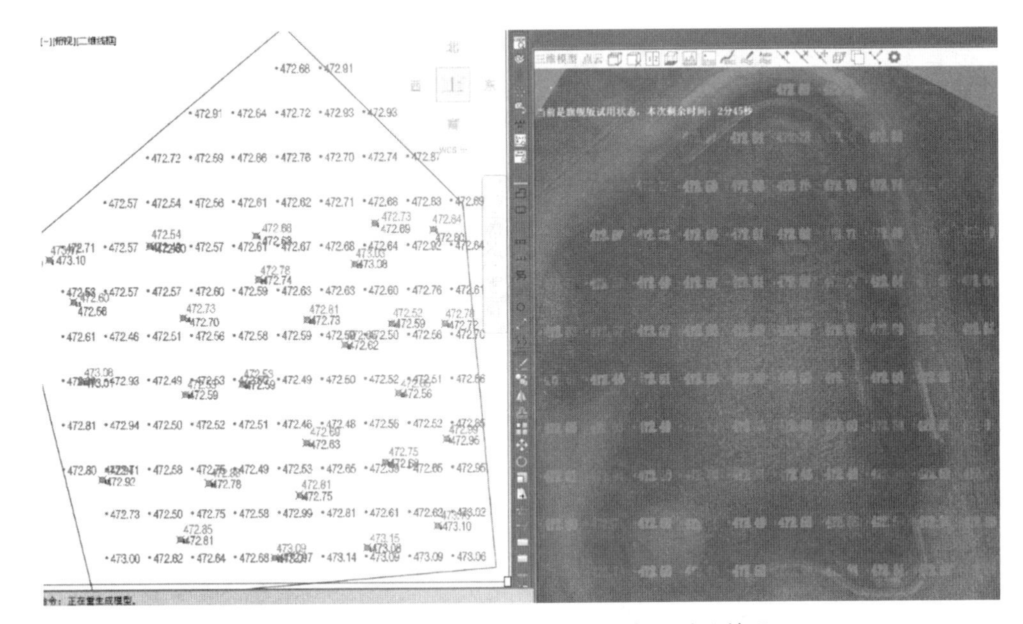

图 9.1-6　检核点高程与地面点云高程对比情况

4. 土石方量计算及成果输出

在检核点高程值与附近的地面点云高程值全部比较完成后，若地面点云高程值全部符合要求，便可单独利用地面点云进行土石方量计算和成果输出，若地面点云高程值局部区域不符合要求，则需要将不符合区域的地面点云数据先删除，再加入使用 RTK 补测的数据，一同计算土石方量和成果输出。下面将介绍两种情况的土石方量计算流程及其成果输出。

（1）单独利用地面点云计算土石方量及输出成果。

目前，许多点云处理软件都有利用地面点云计算土石方量的功能，本节主要介绍利用欧思徕背包便携式三维扫描配套点云处理软件 OmniSLAM Work 进行土石方量计算。其基本操作流程为：先将地面点云模型导入到软件中，利用地面点云构建不规则三角网（TIN），输出栅格格式的 DEM 初步成果，如图 9.1-7 所示；然后选择已有的设计高程面、DEM 或高程点构建三角网，再导入计算范围线、选择计算方法等，最后点击“计算土方量”，即可输出土石方量成果，如图 9.1-8 所示。

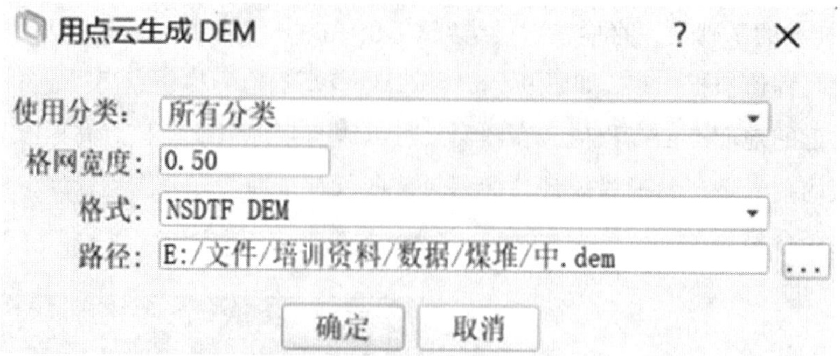

图 9.1-7　点云生成 DEM 示意图

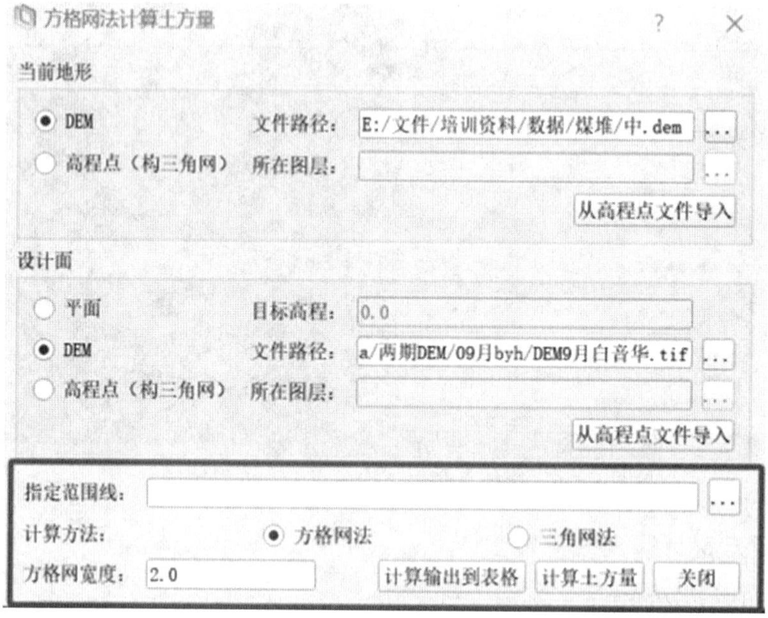

图 9.1-8　点云计算土石方量示意图

（2）利用地面点云以及 RTK 补测数据共同计算土石方量及输出成果。

先将地面点云导入 Cyclone 软件中，输出地面点云三维坐标文件，然后将地面点云三维坐标文件与 RTK 补测数据共同合并成南方 CASS 能识别的“.DAT”展点文件，最后利用南方 CASS 软件进行土石方量的计算，流程如下：

（1）打开南方 CASS 软件，加载项目测量范围线文件后，点击 CASS 菜单栏中的“等高线”，选择“建立三角网”。

（2）在弹出的对话框中首先选择“由数据文件生成”，然后选取需要计算土石方量的总展点文件，最后建立三角网。

（3）生成三角网后，选择“等高线”下拉选项栏中的“绘制等高线”，在弹出的对话框中点击“确定”按键，生成等高线，生成的等高线是用来再次检查地面点云是否存在高程异常的点。如存在，需将对应位置的高程异常点云删除。

（4）经过等高线检查合格后，选择在“工程应用”下拉选项栏中选择“方格网法”或“三角网法”进行土方计算，下面以方格网法为例。选中范围线后点击鼠标右键，在弹出的对话框中选择“由数据文件生成”，加载计算土石方展点文件，设置输出的格网点坐标数据文件以及方格网宽度值，点击“确定”按键，最后设置格网缺省值以及设计高程值，即可生成方格网土方计算成果，如图 9.1-9 所示。

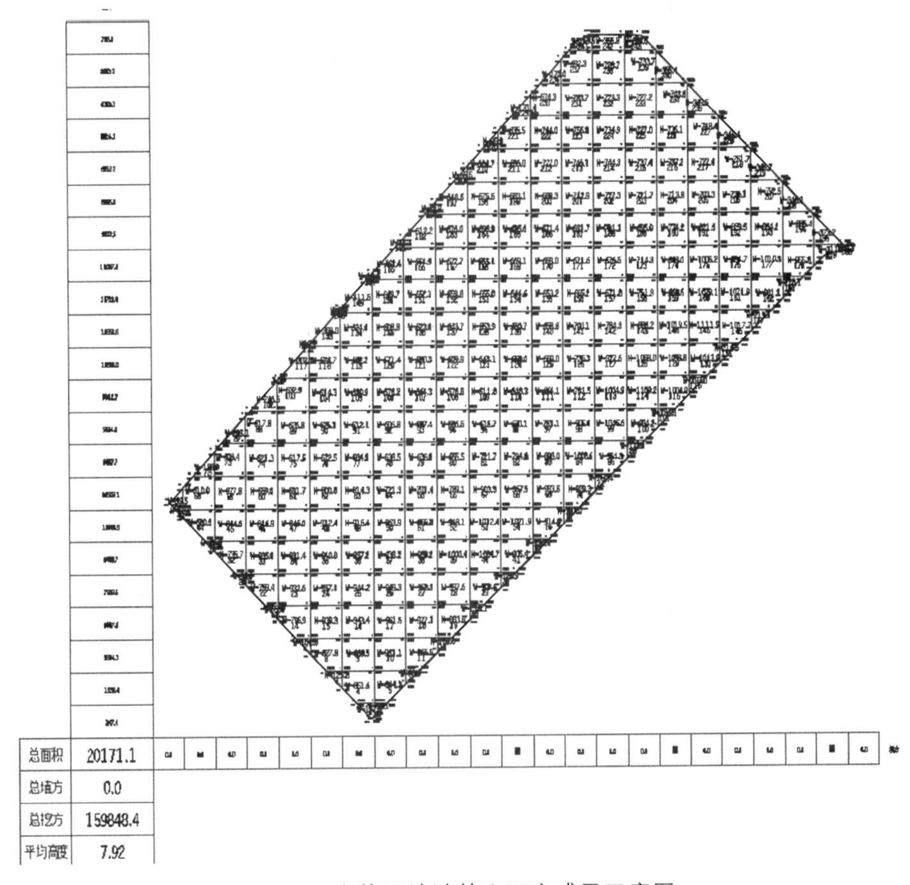

图 9.1-9　方格网法计算土石方成果示意图

9.1.6　应用案例

1. 建渣、垃圾堆场地土石方测量

在城市更新发展过程中，很多农村区域的民房面临拆除，方便后续新区的整体规划。而在拆除民房后，清理房屋建渣以及农民生活垃圾、废料这项工作也是施工方工程量的重要组成部分。随着城市化进程步伐的加快，测量建渣及生活垃圾堆土石方量的需求将会越来越多。

（1）项目概况。

某片区需拆迁重新规划，区域内的民房已全部拆除，施工方面临清理片区内的建渣以及生活垃圾堆等事项，此次测量该片区内建渣及生活垃圾堆土方量的工作，是为后续施工方工程量结算提供依据。该项目整个片区的建渣及垃圾堆点位共 103 处，其中堆放建渣区域有 81 处，垃圾堆放区域有 22 处，每处建渣区域及垃圾堆放区域面积都不大，其中最大面积约为 2 000 m^2，最小面积约为 500 m^2。由于建渣区域内多为松散的砖块和木材，并且木材上钉子十分密集，施测危险系数很大，加上垃圾堆放区域内大部分垃圾质地松软，气味难闻，情况更加复杂，故外业数据采集无法采用接触性测量的方式进行测量；同时，片区内各个建渣及垃圾堆放区域分布分散，甲方要求的测量工期较短且区域内禁飞。综上考虑，本次采用欧思徕背包便携式三维扫描技术进行测量，同时选取一部分现场情况较好的建渣区域，使用 RTK 测量方式进行测量，以便将 RTK 测量的土石方量成果与背包便携式三维扫描技术测量的土石方量成果进行对比，检核背包便携式三维扫描技术测量成果的精度。

（2）作业方案。

① 外业观测。

由于该项目每处建渣及垃圾堆的堆放面积较小且分散，故对每个建渣区域及垃圾堆放区域单独建立一个扫描文件；外业采集形式基本上都是测量人员背着扫描仪围绕测区走一个闭合环，每处区域扫描用时约 15 min，同时使用 RTK 测量方式测量了 36 处测量环境相对较安全的建渣区域。103 处区域外业用时共 4 d，共建立 103 个扫描文件。

② 点云处理。

外业数据采集完成后，采用欧思徕背包便携式三维激光扫描仪配套数据处理软件 Mapper 进行点云解算，将解算出来的点云数据导入 Cyclone 软件中进行点云去噪与裁切，只保留项目区域内的点云数据；再将裁切后的点云数据导入到 TBC 软件中进行点云分类，提取地面点云数据；最后将地面点云进行坐标转换与高程精化，将地面点云转换到项目需要的平面坐标系和高程基准下。

（3）成果比较。

① 土石方精度检核。

因本项目只需要计算出施工方清理建渣及垃圾堆放区域的工作量，而建渣及垃圾堆放区域都是在较平坦的地面上，故本项目计算土方量的设计高程面可为每处测区地表的平均高程面。计算出每个测区的平均高程面后，利用 OmniSLAM Work 软件，可计算出各个测区地面点云模型的土石方量。背包便携式三维扫描技术测量的土石方成果与 RTK 测量的土石方成果对比结果见表 9.1-3。

表 9.1-3　土石方较差　（单位：m^3）

序号	建渣区域号	RTK 测量土方量 M_1	扫描仪测量土方量 M_2	土方量较差 ΔM $\Delta M = M_1 - M_2$	相对误差
1	建渣 1 区	603.79	591.85	11.94	2.0%
2	建渣 2 区	727.52	711.82	15.7	2.2%
3	建渣 3 区	6 686.73	6 548.67	138.06	2.1%

续表

序号	建渣区域号	RTK 测量土方量 M_1	扫描仪测量土方量 M_2	土方量较差 ΔM $\Delta M=M_1-M_2$	相对误差
4	建渣 4 区	5 243.61	5 098.84	144.77	2.8%
5	建渣 5 区	5 163.45	5 059.98	103.47	2.0%
6	建渣 6 区	4 818.07	4 697.33	120.74	2.5%
7	建渣 7 区	856.18	844.09	12.09	1.4%
8	建渣 8 区	551.44	539.69	11.75	2.1%
9	建渣 9 区	767.49	749.98	17.51	2.3%
10	建渣 10 区	731.51	712.22	19.29	2.6%
11	建渣 11 区	686.69	667.33	19.36	2.8%
12	建渣 12 区	768.86	749.34	19.52	2.5%
13	建渣 13 区	878.53	854.22	24.31	2.8%
14	建渣 14 区	740.39	718.88	21.51	2.9%
15	建渣 15 区	931.65	910.98	20.67	2.2%
16	建渣 16 区	927.48	911.01	16.47	1.8%
17	建渣 17 区	1 042.59	1 011.88	30.71	2.9%
18	建渣 18 区	1 539.68	1 497.49	42.19	2.7%
19	建渣 19 区	2 964.84	2 879.99	84.85	2.9%
⋮	⋮	⋮	⋮	⋮	⋮
36	建渣 36 区	6 971.84	6 822.42	149.42	2.1%

② 土石方成果输出。

本项目以 RTK 测量方式计算出的土方量为理论值，经统计，背包便携式三维扫描方式计算出的土方量与 RTK 测量方式计算出的土方量相对误差最大值为 2.9%，故背包便携式三维扫描技术测量成果能够满足土方计算成果精度要求。由于本次利用 RTK 测量了 36 处建渣区域，且根据表 9.1-3 可知，RTK 测量计算出的土方量比背包便携式三维扫描技术测量计算出的土方量都要多，故本项目最终的土石方测绘成果分两种情况出具，即使用 RTK 测量的建渣区土方量按 RTK 测量计算的成果出具资料，其余均按背包便携式三维扫描技术测量计算出的土方量出具成果。

（4）经验总结。

在某些特殊场地内进行土方量的测量，使用移动三维扫描技术不仅客观地反映了现实情况，对真实场地进行三维建模和虚拟重现，扫描成果更接近真实数据，还解决了测量人员无法接触性测量的困难，极大地保证了测量人员及仪器设备的安全，提高了作业效率。为测量现场情况复杂及危险区域的土石方测绘项目提供了新思路。

2. 公园建设土方方格网测量

（1）项目概况。

位于西部某超大城市的环城绿道公园建设土石方测绘项目，测区全长约 97 km，宽约 6 m，为穿插于绕城高速内外侧的环线，项目作业时，公园绿道基本竣工。该项目需测量出具该环线绿道竣工地面方格网成果，测量工期要求 10 d，方格网规格采用 5 m×5 m。由于工期紧张，若采用常规测量方式，时间与人员都会十分紧张，加上申请航飞空域时间久且测区为环状竣工道路，故本项目采用车载三维扫描技术进行外业数据的采集，其中，对部分车辆无法到达的区域采用背包便携式三维扫描技术进行外业补测。

（2）作业方案。

本项目土石方测绘技术路线如图 9.1-10 所示。

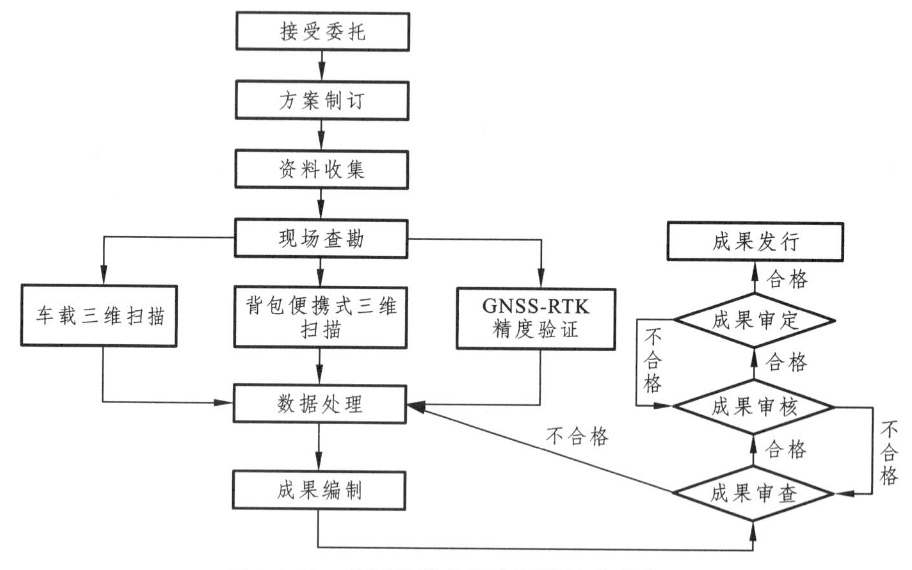

图 9.1-10　公园绿道土石方测绘技术路线图

① 外业观测。

作业前，提前架设好同步观测基站点，规划好车辆采集行驶路线，本次作业共架设 10 个静态点位，外业数据采集用时 5 d，其中车载三维扫描外业完成约 94.4 km 点云采集，背包便携式三维激光扫描外业完成约 2.4 km 点云采集，GNSS RTK 采用图根级作业沿公园绿道共完成 60 处特征点高程值的采集，而这 60 处特征点选取位置都为道路中心标线处，且该特征点方圆 5 m 内道路面都十分平坦。

② 点云处理。

外业采集数据完成后，车载三维扫描数据使用 Copre2.3 软件进行点云导入、拼接、解算，使用 MicroStation CONNECT Edition 软件进行点云的裁剪和分类，再将分类完成的地面点云进行坐标转换。而背包便携式三维扫描的点云数据处理已在上文详细介绍。最后利用 Cyclone 软件对车载扫描的地面点云和背包便携式扫描的地面点云进行融合。

（3）成果比较。

① 高程精度检核。

获得项目绝对坐标系下的地面点云模型后，可将地面点云特征点高程与 RTK 测量的特征点高程进行对比及精度评定，如表 9.1-4 所示，计算出来的高程中误差为 0.035 m，满足作业及成果要求。

表 9.1-4　高程较差表　（单位：m）

序号	测点号	RTK 测量特征点高程 H_1	扫描仪测量特征点高程 H_2	高程较差ΔH $\Delta H=H_1-H_2$	备注
1	G1	***.238	***.219	0.019	路面高
2	G2	***.176	***.199	−0.023	路面高
3	G3	***.337	***.320	0.017	路面高
4	G4	***.711	***.760	−0.049	路面高
5	G5	***.161	***.174	−0.013	路面高
6	G6	***.117	***.143	−0.026	路面高
7	G7	***.215	***.258	−0.043	路面高
8	G8	***.778	***.751	0.027	路面高
9	G9	***.729	***.775	−0.046	路面高
10	G10	***.479	***.503	−0.024	路面高
11	G11	***.099	***.119	−0.020	路面高
12	G12	***.840	***.816	0.024	路面高
13	G13	***.646	***.613	0.033	路面高
14	G14	***.368	***.406	−0.038	路面高
15	G15	***.937	***.961	−0.024	路面高
16	G16	***.127	***.155	−0.028	路面高
17	G17	***.191	***.150	0.041	路面高
18	G18	***.888	***.841	0.047	路面高
19	G19	***.346	***.388	−0.042	路面高
⋮	⋮	⋮	⋮	⋮	⋮
60	G60	***.091	***.045	0.046	路面高
高程中误差：			0.035		

② 成果输出。

由于本次测量项目范围广，地面点云模型数据量十分庞大，若使用常规方法来进行方格网成果制作，非常烦琐且需消耗大量时间，对计算机要求也很高，加上本项目测区内为硬质道路，地形变化较连续，故为了能快速解决大范围竣工道路方格网成果的制作，提高成果输出效率，在 CASS 3D 既有功能“线上提取高程点”的基础上，研发了根据格网角点提取高程值的功能。

在 CASS 3D 中，线上提取高程点的工作原理是在点云模型区域内，在 CASS 命令栏中输入“PL”进行画线，通过“线上提取高程点”功能，选中画好的线条，然后设置线上提取方式，提取方式包括按线段等分方式、等距方式以及节点提取。本次研发的格网点提取高程功能则是与线上提取高程点中的按节点提取原理基本一致，即在一定范围内对格网某一节点处点云进行高程拟合运算，内插出该处格网节点的高程值，并且相邻格网之间重叠的节点不进行重复拟合高程。依次类推，可将格网四个节点的高程值都拟合出来，即可输出整个测区道路地面方格网成果。

（4）项目小结。

本项目充分运用了车载三维扫描技术以及背包便携式三维扫描技术，4 d 完成公园绿道全环约 97 km 外业点云数据采集，2 d 完成点云数据的处理，1 d 完成最终成果的制作，提前保质保量地完成了公园绿道全环的方格网测量任务。对于呈带状或者道路形式的测区，使用车载三维扫描技术能够极大地提高作业效率，节约人力物力；对于某些特殊车辆无法行驶的区域,则可以使用背包便携式三维扫描技术或常规测量方式进行补测。本节提出了运用点云快速生成土方方格网成果的新方法，虽然该新方法十分高效，但仍需进一步完善；经过一系列的测试，该功能只适用于地形简单、地势起伏连续且较平坦区域的点云高程拟合运算。本项目拟合出来的结果经过外业对比，是符合方格网成果精度要求的。

9.2 在建筑物外立面测量中的实践应用

9.2.1 建筑物外立面测量概述

建筑物是城市场景中最重要的地物，是人类活动的主要场所，而立面图是市容环境改造和建（构）筑物改（扩）建工程设计和施工的依据。在城市更新发展过程中，很多区域市政配套设施落后、建（构）筑物年久失修，已无法跟上现代城市化发展的步伐；而在老旧城市建筑物美化、改造过程中，无论是造价计算还是规划设计，都需要快速获得目标建筑物三维模型、外立面尺寸及坐标数据，包括建筑物外貌、高度、外部装饰，屋面、台阶、阳台和门窗等部件位置以及形式的准确体现和数形描述，为施工建设提供规划设计和装饰等方面的技术支持，这一过程称之为建筑物立面测绘。近年来，立面测量的设备、软件不断涌现，与之伴随的，是对立面测量成果精细度要求的提高和立面图表现形式的多样化，测量内容从外立面到轴立面，测量对象也从普通建筑到城市高耸建筑及历史建筑，作业难度越来越大，导致如何快速、高效并准确地获取建筑物的立面线画图成为测绘行业近年来普遍关注的工程问题之一[5]。

9.2.2　外立面测量方法及其优缺点

1. 手工丈量方法

利用挑杆挂尺配合脚手架量取女儿墙、屋脊、檐口等高度，再配合钢卷尺或手持测距仪量取每层层高，皮尺量取建筑物长度，对外立面以及各种造型要素的长度、宽度和高度等进行丈量，现场绘制草图，内业利用软件编绘立面图。

优点：方法简单、操作方便、对作业人员技术要求低、仪器设备投入少、不受场地影响，适合于外立面造型、装饰简单的建（构）筑物外立面测量。

缺点：适用范围较窄，对建（构）筑物房顶等部位，以及外立面装饰各异、造型复杂的建（构）筑物，用此方法难以施测；此外，利用此方法获得的数据量少、精度低、累积误差较大、人工成本高、作业效率低[6]。

2. 全站仪测量方法

根据作业片区内建（构）筑物的位置、造型设计、结构特点、复杂程度等布设控制点，在新布设的控制点上架设带有免棱镜功能的全站仪，开启免棱镜功能，利用极坐标法配合草图，采集建（构）筑物的特征点和外立面要素。绘制草图时细节部位应注意不得遗漏，对造型复杂区域拍照或者对每个立面拍照，方便内业绘图时参考。对无法支站、遮挡部位和全站仪无法采集区域，利用手持测距仪进行量测，测量过程中应注意激光测距仪的复位和起算距离，测距仪不能通视部位辅以钢尺量测。内业对全站仪采集的三维坐标进行格式转换，利用专业成图软件，导入转换后的数据，形成二维坐标图形。结合外业草图以及拍摄的建（构）筑物相片，独立编辑完成各二维建（构）筑物平面和立面图。

优点：方法简单易行、精度较高、数据量小、数据处理简单。

缺点：测图精度受激光束的瞄准精度影响较大、人员投入较大、外业工作时间较长，受地形、外部环境、自然条件等因素干扰较大，获取数据量较少，工作效率低，需要草图、固定点等配合，且全站仪仰角不宜过高，测绘附加产品较少；适合于外立面造型、装饰简单的建（构）筑物外立面测量[6]。

3. 近景摄影测量方法

根据建（构）筑物布设控制点，将相机架设在控制点上，多角度、多方位、近距离拍摄建（构）筑物的立面照片，根据已求得的内外方位元素，通过空间交会三角测量模型，导入控制点坐标、相机及其他参数，完成影像的内定向、相对定向、绝对定向、区域网平差计算、接边等环节，完成 DEM、DOM，利用专门软件进行影像判读或解译，确定其外立面要素。

优点：测量原理类似于倾斜摄影测量，也是一种非接触性量测方法，但使用仪器设备相对简单，不需要单独敷设飞行路线，可以大大提高外业工作效率，内业数据处理相对于倾斜摄影测量简单。

缺点：数据量大，内业处理复杂，必须多软件、多平台协同操作；对作业员综合能力要求高。对单体目标应用较为广泛，区域性测量局限性较大[6]。

4. 倾斜摄影测量方法

倾斜数字航空摄影测量技术采用多镜头依次获取建（构）筑物前视、下视、后视、左视、右视的立体影像数据，保证多角度获取倾斜摄影影像，同时记录飞行高度、飞行姿态参数、曝光时间、相机参数、相片坐标数据等信息。内业经过影像后处理软件，对原始影像进行色彩、亮度和对比度的调整和匀色处理，完成影像数据的预处理，导入相机参数、POS 数据进行多视角影像特征点密集匹配，根据共线方程，完成影像相对定向和影像空三加密,求算出区域网与大地坐标系统的转换参数,完成影像绝对定向等工序。根据影像形状、大小、色调、阴影、相关位置、纹理等对影像进行判读和解译，采用特定软件生成三维 TIN 格网构建、白体三维模型创建、自助纹理映射和三维场景构建。通过测量软件对实景模型进行矢量化，获取建（构）筑物要素的三维坐标数据、尺寸、高度、颜色等信息。

优点：非接触性量测手段，自动化程度高、获取数据量大，真实反映建（构）筑物的所有要素、相对位置及周边环境等，同时大大缩短了外业作业时间，提高作业效率和测量精度。

缺点：内业数据量大，数据处理烦琐复杂，必须多软件、多平台配合操作，对作业员综合能力水平要求高；模型非单体化，无法直接编辑；细节表现粗糙；建（构）筑物高差较大时，对航高确定影响较大；受自然环境等因素干扰较大。适合大面积、空旷无遮挡地区测量[6]。

5. 架站式三维激光扫描方法

根据项目建（构）筑物分布情况，架站式三维激光扫描仪外业采集需满足相邻两测站间点云重叠度不少于 30%、测站布设最好是成闭合环的形式进行整个项目的扫描等。内业处理则是根据扫描仪配套的点云处理软件，将各个测站进行拼接，再将拼接完成后的整个点云模型进行去噪，最后根据点云模型输出 RCP 格式点云模型；或者是对点云模型进行切片，输出正射 TIF 图片，这两种输出成果均可加载到 AutoCad 软件中。基于横平竖直的连线方式，在点云立面图上连接各个测绘要素，也可以使用辅助线，提高点云立面图各线条的整体性，规避建筑立面点云边缘不规则干扰的问题。在建筑立面中，大多数细节结构均属于对称布局结构，利用 CAD 软件，勾绘立面测绘标准图件，将其复制到其他对称布局位置，既能够减少测绘误差，又能够有效地缩短测绘时间，提高测绘效率。

优点：速度快，对于现场建筑的复杂性、场地局限性及隐蔽性，三维激光扫描技术可以更加高效地获取实体数据的三维信息和属性信息；高精度，大数据量，三维激光扫描所获取的数据密度高，能够全面、真实地反映现实场地不同地物特征及其地物之间的重叠和交错情况，从而获得精确的空间信息；作业安全性高，三维激光扫描技术是一种非接触式测量技术，在人员不便到达的情况下也可以方便地获取数据；扩展性强，获取的数据易于处理分析，可直接进行三维量测，也可与其他常用软件进行数据交换和共享，拓宽了三维模型空间的利用领域，有利于全方面促进三维数字城市信息化发展；经济效益高，三维激光扫描技术大大提高了作业效率，相对于传统手段，提高工作效率就可以产生经济效益；获得衍生产品，获取的点云数据还可以用于大比例尺数字线划图、数字高程模型、精细化三维建模、地名地址数据、电子地图、GIS 数据集成、数字城市、智慧城市等方面。

缺点：冗余数据较多，对内业数据处理人员要求相对较高；扫描距离有限；外界环境影响较大，点云数据中含有大量树木、电线、花坛、车辆、行人等冗余数据[6]。

6. 移动三维扫描方法

如今三维激光扫描已向可移动方向发展，其主要包括便携式三维扫描技术、车载三维扫描技术和机载三维扫描技术。移动三维扫描技术不仅具有架站式三维扫描技术的所有优点，而且相较于架站式三维扫描技术，内业处理更加简单，无须进行测站之间的拼接工作，减少了人为拼接误差，提高了作业效率。

对于城区内立面改造项目而言，便携式三维扫描技术外业采集更方便、快捷，内业处理更简单、高效。而背包便携式三维扫描技术相比于手持便携式三维扫描技术来说，可以得到项目绝对坐标系下的点云模型，在外业工作量相同的情况下，获取的成果更丰富一些。故下文将主要介绍背包便携式三维扫描技术在建（构）筑物外立面测量应用中的工作流程及工程案例。

9.2.3　移动三维扫描技术应用工作流程

图 9.2-1 为背包便携式三维扫描技术在建（构）筑物外立面测量应用中的基本工作流程，其中，背包便携式三维扫描技术的外业数据采集以及内业数据处理流程已在本书第 4 章节中进行了详细的介绍。

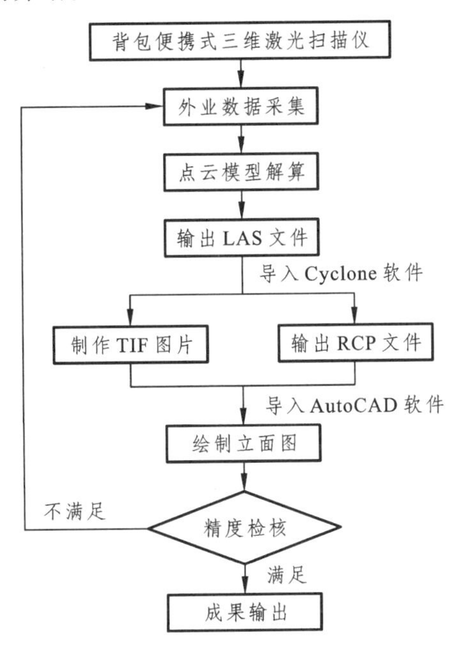

图 9.2-1　背包便携式三维扫描技术在外立面测量中的工作流程

图 9.2-1 中表达了两种绘制立面图的方式。第一种方式是将 LAS 点云模型导入 Cyclone 中，通过切片、正射投影等操作制作 TIF 图片，然后再将 TIF 图片加载到 AutoCAD 软件中绘制立面图。第二种方式是将 LAS 点云模型导入 Cyclone 中，转化输出为 RCP 格式的点云模型，然后再将 RCP 格式的点云模型附着到 AutoCAD 软件中，通过不断建立独立坐标系来绘制立面图。以上这两种方式相比于传统立面绘制模式来说，都具有高效、直观的优势。经过大量的工程实践，第一种方式适合应用在老旧小区外立面改造项目中，针对小区内每栋建筑各个方向的外立面，可以分别制作出对应的 TIF 图片来绘制立面图。而第二种方式适合应用在老城街区外立面改造项目中，只需要测量沿街两侧建筑的外立面，并且沿街两侧的建筑物大多都成线状分布，且大部分建筑物的沿街立面基本上是在同一平面上或者是在基本平行的平面上，从而可以极大地减少反复建立独立坐标系这个步骤。下面将通过工程案例来详细介绍这两种不同方式绘制立面图的工作流程。

9.2.4 应用案例

1. 老旧小区外立面改造工程

（1）项目概况。

城镇老旧小区改造是重大民生工程和发展工程，对满足人民群众美好生活需要、推动惠民生扩内需、推进城市更新和开发建设方式转型、促进经济高质量发展具有十分重要的意义。某区响应党中央、省、市决策部署，对某镇 10 处老旧小区进行建筑物外立面改造和更新。该镇 10 处老旧小区的建筑物共涉及 80 多栋房屋外立面，部分老建筑搭建较多，电线纵横交错，各类管道外露，公共空间杂乱、狭小，建筑物周围环境嘈杂，人流、车流量较大，给传统作业带来诸多不便，加上甲方要求的工期比较紧，此项目决定选用背包便携式三维扫描技术进行该老旧小区建筑立面测绘工作。

（2）作业方案。

① 外业采集。

由于该项目仅需测量建筑物外立面，所以本次采用欧思徕背包便携式三维扫描技术进行外业采集，且外业采集时无须安装 GNSS 设备，每个独立老旧小区皆为不同的独立坐标系，一个小区独立新建一个外业扫描项目。背包扫描外业共耗时 2 d，外业扫描人员 2 人，一人负责背上扫描仪进行外业数据采集，另外一人负责规划扫描路线。共创建了 10 个扫描项目，扫描立面共计约 4 hm^2。高效、精准、快速地获取了 80 多栋房屋立面数据，包括门、窗、空调、雨棚、阳台、楼梯、广告牌、电表箱等各类要素的准确位置和尺寸。在遇到遮挡较严重的区域，外业扫描时需针对性地对遮挡区域进行重复扫描，尽可能地确保点云密度足够大，采集的数据足够多。

② 制作 TIF 图片。

外业扫描完成后，通过欧思徕背包便携式三维激光扫描仪配套点云解算软件解算出点云模型，再通过点云融合，将各分段 LAS 点云融合成一个整体点云模型。接下来将点云模型导入 Cyclone 软件中，如图 9.2-2 所示，该点云模型为其中一个老旧小区的扫描成果。

图 9.2-2　老旧小区三维扫描点云效果图

在图 9.2-2 界面中，可继续对该小区每栋建筑物各个方向的外立面进行制作 TIF 图片。具体操作步骤如下：

- 在点云模型俯视图下，使用裁切功能，单独框选一栋建筑物，并新建视图，如图 9.2-3 所示，在此基础上选取该栋建筑物的其中一个面再进行裁切，并新建视图。

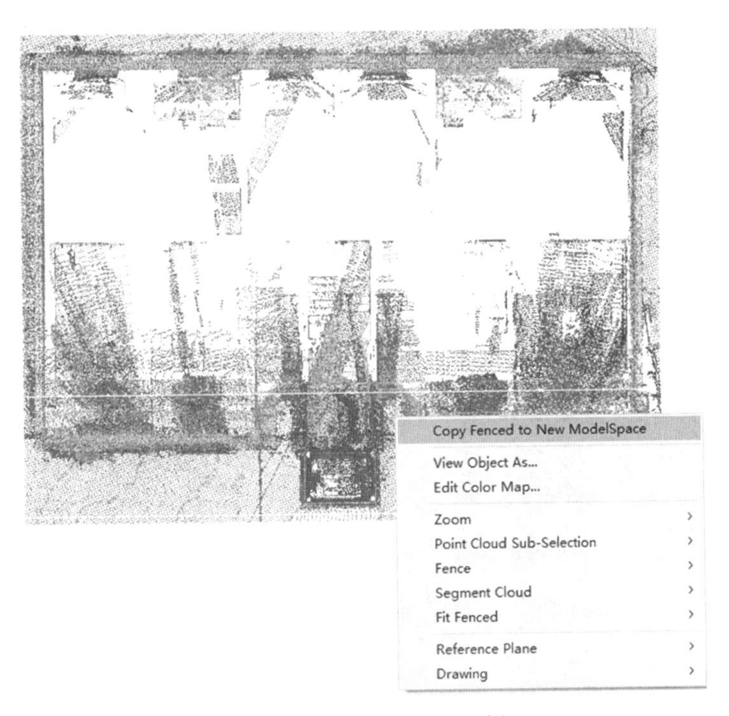

图 9.2-3　裁切后的单栋建筑侧视图

- 将裁切得到的立面点云旋转至大致正射面，利用点选功能，选取该立面上的某个点云，最好是选取在同一平面内点云更多的水平面上的点，利用“Tools”选项中的“快速切片”功能进行切片，即可得到以该点所在位置的同一水平面上的点云平面图。
- 此时需要建立独立坐标系，将该点云立面图制作成正射立面图，利用点选功能中的多选功能，同时选中两个在同一条直线上的点，再点击“View”选项栏中的通过选取的两点来建立独立坐标系统，如图 9.2-4 所示。独立坐标系建好后，可以关掉切片、关掉坐标格网以及关掉坐标轴。

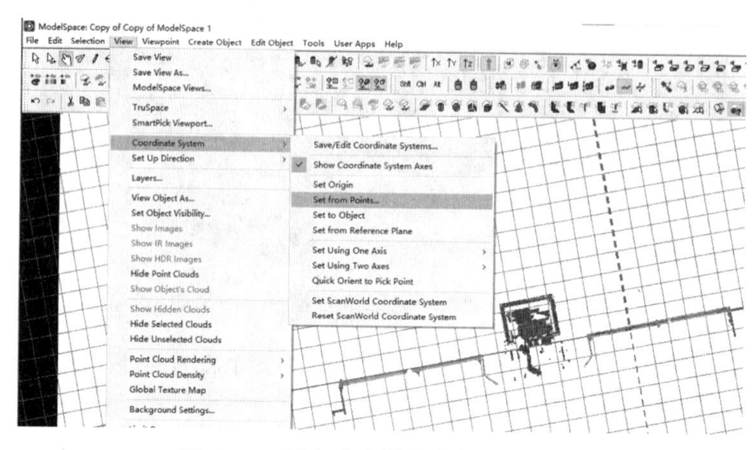

图 9.2-4　两点建立独立坐标系示意图

- 通过切换前视图、后视图、左视图、右视图操作，将正确的正射立面点云呈现在视图中。如图 9.2-5 所示即为正射 TIF 立面图。

图 9.2-5　正射 TIF 立面示意图

• 将点云正射立面输出为 TIF 格式图片，考虑到既要使输出的 TIF 图片质量更优，又要使输出 TIF 图片速度更快，一般情况下，我们选择中等质量输出 TIF 图片。

③ 绘制立面图。

制作出 TIF 图片后，可以将 TIF 图片导入到 AutoCAD 软件中进行立面图的绘制，具体操作步骤如下：

• 打开 AutoCAD 软件，首先在命令窗口中输入“Units”命令，设置“插入时的缩放单位”，系统一般默认为英寸，这里需要将其设置以“米”为单位。

• 设置好单位后，选择菜单栏中的“插入”功能，在该选项栏中选择插入“光栅图像参照”，再选择要插入的 TIF 图片，点击“打开”，然后在弹出的对话框中设置 TIF 图片插入的路径、缩放比例等，设置一般选择默认设置，点击“确定”按钮，最终完成 AutoCAD 软件中 TIF 图片的插入操作，如图 9.2-6 所示。

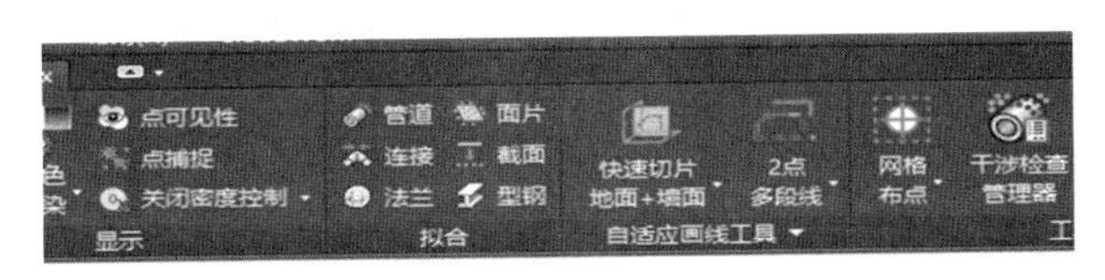

图 9.2-6　AutoCAD 加载 TIF 示意图

• TIF 图片加载完成后，就可以在 AutoCAD 软件中利用横平竖直画线功能将立面图上各个需要反映的要素勾画出来，通过一定的修饰后，最终的外立面 CAD 效果图如图 9.2-7 所示，图 9.2-8 为该外立面对应的现实照片。通过图 9.2-7 与图 9.2-8 的比较，可以很直观地看出图 9.2-7 很好地反映了现实建筑物外立面的各种细节。根据上述操作原理，可将整个小区每栋建筑物的各个外立面一一绘制出来。

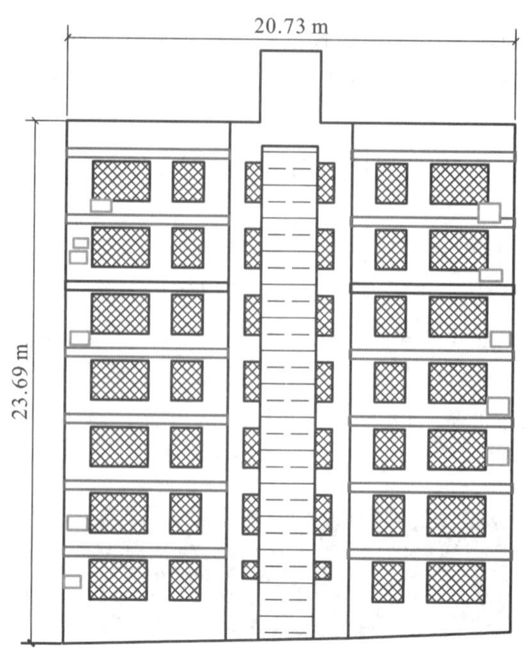

图 9.2-7　外立面成果图

图 9.2-8　外立面现场照片示意图

（3）成果比较。

① 精度检核。

为了确保绘制的立面成果的准确性，验证背包便携式三维扫描技术扫描精度是很有必要的。该项目利用 Leica DISTOTM X4（测量精度为 ± 1 mm）激光测距仪实地量取建筑物 10 次边长长度，选取了 20 栋建筑物进行边长精度评定，使用激光测距仪 10 次测量的算数平均值来代表真值。建筑物边长精度评定结果见表 9.2-1。

表 9.2-1　建筑物边长精度评价统计表　（单位：m）

建筑物名称	实测边长 L_1	扫描边长 L_2	差值 Δ	差值占实测边长比例
1 号楼	22.044	22.073	0.029	0.13%
2 号楼	11.041	11.074	0.033	0.30%
3 号楼	15.001	14.966	−0.035	−0.23%
4 号楼	14.825	14.853	0.028	0.19%
5 号楼	21.401	21.433	0.032	0.15%
6 号楼	20.733	20.771	0.038	0.18%
7 号楼	12.537	12.501	−0.036	−0.29%
8 号楼	20.768	20.794	0.026	0.13%
9 号楼	12.497	12.521	0.024	0.19%
10 号楼	9.418	9.443	0.025	0.27%
11 号楼	25.956	25.933	−0.023	−0.09%
12 号楼	13.247	13.213	−0.034	−0.26%
13 号楼	9.866	9.843	−0.023	−0.23%
14 号楼	27.727	27.701	−0.026	−0.09%
15 号楼	9.856	9.881	0.025	0.25%
16 号楼	19.432	19.401	−0.031	−0.16%
17 号楼	25.901	25.932	0.031	0.12%
18 号楼	25.633	25.601	−0.032	−0.12%
19 号楼	37.843	37.881	0.038	0.10%
20 号楼	35.721	35.752	0.031	0.09%
中误差			0.030	

将背包便携式三维激光扫描数据与实测边长之间的差值进行统计分析，背包便携式三维扫描技术测距最大误差为 0.038 m，测距中误差为 0.030 m。差值占实测边长的比例为相对误差，统计表中相对误差最大为 0.30%。通过对建筑物边长的精度分析可知，建筑物边长精度中误差达到厘米级，地物点间距中误差小于 50 mm，满足现行行业标准《城市测量规范》CJJ/T 8 的精度要求，故本次运用的欧思徕背包便携式三维扫描技术可以满足本项目建筑物外立面测绘精度的要求。

② 成果输出。

在精度检核通过后，对立面图进行修饰、增加图例等，即可输出每栋建筑物各个外立面成果图，如图 9.2-9 所示。

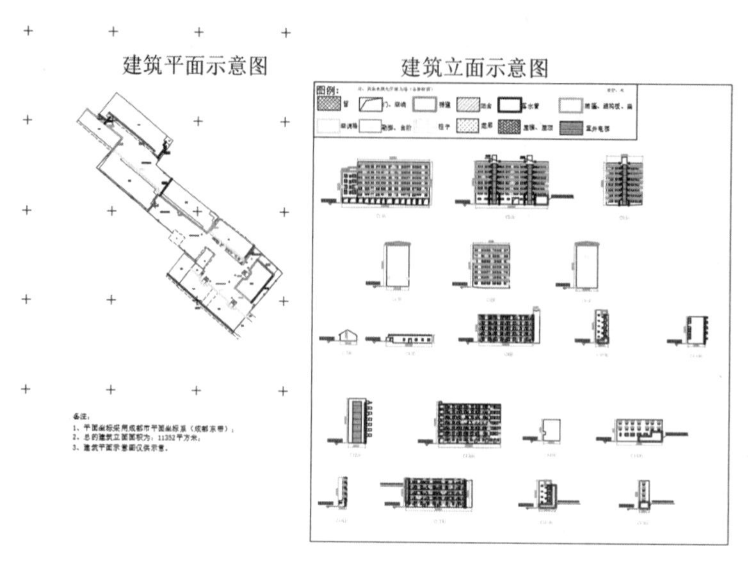

图 9.2-9　整个小区每栋建筑物外立面成果示意图

（4）项目小结。

以老旧小区立面改造项目为案例，对点云数据的采集和处理、立面图的制作等工作流程进行了论述。通过精度评定验证了背包便携式三维扫描技术在建筑物立面测量中的精度符合相关规范要求，能细致地描绘出建筑物立面的信息，提高作业效率，内业绘制更直观、有效，避免了传统立面测量效率低、数据准确性难以保证、人力物力投入大等问题，为老旧小区保护和更新改造提供新思路，具有较好的借鉴和推广价值。

2. 老城街区外立面改造工程

（1）项目概况。

某市政府、市规划部门对市容市貌关注度很高，提出了对老城街区建筑外立面进行改造及美化。某区需测量某街道两侧的建筑外立面，该项目测量内容主要是道路两旁建筑物，根据测量结果绘制出平面图、立面图。其中，平面图必须明确地标记每个建筑物的平面尺寸，立面图则需标记出建筑物的长、宽、高及门窗尺寸、屋檐尺寸、落水管、空调机位等。沿街道两侧的建筑物大概有 200 栋，其中最高建筑物有 7 层，建筑高度均未超过 30 m。实际测量的难题主要包括：街道两侧建筑物的间距非常近，建筑物一层都是商铺，乱搭乱建现象比较严重，且沿街道路树木茂密，遮挡较严重。结合实地踏勘情况以及在工期较紧张的情况下，该项目采用背包便携式三维扫描技术进行外立面测量。

（2）作业方案。

① 外业采集。

该项目需要出具沿街建筑物的平面图及对应建筑物沿街面的外立面图，通过资料收集，已经有该项目区域的最新地形图，所以该项目仅需要测量测区内沿街建筑物的外立面。本次采用欧思徕背包便携式三维扫描技术进行外业采集，由于街道两侧建筑物相距较远，且整个测区呈带状分布，约 3 km，所以需来回分别进行扫描。为了确保外业采集精度，采取每隔半小时新建一个扫描任务的方式，同时需安装 GNSS 设备，目的是将各段点云模型坐标系进行统一，为后期的外立面绘制做准备。背包扫描外业共耗时 1 d，外业扫描人员 2 人，一人负责背上扫描仪进行外业数据采集，另外一人负责规划扫描路线。共创建了 11 个扫描项目，扫描立面共计约 10 hm^2，高效、精准、快速地获取了 200 多栋房屋立面数据，包括门、窗、空调、雨棚、阳台、楼梯、广告牌、电表箱等各类要素的准确位置和尺寸。

② 输出 RCP 格式点云。

外业扫描完成后，通过欧思徕背包便携式三维扫描配套点云解算软件解算出点云模型，再进行点云坐标转换，然后通过点云融合，将各分段绝对坐标系下的 LAS 点云融合成一个整体点云模型。接着将点云加载到 Cyclone 软件中，输出 RCP 格式点云。具体操作流程为：在“File”选项栏中选择“Export”，然后在弹出的对话框中选择输出 RCP 格式文件并命名，命名完成后点击“保存”，接着在弹出的输出选项对话框中点击“Export”，默认输出设置选项就可以得到 RCP 格式点云模型。

③ 绘制立面图。

- 打开 AutoCAD 软件，首先在命令窗口中输入“Units”命令，设置“插入时的缩放单位”，系统一般默认为英寸，这里需要将其设置以“米”为单位。
- 在“插入”选项栏中点击“附着”按键，加载 RCP 点云模型，如图 9.2-10 所示。

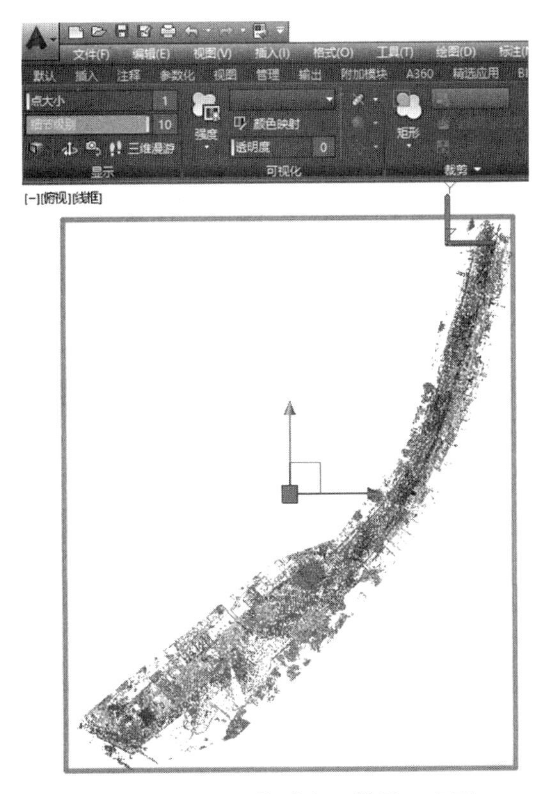

图 9.2-10　RCP 格式点云模型示意图

• 选中点云模型，AutoCAD 菜单栏中会出现各类点云编辑功能，比如可以调节点云大小、点云色彩、透明度以及不同形状的裁切等功能，如图 9.2-11 所示。选择裁切功能中的“多边形裁切”，裁切某栋建筑物临街面的点云，框选完成后，点击“回车”按键，在命令窗口中选择“保留内部点云”，即可裁切完成，如图 9.2-12 所示。

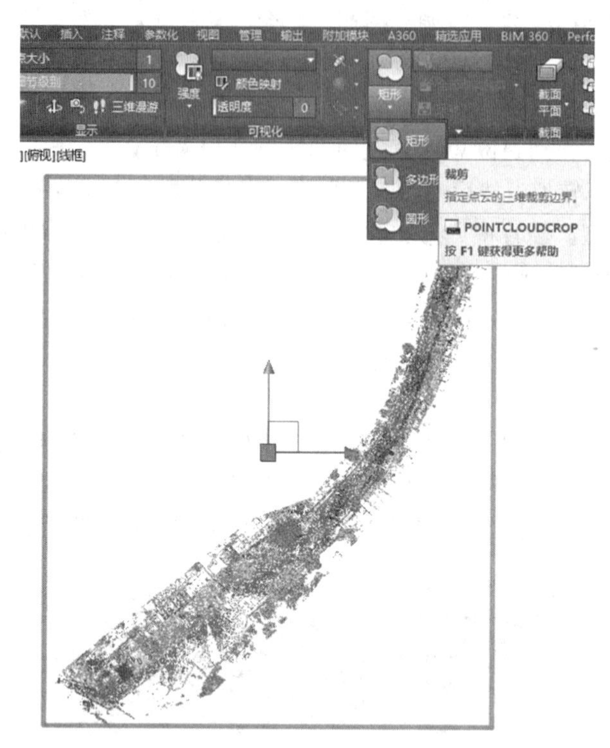

图 9.2-11　RCP 点云编辑功能示意图

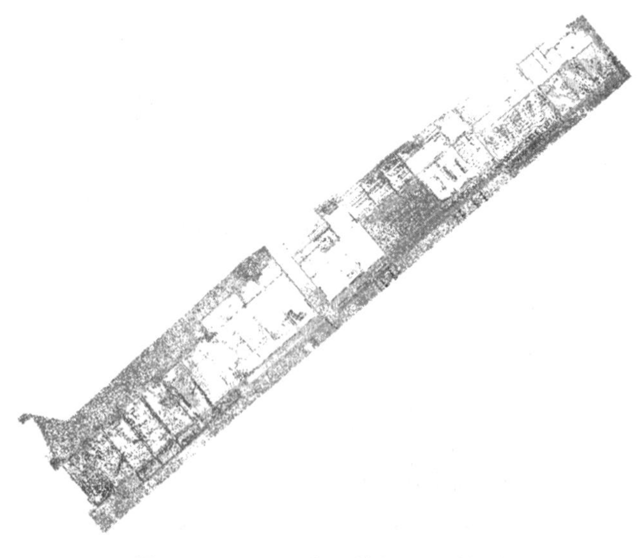

图 9.2-12　RCP 点云裁切后示意图

- 裁切后，在命令窗口中输入“UCS”来建立独立坐标系，目的是将该建筑物临街的外立面建立为正射外立面。如图 9.2-13 所示，在同一条直线上选择首尾两个端点建立独立坐标系，然后将建立独立坐标系的点云模型切换到前视图下，此时得到的就是该建筑物临街面的正射外立面点云模型。根据该正射点云模型通过 AutoCAD 软件中的横平竖直画线功能，即可将立面图上各个需要反映的要素勾画出来。

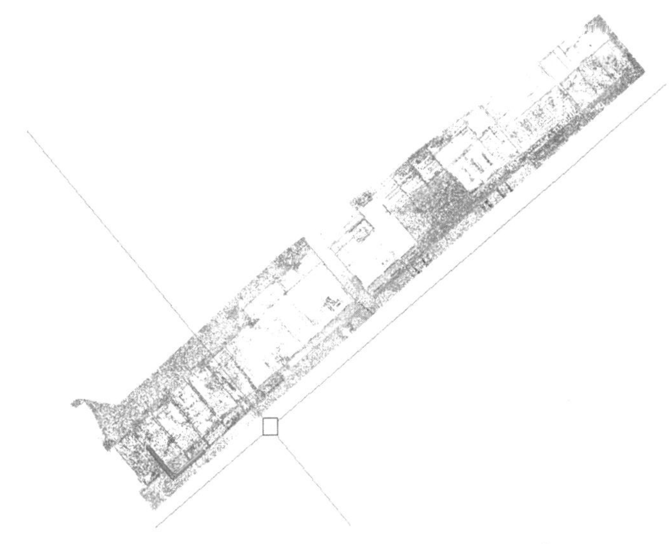

图 9.2-13　RCP 点云建立独立坐标系示意图

- 当画完一栋建筑的外立面后，点击全部取消裁剪功能，点云模型又会恢复到裁切之前。重复上述方法，继续裁切余下的各栋建筑物临街面的外立面点云，绘制出对应的外立面图。一般情况下，沿街建筑的临街面大多数基本是在同一个水平面内或者是在平行的水平面上，故使用 RCP 点云模型进行老城街区外立面的绘制可以有效地减少点云重复裁切的步骤，提高制图效率。

（3）成果比较。

① 精度检核。

由于该项目测区的平面图已有，无须现场测量，但为了确保平面图的精度，采用 Leica TS09 plus 全站仪测量了沿线约 100 栋建筑的房角点，并与已有的平面图进行了精度统计。经统计，各检核房角点的平面精度结果均满足现行《工程测量标准》（GB 50026）中对建筑立面图平面的限差要求。所以可以确保已有的平面图精度是可靠的，那么以平面图中各建筑物临街面的平面尺寸为真值，与根据背包便携式三维扫描技术绘制出的外立面图对应位置处的平面尺寸进行比较，可以统计出点云扫描精度是否可靠。测区内共 200 多栋建筑，对比统计了所有临街建筑面尺寸，满足现行行业标准《城市测量规范》CJJ/T 8 的精度要求，同时在整个测区内，用手持测距仪对一部分建筑的门、窗、店招及店面细部要素尺寸进行了现场测量，与点云绘制出的门、窗、店招及店面细部要素尺寸进行了对比统计，见表 9.2-2，其较差分布图如图 9.2-14 所示。

表 9.2-2　建筑细部要素边长精度评价统计表　　（单位：m）

测量物体名称	实测边长 L_1	三维激光扫描边长 L_2	较差 $\Delta = L_2 - L_1$	差值占实测边长比例
门	2.203	2.209	0.006	0.27%
门	2.008	2.002	−0.006	−0.30%
门	1.923	1.929	0.006	0.31%
门	2.036	2.031	−0.005	−0.25%
门	1.807	1.801	−0.006	−0.33%
窗	2.591	2.597	0.006	0.23%
窗	2.324	2.318	−0.006	−0.26%
窗	2.072	2.077	0.005	0.24%
窗	2.037	2.043	0.006	0.29%
窗	2.045	2.038	−0.007	−0.34%
店招	15.936	15.909	−0.027	−0.17%
店招	10.203	10.175	−0.028	−0.27%
店招	22.134	22.167	0.033	0.15%
店招	16.111	16.133	0.022	0.14%
店招	18.224	18.195	−0.029	−0.16%
店招	28.314	28.341	0.027	0.10%
店招	16.709	16.734	0.025	0.15%
店招	14.708	14.733	0.025	0.17%
店招	8.929	8.957	0.028	0.31%
店招	12.292	12.267	−0.025	−0.20%
店面	14.481	14.449	−0.032	−0.22%
店面	18.764	18.726	−0.038	−0.20%
店面	14.932	14.957	0.025	0.17%
店面	17.044	17.018	−0.026	−0.15%
店面	17.047	17.015	−0.032	−0.19%
店面	12.754	12.787	0.033	0.26%
店面	25.552	25.523	−0.029	−0.11%
店面	27.228	27.271	0.043	0.16%
店面	23.732	23.764	0.032	0.13%
店面	17.192	17.171	−0.021	−0.12%
中误差			0.024	

通过对建筑物的各细部要素边长的精度分析可知，边长精度中误差达到厘米级，地物点间距中误差小于 50 mm，满足现行行业标准《城市测量规范》CJJ/T 8 的精度要求，故本次运用的欧思徕背包便携式三维扫描技术可以满足本项目建筑物外立面测绘精度的要求。

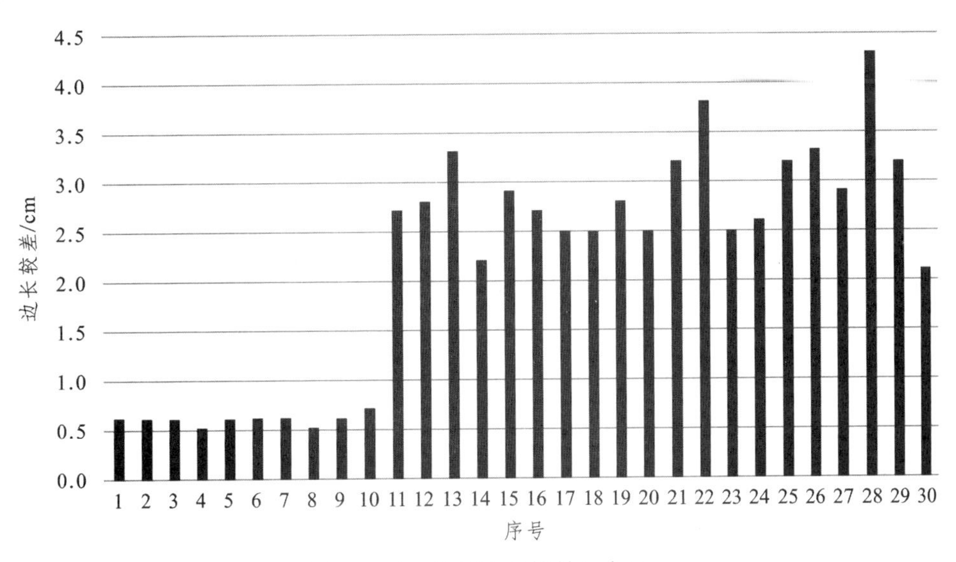

图 9.2-14　检测边长较差分布图

② 输出成果。

在精度检核通过后，对立面图进行一系列的编辑与修饰，即可输出每栋建筑物各个外立面成果图，如图 9.2-15 所示。

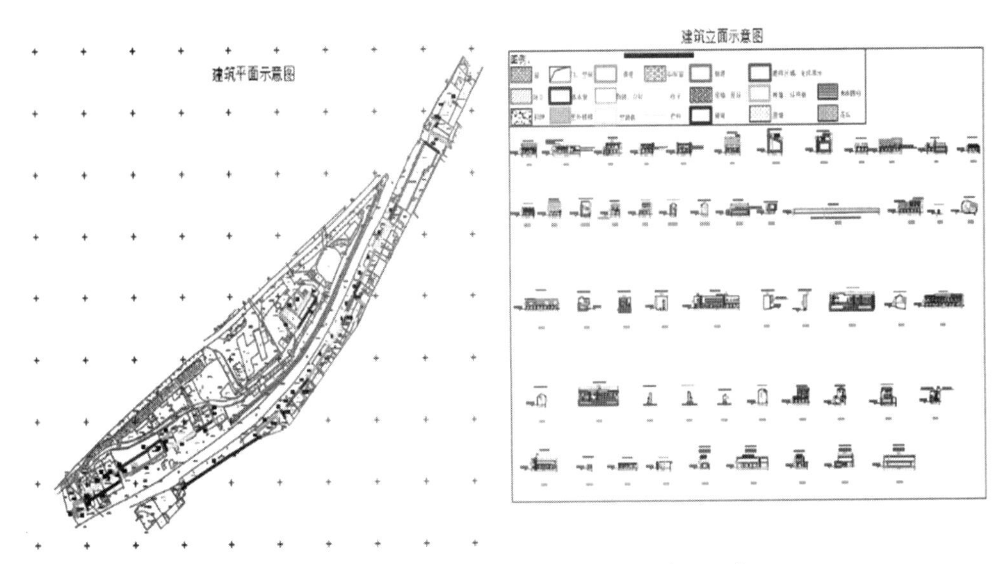

图 9.2-15　部分区域沿街建筑物外立面成果示意图

（4）项目小结。

本小节以老城街区立面改造项目为案例，对点云数据的采集和处理、立面图的制作等工作流程进行了阐述；通过精度评定，验证了背包便携式三维扫描技术在建筑物立面测量中的精度符合相关规范的要求，同时提出了使用 RCP 格式进行立面图绘制的新方式。对于沿街立面绘制来说，这种方式极大地提高了作业效率，减少了人力物力的消耗，为老旧街区更新改造提供新思路，具有较好的借鉴和推广价值。

9.3 在地下空间测量中的实践应用

随着城市地下空间的发展，地下车库、地下商场和地下通廊等越来越多，地下空间的合理开发和利用变得日益重要。地下空间测量能够为我们提供关键的数据信息，这些数据是城市规划和建设不可或缺的参考。没有精确的测量数据，我们无法合理规划地下交通、管线和基础设施。同时，地下空间测量还有助于及时发现和预防潜在的地质灾害，从而确保城市居民的生命财产安全。更为重要的是，精确的地下空间数据还能为更有效地管理和利用地下资源提供助力，促进城市的可持续发展。因此，地下空间测量不仅关乎技术层面，更关系到城市的未来发展和居民的生活质量。

9.3.1 项目概况

项目为成都市高新区的一个地下环形车道，该环形车道长度约 3 km，整体呈长方形状，内部存在较多分支，连通了周边各小区地下室及地下商场等，是一个集智慧交通、智慧管廊和数字化底座等于一体的创新项目，旨在提升城市地下空间的利用效率和管理水平。

9.3.2 现场踏勘

本项目作业期间现场未完全开放，车流较少，比较适合扫描。但地下空间无 GNSS 信号，单测段时间不宜较长，踏勘决定将测区分为 5 段进行扫描，尽量保证每段起始位置和结束位置都位于地下室出入口的地面，保证接收到 GNSS 信号，对点云数据起到控制约束作用的同时也能将点云转换到绝对坐标系下。

9.3.3 外业扫描

外业采用欧思徕背包扫描仪。操作简单、初始化速度快，采用手机 APP 控制，现场一人即可完成作业，作业现场如图 9.3-1 所示。

图 9.3-1　地下空间测量外业作业现场

9.3.4　点云解算

数据解算采用欧思徕扫描仪自带随机软件 OmniSLAM Mapper 进行，基本实现一键化解算操作，同时可以进行基于相邻帧数据的移动物体去除，并支持导出点云精度报告等。

9.3.5　点云处理

项目采用的 5 段扫描中，存在 1 段数据始末均在隧道内的情况，无法自动实现对齐到绝对坐标，采用了 4.2.4 节中的粗略配准和 ICP 精确配准的方式手动将其对齐到前一个测段，并检查其与后一个测段在重叠区域的错层误差，满足测量要求后方可使用。

为实现点云数据的精确对齐，本项目首先采用了以第 1 测段为基准，其余各测段均精确对齐到上一测段的方式进行了点云拼接，发现第 5 测段与第 1 测段的点云闭合差达到了 0.53 m，超过了允许误差，但因本项目大部分测段均含有绝对坐标的约束，测段间相对独立，误差已经进行分配，因此未再进行总体配准，而是直接采用了各测段的绝对坐标进行融合，从而形成完整的地下点云数据，如图 9.3-2 所示。

图 9.3-2　地下空间测量点云数据成果效果图

9.3.6　点云成图

相对于常规地形图测量，地下空间测量要素相对单一，本项目仅需要绘制地下通道内墙、车道边线及开敞空间柱体即可。

首先使用点云裁剪功能，将地下空间顶部裁除，露出其内部墙体和地面，如图 9.3-3 所示。然后使用路牙石的绘制方式绘制车道边线，绘制完成后将地面及以上 30 cm 点云继续裁剪，即可在剩余点云俯视图上绘制墙体和柱体，如图 9.3-4 所示。

图 9.3-3　裁剪顶部绘制车道

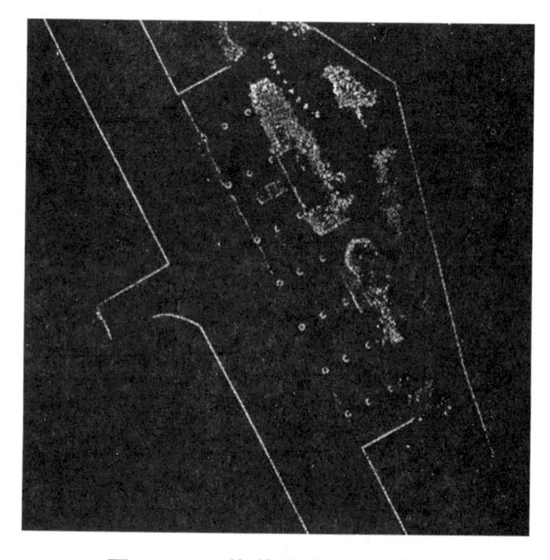

图 9.3-4　裁剪底部绘制墙体

9.3.7　成果验证

地下空间项目因其特殊性，无法使用 RTK 进行快速布设校核点，如果采用全站仪导线的方式布设控制点，在布设的同时即可完成大部分要素的测量，无法体现扫描的优势，本项目仅在地面出入口位置采用 RTK 进行了点云绝对位置校核。从实验角度出发，为了验证点云的正确性，本项目仍然采用导线测量的方式，对隧道的部分区域进行了测量，并与基于点云的成图结果进行了对比，对于特征点绝对位置误差最大约 11 cm，对于特征线，存在一定的弯曲，直线偏离最大值约 8 cm，基本满足本项目的测量需求。

参考文献

[1] 鄢春. GPS 技术在土石方测量中的应用[C]//山东金属学会. 鲁冀晋琼粤川辽七省金属（冶金）学会第十九届矿山学术交流会论文集（地质测量卷）. 中国铝业山东分公司，2012：5.

[2] 戴海波. 网络 RTK 技术在土方测量中的应用[J]. 资源信息与工程，2017，32（2）：103-104.

[3] 谢雄飞. 水利工程输水隧洞施工技术分析[J]. 珠江水运，2016（2）：84-85.

[4] 焦猛. 两种土方测量方法的应用与比较[J]. 市政技术，2012，30（4）：138-141.

[5] 陈林云. 不同测绘方法在建筑物立面测量中的对比分析[J]. 城市勘测，2023（3）：162-165.

[6] 朱德好，周永波. 建构筑物外立面测量技术方法探讨[J]. 今日国土，2022（8）：31-35.

第 10 章　移动三维扫描技术探索及展望

移动三维扫描技术采集的激光点云数据，对于满足国家重大需求和推动地球系统科学研究具有重要意义，同时也在军事、水利、电力、交通、防洪、监测、林业等多个领域展现了广阔的应用前景。本书阐述了移动三维扫描技术在城市勘测领域多种项目场景中的实践应用，然而移动三维扫描技术的应用场景仍处于不断探索中。

本章围绕对移动三维扫描技术的探索展开论述，通过机载三维扫描点云分类方法研究、移动三维扫描与倾斜摄影技术的融合建模方法研究以及联合多平台三维扫描技术和倾斜摄影技术的 DLG 更新方法研究，介绍了相关的理论基础、方法流程以及研究结果，然后结合国内外相关专家学者的研究成果，对移动三维扫描技术在其他项目场景中的应用进行了总结，最后立足所处城市勘测领域的项目应用情况进行展望。

10.1　三维扫描技术研究探索

10.1.1　机载三维激光扫描点云分类

1. 机载三维激光扫描点云概述

伴随“智慧城市”、“数字城市”建设的蓬勃发展，以及“精细化管理”等高标准需求的日益凸显，高精度点云数据作为时空数据资源体系中的重要组成部分，其分类及应用需求愈加强烈。为实现点云数据智能化处理，各相关机构研发、开发的分类算法、软件众多，如何精确地完成点云分类，成为当前研究的热点问题之一。

在城市勘测领域相关项目场景中，高效且精准的激光点云数据分类对于项目整体效率的提升有着重要作用，本着利于城市勘测领域实践应用效率提升和应用场景多样化拓展的目的，本节基于常用的机器学习方法和深度学习方法，进行机载激光点云数据分类方法的探索，旨在通过点云数据方法的效果对比，为后期分类算法选取提供参考。

2. 区域概况与数据源

本节选取了某地区地势较为平坦且具备建筑物和植被等多种地物类别的区域。激光点云数据是基于华测 BB4 多旋翼无人机搭载的 AU900 激光扫描系统采集得到，航飞高度设为 200 m，以航向旁向重叠度 20%，航摄分区航线长度不大于无人机飞行平台遥控半径 60%的要求，进行机载激光点云采集。机载激光点云数据包含了坐标信息、大地高、RGB 颜色信息、强度信息、扫描角、回波次数、回波个数等信息，将采集的机载激光点云以点云总个数 4：1 的比例划分成训练集和测试集。训练集以人工点云分类的方式精确分成地面点、建筑物、植被点三类，并分别标识为 1、2、3，用于模型的训练（图 10.1-1）；测试集输出为相同点云两份（图 10.1-2），第一份用于使用训练的模型输出分类预测结果，第二份以人工分类方式精确分成地面点、建筑物、植被点三类，并分别标识为 1、2、3，作为真值，用于验证测试集的分类结果。

图 10.1-1　训练数据显示图

图 10.1-2　测试数据图

训练集和测试集各个类别地物点云个数的统计结果见表 10.1-1。

表 10.1-1　数据集中的不同类别的占比

类别	训练集（点数）	训练集/%	测试集（点数）	测试集/%
地面	3 524 754	25.86	603 354	15.15
建筑物	4 180 910	30.68	2 939 867	73.81
植被	5 921 961	43.46	439 891	11.04
总计	13 627 625	100	3 983 112	100

从训练集和测试集数据分布来看，训练集相对于测试集数据较为均匀，而测试集建筑物占比最多，可看出在样本不均匀的测试集，各个模型算法的具体表现。

3. 点云分类方法

（1）基于机器学习的分类方法。

① 随机森林。

随机森林（Random Forest，RF）是一种属于 bagging 的集成分类器，其随机训练样本和变量子集能够生成多个决策树[1]。它是 bagging 算法的变体，是以决策树替代 bagging 算法的个体学习器，并在决策树的构建中引入了随机属性选择。其中，每棵树都依赖于独立采样的随机向量的值，并且对于森林中的所有树具有相同的分布，该方法对噪声和过度训练不敏感。此外，它在计算复杂度上比基于 boosting 的方法简单，因此整个训练过程可以通过并行处理的方式来实现，这将大大提高模型的训练效率。

训练过程中，随机森林创建多个类似 CART 的树，并且通过随机绘制替换 N 个实例来生成训练数据集。每棵树都在原始训练数据中一定比例的样本上进行训练，并且仅搜索输入变量的随机选择子集。决策树的设计需要选择属性、选择度量和修剪方法。对于给定的训练集 T，基尼指数可表示为：

$$\sum\sum_{i\neq j}(f(C_i,\ T)/|T|)\left(f\left(C_j,|T|\right)\right) \tag{10.1-1}$$

其中：$f(C_i,T)/|T|$ 为所选样本属于 c_i 的类。

每个节点用于生成树的特征数量和需要生成树的数量，是生成随机森林分类器所需的两个用户定义参数，在训练过程中根据不同的数据确定合适的模型参数。

② 支持向量机。

支持向量机（Support Vector Regression，SVR），是一种二分类模型[2]，能够正确划分训练数据集和几何间隔最大的分离超平面，通过核函数来寻找最小化误差的上界和下界，从而找到误差的范围。公式如下：

$$\begin{cases} \hat{y}=\phi(x)\ \ \omega+b \\ y_i-\phi(x)\ \ \omega-b\leqslant\varepsilon+\xi_i \\ \phi(x)\ \ \omega+b-y_i\leqslant\varepsilon+\xi_i^* \\ \xi,\ \xi_i^*\geqslant 0 \\ \min imize\dfrac{1}{2}w^2+C\sum_{i=1}^{N}(\xi+\xi_i^*) \end{cases} \tag{10.1-2}$$

式中，i 代表 i 对训练数据；$\varphi(x)$ 为高位特征空间；ξ和ξ_i 为张弛系数；ω、b 是系数；C 为正则系数。

（2）基于深度学习的分类方法。

① 图卷积神经网络。

现实生活中大量的数据都是以图的形式存储，如电商网络、交通流量网络等。然而，图结构不同于图像，属于非结构化信息[3]。图像可以理解成数字矩阵，结构很规则，属于欧式空间数据；图结构是拓扑结构，用图表示对象及其相互关系，属于无规则的一种数据。

卷积神经网络具有局部感知、权值共享平移缩放不变的特性，可以很好提取图片的空间特征[4]。而图结构同图片不同，不适应采用传统卷积神经网络。图卷积神经网络是处理非结构化数据的一大关键网络，它包含两个关键步骤：收集每个邻居节点信息；利用该神经网络更新节点信息。其流程如图 10.1-3 所示。

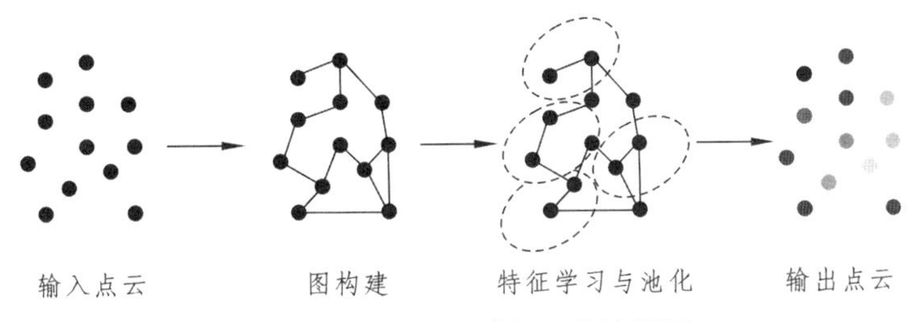

图 10.1-3　图卷积神经网络流程图

图卷积的本质是提取拓扑图中的空间特征，该特征能够有效提取图结构信息。图卷积通常有空间邻域和频域两种方式进行操作运算。空域卷积是将卷积操作贯穿于每个节点的连接关系，通常是通过寻找每个节点的邻域节点，然后采取下采样处理并构建邻域空间，最后进行特征提取和变化等操作[5]；而频域计算是引入傅里叶变换和傅里叶逆变换，将图在空域和频域空间进行转换，其计算公式如下：

$$H^{(l+1)}=f\left(H^{(l)},A\right)=\sigma\left(\tilde{D}^{-\frac{1}{2}}\tilde{A}\tilde{D}^{-\frac{1}{2}}H^{(l)}W^{(l)}\right) \tag{10.1-3}$$

其中，$H^{(l+1)}$ 为输出特征，A 为邻接矩阵，D 为度矩阵，$\tilde{D}$ 为 $\tilde{A}$ 的度矩阵，$H^{(l)}$ 为输入特征，$\tilde{D}^{-\frac{1}{2}}\tilde{A}\tilde{D}^{-\frac{1}{2}}$ 为归一化操作，$W^{(l)}$ 为网络参数，$\sigma()$ 为激活函数。

图卷积神经网络模型拥有卷积神经网络的三个特点：一层一层提取出来的特征越来越抽象；属于端对端处理；模型属于非线性变换。图卷积神经网络的适用性极强，它能处理任意的拓扑结构，也可用来进行点云的分类、预测、分割等任务。

② PointNet。

PointNet 网络[3]是一种全新深度学习网络，不需要点云的三维体素和影像数据转换，采用共享的多层感知机来提取点云特征，并且用最大值池化方法来解决点云无序性问题，该网络结构如图 10.1-4 所示。

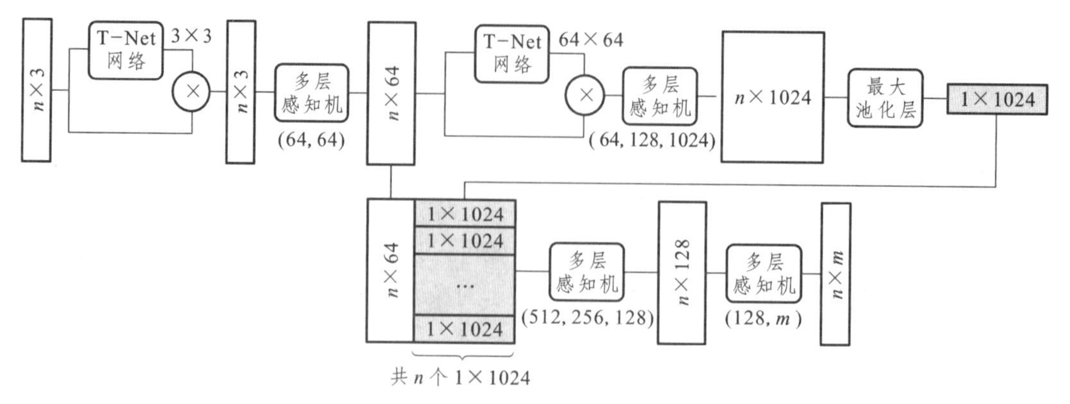

图 10.1-4　PointNet 的网络结构图

PointNet 网络采用了两个 T-Net 网络，输入网络的点云与第一个 T-Net 网络 3×3 矩阵相乘得到空间校正后点云；然后通过将拓展为 64 维点云的特征与 64×64 的变换矩阵相乘，得到各点的局部特征；接着使用了 4 个 MLP 模块，该模块是通过共享权重的多个卷积层来实现，层与层之间是全连接的关系，在输入层和输出层之间可以添加多个隐藏层。其中，第一个 MLP 模块的卷积核尺寸为 1×3，其他 MLP 模块的卷积核尺寸都为 1×1，也就是说特征提取层的作用是把所有点都连接起来。

PointNet 网络开创了直接对点云进行处理的先河，是一个深度学习处理网络。PointNet 网络对小的点扰动和空洞具有高度鲁棒性，无须计算手工特征，为点云识别提供了新的范例，该模型计算成本低，内存小[7]，在移动设备数据处理中被广泛应用。

③ PointNet++。

PointNet++是 PointNet 的后续之作，是大多数基于深度学习处理原始点云数据方法的基础框架。PointNet 是对单个点或者所有点进行操作，没有考虑到局部的概念，导致难以对精细的特征进行学习，在对复杂场景进行分割的时候具有局限性。而 PointNet++利用距离度量将点集划分为有重叠的局部区域，然后在小区域中使用 PointNet 从几何结构中提取局部特征，最后扩大范围提取更高层次的特征，直到提取到整个点集的全局特征。点云具有稀疏性的特点，PointNet 可以对局部空间信息进行编码，但是无法有效解决点云整体的不均匀性问题。当点云过于不均匀时，每个子区域中使用相同的半径会导致有些区域采样点过少，相较而言，PointNet++提出了多尺度分组和多分辨率分组两种解决方法。多尺度分组相当于每个结构中心点不变，但是区域范围不同，然后对几个不同尺度的结构进行拼接操作；多分辨率分组是对不同层级的分组做了一个拼接操作，但是由于尺度不同，对于低层级的先放入一个 PointNet 进行处理再和高层级的进行拼接。

图 10.1-5 为 PointNet++的整体网络结构，左边为编码部分，右边为解码部分。编码部分通过采样分组层划分局部区域，再通过 PointNet 层提取高维特征。解码部分根据任务的不同分为分类网络和分割网络；对于分类任务，将编码得到的高维特征经过一个 PointNet 层得到全局特征向量，再通过全连接层得到 k 个类别的预测得分；对于分割任

务，使用反向插值进行点的特征传播，并通过跨层跳跃连接来聚合对应编码层的对应点携带特征，直至恢复到原始点云个数，最后通过 Softmax 函数得到每个点属于 m 个类别的得分，实现点云的语义分割。

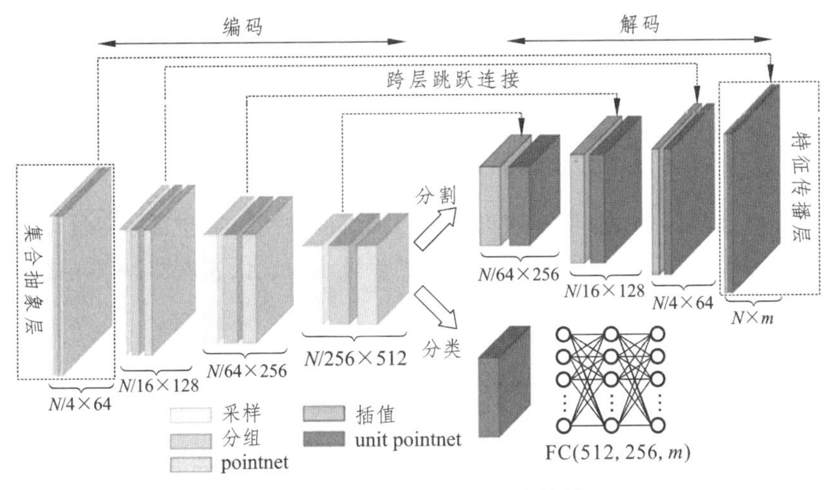

图 10.1-5　PointNet++网络结构

4. 研究工作方案

（1）环境配置。

为顺利运行机器学习和深度学习方法的点云分类，本实验的硬件设备配置为 Windows10 操作系统，PC 设备配置为 12th Gen Intel（R）Core（TM）i9-12900H 2.50GHz，显卡为 Intel（R）Iris（R）Xe Graphics 和 NVIDIA RTX A2000 8GBaptop GPU，内存为 64G，硬盘为 NVMe KXG80ZNV1T02 NVMe KIOXIA 1024GB。分类开发语言为 Python 3.10。

（2）精度指标。

实验中模型性能评价指标包括 F1 指数、OA（总体准确度）和 MIOU（联合平均交集比），具体公式如下：

$$precision = \frac{TP}{FP + TP} \tag{10.1-4}$$

$$recall = \frac{TP}{TP + FN} \tag{10.1-5}$$

$$F1 = \frac{2 * precision * recall}{precision + recall} \tag{10.1-6}$$

$$MIoU = \frac{1}{k+1}\sum_{i=0}^{k}\frac{TP}{FN + FP + TP} \tag{10.1-7}$$

其中：TP 表示真阳性，FP 表示假阳性，FN 表示假阴性。

（3）工作流程。

① 模型训练。

以已划分的点云数据训练集中各个点云数据的属性信息（空间信息、RGB 信息、回波次数、强度等信息）作为训练变量，以地面、建筑物、植被点的分类数字为目标变量，结合本节的 SVM、随机森林、图卷积神经网络、PointNet、PointNet++网络分类方法进行训练，其中，PointNet 和 PointNet++网络训练中采用了 Pytorch 深度学习框架。为降低模型计算中内存消耗，对整块点云进行分块操作。

② 训练调参。

通过训练变量和目标变量的迭代训练，以训练的预测结果与目标变量计算的相关系数为指标，判定最优的模型参数。相关系数越接近于 1，代表模型参数越优。各个分类方法需要确定的参数见表 10.1-2 ~ 表 10.1-5。

表 10.1-2　SVM 参数

参数	说明
Kernel	核函数类型
Gamma	核函数的系数
C	错误项的惩罚因子

表 10.1-3　随机森林参数

参数	说明
n_estimators	分类器个数
Max_depth	最大深度
Random_state	随机数产生器
N_jobs	任务个数

表 10.1-4　图卷积神经网络参数

参数	说明
Batch_Size	每批输入样本的大小
Epochs	数据集的完整训练次数
Use_sgd	随机梯度下降优化算法
Lr	学习速率
Momentum	加速算法收敛速度
scheduler	学习率调度器
seed	随机初始化
Eval	是否测试
dropout	抑制过拟合
Emb_dims	嵌入维度

表 10.1-5　PointNet/PointNet++网络参数

参数	说明
Batch_Size	每批输入样本的大小
Num_Point	每个样点的点数
Num_Classes	对象类别数量
Max_Epoch	最大训练次数
Base_LR	初始学习率
Optimizer	最优化算法
Momentun	随机梯度下降值
Decay_Step	学习率降低的增量
Decay_Rate	学习率的衰减率

③ 结果测试。

根据已有的 SVM、随机森林、图卷积神经网络、PointNet、PointNet++网络训练的参数，得到各个分类方法的训练模型。将测试集中点云数据的各个属性数据输入至各个模型中，得到预测的最终分类结果，并通过测试集数据与预测的分类结果进行精度评价。

5. 结果分析

基于 SVM、随机森林、图卷积神经网络、PointNet、PointNet++网络分类方法，利用训练集进行模型训练、调参，通过测试集输出不同方法的分类结果对比图（图 10.1-6）。由图 10.1-6 可知，在使用的算法中，PointNet++的分类效果最好，地面点、植被和建筑物基本分类正确，呈现误差的区域主要集中在植被和建筑物交叉区域，这些交叉区域包含多种地物，识别难度相对较大；而 SVM 算法和图卷积神经网络的效果较差。

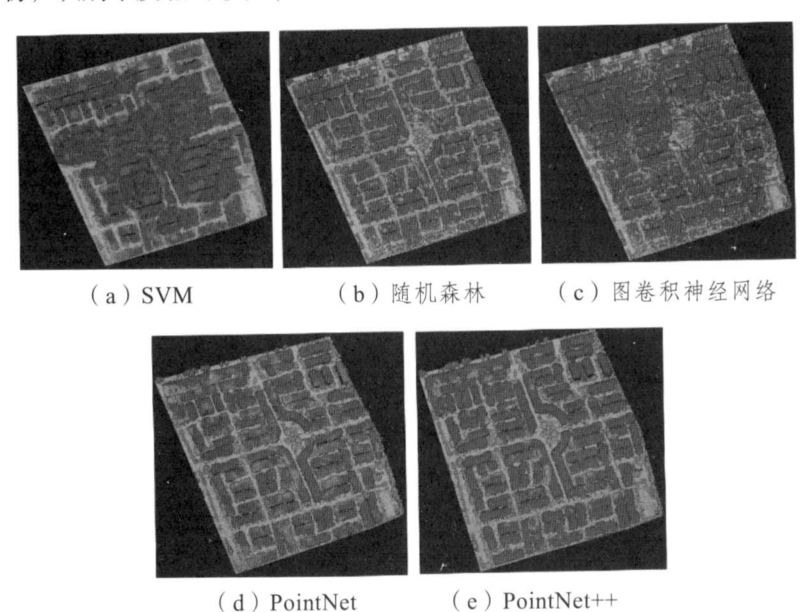

（a）SVM　（b）随机森林　（c）图卷积神经网络

（d）PointNet　（e）PointNet++

图 10.1-6　不同分类算法的结果对比图

各分类方法的精度评价指标F1指数和平均F1指数精度对比见表10.1-6。

表10.1-6　不同点云分类方法的精度对比

方法	地面	植被	建筑物	平均F1指数
SVM	0.551	0.398	0.647	0.532
随机森林	0.884	0.512	0.881	0.759
图卷积神经网络	0.651	0.498	0.847	0.665
PointNet	0.918	0.544	0.873	0.778
PointNet++	0.958	0.692	0.935	0.861

由表10.1-6可知，所有地物分类中F1指数最高大多为地面，最低为植被。地面点拥有大量的训练样本，容易被识别；而植被的样本较少，且结构相对复杂，容易被混淆，识别难度大。在平均F1指数对比中，SVM方法平均F1指数最低，而PointNet++网络平均F1指数最高，随机森林、PointNet平均F1指数相差不大。点云的属性输入变量和类别目标变量的训练过程是一个非线性拟合过程，而SVM算法是一种线性算法，虽然其采用核函数来解决非线性问题，但从实验的精度发现其无法有效表达非线性关系。随机森林和图卷积神经网络方法都可以处理高维度点云分类，随机森林训练速度快、网络结构简单，但是在复杂的机载点云分类中容易出现过拟合现象，模型适用性不强；图卷积神经网络虽是深度学习网络，但对特征的提取聚合次数过多，导致点云数据分类容易混淆，无法有效区分不同类别的特征。PointNet网络直接对散乱点云进行处理，对小的扰动和小范围空洞具有高度鲁棒性，然而其缺乏领域点信息，且未对地物进行多尺度的特征学习，使得精度相对较低。深度学习通过深层次的深度神经网络学习可以学习到数据间更为复杂的非线性过程，然而在本书中点云类别相对较少，这可能是深度学习方法和机器学习方法的效果差别较小的原因之一。PointNet++作为PointNet的改进方法，在点云数据局部特征提取和点云不均匀性方面得到极大改善，同PointNet网络结果相比，平均F1指数提高了10%，表明PointNet++分类精度更高、鲁棒性更强、分类效果更好。

6. 研究总结

本节基于成都市某区域采集的机载激光点云数据，采用了SVM、随机森林、图卷积神经网络、PointNet和PointNet++算法进行了点云分类，通过对比分析发现，在分类类别较少的情况下，深度学习方法分类结果较机器学习方法结果无明显优势；较已有分类方法结果，PointNet++算法的分类精度最高。

10.1.2　移动三维扫描与倾斜摄影技术融合建模

1. 移动三维扫描与倾斜摄影技术概述

实景三维作为一种新型基础测绘标准化产品，成为数字政府和数字经济建设重要的战略性数据资源和生产要素。当前，实景三维建模主要以倾斜摄影测量数据为主。倾斜摄影建模可以获取具有真实纹理的三维数据，是主要的三维模型生产方式，但其无法描述密集植被下的地形，且无法对细小物体建模；而激光雷达基于主动测距的方式，可以快速获取大面积目标场景的三维点云信息，且不受光照条件影响，能够弥补倾斜摄影测量对细小物体描述不足的缺陷。

本节基于移动三维激光扫描技术获取的点云数据，结合倾斜摄影技术，开展三维模型的融合建模探索，以期为实景三维模型生产提供新的建模思路。

2. 倾斜摄影理论

（1）概念与发展。

倾斜航空摄影是摄影机的主光轴按照一定倾斜角度对地面进行摄影，其角度一般在30° ~ 60°之间，能够克服从垂直角度拍摄正射影像的局限性，通过从垂直、4 个倾斜等 5 个不同角度对目标物体进行拍摄，从而获得目标三维信息，可将人们引入符合人眼视觉的真实直观世界。倾斜摄影影像信息量丰富，最早用于军事侦察活动，可通过大倾角相机拍摄国界线外的目标信息。伴随传感器、影像采集系统等仪器的发展，倾斜摄影测量现已广泛应用于实景导航、应急救灾等服务于国家建设与经济发展的领域，倾斜摄影测量主要有以下特点：

① 真实性。

倾斜摄影测量呈现的三维数据能反映更多的信息，真实感受地物，包括轮廓、位置、侧方向、高度等属性都可以获取，弥补了传统人工建模仿真度低的缺陷。

② 高效率。

倾斜摄影包括有人机、无人机等多种飞行平台，其较少的人工干预和人员投入等优势，提高了三维建模速率，使得区域面积不大的中小城市三维建模在几个月内即可完成工作。

③ 高性价比。

倾斜摄影数据是具有空间位置信息的可量测影像数据，能够输出 DSM、DOM 等多种数据成果。

（2）系统组成。

倾斜摄影由飞控系统、传感器、稳定平台、地面数据处理、飞行器等诸多系统共同协作完成。其硬件系统由影像采集系统、数据存储系统、成像系统、高精度 POS 等组成，能够实现影像数据的采集、传输和存储等功能，如图 10.1-7 所示。

① 影像采集系统。

影像采集系统是倾斜航摄的核心组成部分，一般为获取影像的数码相机，其通过航空摄影方式获得目标信息，可以获得目标的顶部和东西南北 4 个方位的信息。按照当前的相机模式分为单相机模式、三相机模式、五相机模式和六相机模式。应用最广的相机模式为五相机模式，它是由 5 个镜头组成，其中一个镜头获取垂直影像，其他 4 个相机在物理结构上分布于垂直相机的左、右、上、下 4 个方位，用于获取倾斜影像数据。

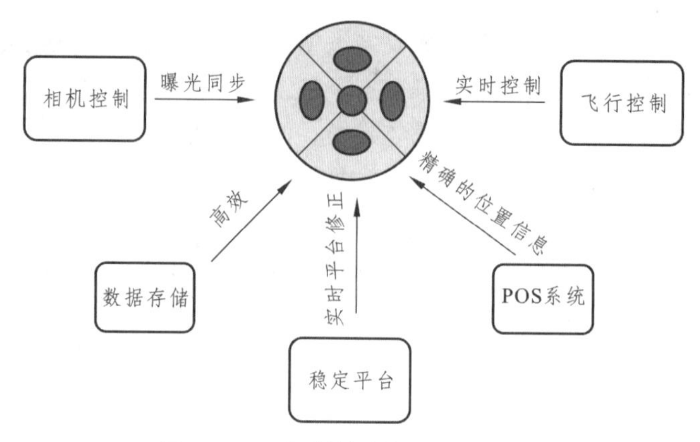

图 10.1-7 倾斜航空摄影系统组成

② 同步控制曝光系统。

倾斜摄影系统采用总线结构，它是将 5 台影像传感器构建为一个整体系统，对该系统的控制是利用控制接口实现传感器曝光参数广播、状态监控、触发信号传递等功能。该系统搭载一台 POS 系统提供位置与姿态信息，5 台传感器将共用该 POS 系统提供的姿态信息。

③ 数据存储系统。

倾斜影像数据量大、冗余度高，存储系统应保障数据安全，能够避免机械硬盘在长期震动环境下有可能引发的坏道或无法读写等问题。

④ 稳定平台。

稳定平台通过搭载的飞行平台、相机数目、外观以及摄影角度对机械云台的形状、尺寸进行设计，为整个倾斜航空摄影系统提供姿态稳定功能[8]。

⑤ 位置信息的获取装置。

POS 系统联合 IMU、GNSS 对曝光时刻相机的空间位置和相机姿态（外方位元素）进行实时测量与记录。

⑥ 飞行管理控制。

飞行管理系统负责对摄影系统正常工作所需的各种核心及辅助设备进行管理、控制以及状态监测，包括相机参数控制、定点曝光、曝光时刻与位置信息记录、平台旋偏角控制、IMU 数据记录等。

（3）成像特征。

① 地面覆盖特征。

垂直相机与倾斜相机倾角不同，导致地面覆盖范围不同。垂直相机可看作规则的矩形，而倾斜相机则呈现为梯形，离航线越近覆盖的面积就越小。

② 分辨率分布特征。

相机倾角指倾斜放置相机主光轴与垂直放置相机主光轴在它们所确定的平面内所形成的夹角。当倾角在 40° ~ 50°之间时，所获得的影像更接近人眼对立面纹理信息的真实视觉体验，此范围角度为摄影测量大倾角范围。倾斜角度的绝对值并不直接对影像产生影响，而是通过改变分辨率、有效像幅等参数来改变所获取的影像。垂直和倾斜影像的地面采样间隔（Ground Sampling Distance，GSD）分辨率是直观和重要的参数之一，能够决定三维建模质量。

③ 地物边缘透视收缩。

在倾斜影像中，立体像对间的影像所对应的姿态角变化比较大，造成左右影像中存在比较明显的几何变形，主要体现在两幅影像中同一地物的垂直边缘长度不同，两幅影像的像素大小相同，但构成两幅影像中地物边缘的像素个数不同，使得边缘透视收缩出现。

④ 遮挡特征。

倾斜摄影可以获得目标立面信息，建筑物或其他（如高大树木）遮挡不可避免。此外，在不同拍摄角度获取的影像，遮挡情况不同，会导致图像重要信息不同程度的丢失。

⑤ 有效像幅。

倾斜影像具有大倾角特性，会存在采集的影像边缘分辨率低、地物变形较大而无法满足使用要求的现象，因此，在实际处理过程中将会对其进行裁剪，裁剪后可用的像幅称为倾斜影像有效像幅[9]。

（4）倾斜摄影关键技术。

① 影像匹配。

提取及匹配同名像点的过程称为影像匹配，即在不同影像上对同一地物进行匹配，得到地物的精确坐标点。三维建模是以影像匹配为基础的，所有的后续成果进程都会受到影像匹配精确度的影响。倾斜影像是多视影像，为保证影像的匹配精度，须采用多匹配基元。影像匹配分为很多种，其中适应力最强且所得到的匹配结果精度最高的是基于特征的影像匹配，其被普遍应用到倾斜摄影测量软件当中。目前，应用于影像匹配的主要方法以 SIFT 特征匹配算法为主，该计算方法有较强的抗噪能力及较快的运算速度，并且可以转化不同图像所具备的匹配特点，形成相似性度量。

② 多视影像联合平差。

采集的多视影像，包含垂直影像和倾斜影像，处理之前要对影像之间的变形与遮挡现象充分考虑，即需要多视影像联合平差。现阶段进行多视影像联合平差时，首先根据算法提取影像特征，通过完成连接点和连接线、像控点坐标以及 POS 数据多视影像网平差方程的建立，计算得到所有加密点的物方坐标及每张像片的外方位元素。因此，多角度的影像以及 POS 数据的采用，将对生成的三维模型的精度产生影响。

③ 多视影像密集匹配。

自动连接点是基于空中三角测量形成的，即多视影像密集匹配的基础。除了垂直影像之外，多视影像还包括倾斜影像，通常会利用多基元匹配算法来匹配多视影像，通过多个摄影基线的建立，得到连接点的精确解。多视影像的信息盲区可以通过密集匹配降到最低，能够对地物遮挡问题进行有效解决，提高影像匹配的精确度。

④ TIN 网构建。

三维模型的本质是网格面模型，是通过倾斜摄影测量生成超高密度点云（带有高程信息的三维点云数据）构建而成的。点云构网格面过程采用两种形式规则格网（Regular Grid）和不规则三角网（Triangular Irregularly Network，TIN）。TIN 是一个不规则三角网络，由三个具有三维信息的密集点构成，其延展性强，能够更好地诠释不同地物的起伏状态。在倾斜摄影三维建模中，点云构网格面过程一般采用 TIN。

⑤ 纹理映射。

模型纹理信息是衡量三维模型精细程度的重要指标之一，纹理信息被采集在倾斜影像中，需有一定的对应关系存在于三维模型表面和二维纹理空间，这就是纹理映射。纹理映射需建立二者之间的对应关系，将二维空间点对应的颜色值或灰度值映射到三维物体表面，得到的实景三维模型会更加符合真实色彩视觉。

3. 区域概况

为了突显激光点云与倾斜摄影数据融合的优势，实验区选取了某地区地势平坦且具备建筑物和植被等多种地物类别的小区，实验区小区位置如图 10.1-8 所示。

图 10.1-8　实验区小区位置图

4. 研究工作方案

（1）研究前期准备。

收集试验区范围边界，获取基础地理信息数据，包括数字正射影像、数字高程模型、地形图、三维模型等。通过向战区参谋部、空军航管处提交空域申请，获得航空摄影的合法性。前往实验区实地踏勘，了解实验区高层建筑、设施的分布情况与高度。

（2）倾斜航空摄影。

① 像控点测量。

采取先布设像控点标记，再进行航摄获取倾斜影像的技术路线（图 10.1-9）。像控点布设与测量包含以下几点：

- 像控点精度要求：像控点全部为平高控制点，其相对邻近基础控制点的平面位置中误差不应超过地物点平面位置中误差的 1/5、相对邻近基础控制点的高程中误差不应超过 0.05 m，大面积森林等特殊困难地区，像控点的平面位置中误差和高程中误差可放宽 0.5 倍，像控点最大误差为两倍中误差。
- 像控点位置设计：像控点均匀分布，采用规则格网方式，排列方向与航线一致，同时设计了一定数量的检查点。
- 像控点布设与测量：布设的像控点做好标记，当点位在硬化地表时，采用油漆绘制标志点；当点位附近存在较多遮挡、点位无法到达等问题时，在设计位置附近另选点位。

图 10.1-9　像控点布设与测量

② 航空摄影设计。

提前设定实验区的分辨率、飞行高度、影像重叠度、航摄分区与航线设计等参数。

- 分辨率：航摄影像设计底视分辨率优于 0.05 m/px。
- 飞行高度：基于分辨率要求和航摄相机性能，考虑测区地形起伏和高层建筑，确保影像分辨率变化范围和飞行安全，选取合适的飞行高度。
- 影像重叠度：航向重叠度最小不低于 53%，旁向重叠度最小不小于 50%。
- 航摄分区与航线设计：根据无人机平台的续航时间、操控半径以及实验区起伏情况，将实验区分为若干航摄分区，每个分区的航线长度均不大于无人机平台最大遥控半径的 60%。

③ 航空摄影实施。

- 飞行前准备：飞行前按照无人机的操作流程完成飞机组装、飞机检查等工作。

• 相机曝光参数设置：倾斜摄影所采用的相机系统使用恒定光圈5.6和自动感光度，人工设定快门速度。无人机管家中快门速度一般分为 1/1 600 s、1/1 250 s、1/1 000 s、1/800 s，根据天气情况选取合适的快门速度。

• 航飞作业：完成各项准备工作后，实施航飞作业。在飞行阶段，对飞机位置、状态、天气等情况保持关注。

④ 航空摄影预处理。

在每架次飞行完成后，从无人机中取出存储卡，并将影像剪切至电脑硬盘或移动硬盘内。利用无人机系统的配套软件，对同步的基站 GNSS 观测数据和机载 POS 数据进行解算。像片编号采用“拍摄日期 + 分区号 + 相机号 + 片号”的方式构成，如拍摄日期为 2023 年 12 月 20 日第 3 分区的 2 号相机所拍摄的第 52 张有效影像，则命名为“1220_BLOCK3_CAM2_00052.jpg”。解算后的 POS 数据转换到项目需要的独立平面坐标系和 1985 国家高程基准。

⑤ 影像质量检查。

查看影像的清晰度、色调、反差、锐度等，以确保影像成像清晰、亮度适中。

（3）移动三维扫描。

通过移动三维扫描得到点云总量 4.3 亿个，包含整个小区。移动三维激光扫描是对无人机倾斜摄影的有效补充，可以多角度获取空中摄影存在的盲区数据，例如建筑物的屋檐、雨罩等遮挡位置的数据。通过点云拼接、配准、裁切后，得到所需区域的点云数据。点云分类借助点云分类软件实现，一般分建筑物、高植被、地面三类，如图 10.1-10 所示，自动分类整体效果较好，准确率达 85%。分类错漏的地方主要集中在门廊、柱廊等与小区绿化相邻且高度相差不大的地方，需要手工调整。

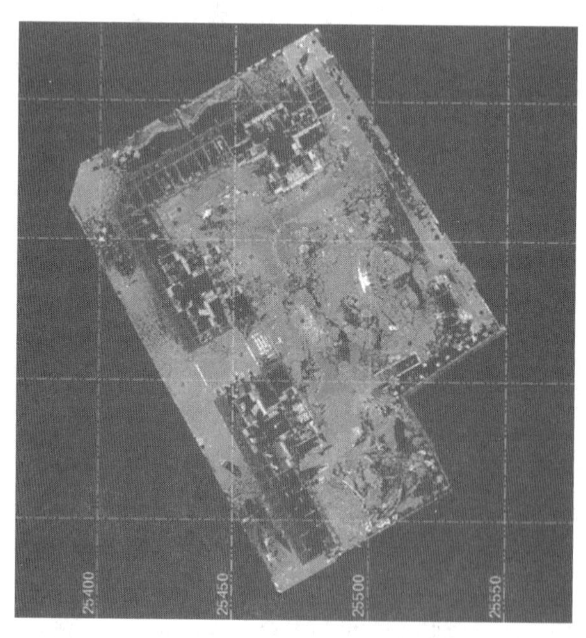

图 10.1-10　点云分类结果

（4）空中三角测量。

空中三角测量包含影像导入分组、相机参数设定、影像 POS 输入、连接点匹配、像控点量测和光束法空三平差等过程（图 10.1-11）。在处理过程中，应确保影像分组正确，同一个相机在不同架次获取的影像应尽量归并到同一个影像分组内。连接点匹配可自动匹配出相邻影像的大量同名点，通过连接点提取并检查通过后，开始对像控点进行量测处理，通过利用像控点的测量成果，对影像上像控点所在位置进行标记。由于倾斜摄影中影像的重叠度极高，正常状态下每个像控点需要标记量测 20 余张影像。基于连接点、控制点、POS 值等进行光束法约束平差处理，最终获得具有高精度的连接点和影像的内、外方位元素成果。在平差过程中，如果发现存在像控点残差超限、检查点误差超限时，需要对该点及其周边点进行检查，必要时进行像控点复测。

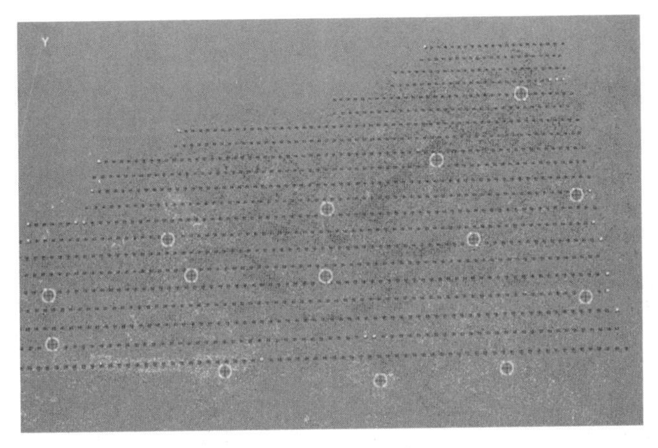

图 10.1-11　空中三角测量

（5）点云配准及融合。

实现三维激光扫描数据与倾斜数据的融合建模，需要将移动三维扫描技术获取的点云数据与倾斜数据做配准，即参与到空中三角测量过程，需完成空三图像点云的融合处理（图 10.1-12）。该过程需保证倾斜摄影数据和三维点云数据的空间参考保持一致。

图 10.1-12　空三图像点云融合处理

（6）三维模型重建。

通过空三图像点云数据的融合处理，即可进行自动建模处理，得到精度、精细程度、纹理色彩均符合真实场景的 OSGB（Open Scene Graph Binary）格式的三角面模型。

5. 结果分析

通过倾斜摄影空中三角测量生成的密集点云与移动三维扫描采集的点云进行配准及融合，共同构建不规则三角网 TIN，然后对三角网平滑和简化、纹理贴图得到精细的三维模型。移动三维扫描建模，由于点云数据纹理信息相对较缺乏，建立的模型真实感低，通过移动三维扫描点云联合倾斜摄影技术进行融合建模，使模型的效果大大提升，真实感增强，建模后的房屋模型结构完整、清晰，纹理清晰，实验结果如图 10.1-13 所示。

（a）移动三维扫描点云模型

（b）融合模型

图 10.1-13　不同建模方式的模型对比图

采用 RTK + 全站仪方式，开展现场实测点位坐标与融合模型的同名点精度比较。按照随机抽取、均匀分布、有代表性的原则选择了 12 个检查点（表 10.1-7），结果精度高，符合规范精度要求。

表 10.1-7　三维模型精度统计　（单位：m）

点号	现场实测点		三维模型点		差值		
	X	*Y*	*X*	*Y*	d*x*	d*y*	d*s*
1	*****.021	*****.693	*****.068	*****.623	0.047	0.070	0.065
2	*****.317	*****.264	*****.386	*****.251	0.069	0.013	0.043
3	*****.776	*****.875	*****.867	*****.962	−0.091	−0.087	0.087
4	*****.070	*****.360	*****.062	*****.267	0.008	0.093	0.076
5	*****.688	*****.917	*****.579	*****.831	0.109	0.086	0.102

续表

点号	现场实测点		三维模型点		差值		
	X	Y	X	Y	dx	dy	ds
6	*****.395	*****.556	*****.457	*****.642	−0.062	−0.086	0.091
7	*****.648	*****.457	*****.589	*****.412	0.059	0.035	0.051
8	*****.105	*****.447	*****.061	*****.382	0.044	0.065	0.122
9	*****.794	*****.775	*****.681	*****.679	0.113	0.096	0.498
10	*****.871	*****.051	*****.963	*****.142	−0.092	−0.091	0.874
11	*****.621	*****.351	*****.565	*****.277	0.056	0.074	0.670
12	*****.200	*****.369	*****.289	*****.449	−0.089	−0.080	0.105

6. 研究总结

本节以某小区为例，探索了移动三维扫描与倾斜摄影的融合建模技术，并结合三维扫描点云建模结果进行对比分析。结果表明，相较于三维扫描点云单独建模，三维扫描和倾斜摄影融合建模在保证高精度的同时，建模效果更好，质量有大幅提升，克服了点云单独建模纹理信息、真实感缺乏的缺陷。

10.1.3　联合多平台三维扫描和倾斜摄影技术的 DLG 更新方法

1. 联合多平台三维扫描和倾斜摄影技术概述

城市 DLG 是国土空间基础数据资源体系的重要数据，也是智慧城市时空信息平台的重要数据，DLG 的及时更新有利于充分发挥城市勘测基础测绘的基础先行性、技术支撑性、服务保障性作用。目前，以 RTK 和全站仪为主的传统城市 DLG 更新方式效率低，难以满足经济社会快速发展的需求，亟须提高生产效率，加快更新周期。

本节基于机载三维激光扫描技术、车载移动测量技术、便携式三维激光扫描技术及倾斜摄影测量技术等智能勘测技术特点，通过对比分析各种技术的优缺点和应用场景，开展融合多种技术手段的城市 DLG 更新方法研究，以期为城市基础测绘地形图更新项目提供参考方法。

2. 区域概况

为提高城市城区基础地理信息数据现势性、准确性和完整性，笔者所在单位承接了所在城市的基本比例尺 DLG 更新项目，选取了项目部分区域（图 10.1-14），开展大比例尺 DLG 生产与更新方法的研究。

图 10.1-14　DLG 更新方法研究实验区域位置示意图

3. 工作方案

（1）不同采集技术分析。

① 机载三维激光扫描技术。

机载三维激光扫描技术融合了激光扫描技术、GNSS 技术和惯导技术。可通过直升机、无人机等飞行平台搭载 LiDAR 系统，穿透部分植被，主动获取海量三维点云数据，经过数据处理获得 DEM 数据、高程点数据及等高线成果，作业效率高，精度可以满足 1∶500 等大比例尺 DLG 更新精度要求[10]。

该技术应用于城市 DLG 更新，优势主要有：

- 效率高，可快速、直接获取大范围的三维点云数据，得到高程数据。
- 穿透性较好，机载三维激光扫描技术通过发射高频率的激光脉冲可以穿透部分植被到达地面，有效解决了获取隐蔽区域、植被较茂密区域高程数据难的问题。
- 受天气影响小，利用主动遥感技术抗干扰能力强，在夜晚、光照较弱天气仍可正常工作。
- 无须布设像控点，减轻外业作业强度，提高作业效率。

同时，机载三维激光扫描技术也存在一定的不足：

- 需配合其他测量技术。由于机载激光扫描技术无法独立绘制大比例尺城市 DLG，需配合 DOM 或实景三维模型等数据[13]。
- 在极端天气条件下，诸如大雨、雾霾等天气，会大大降低测量精度，无法正常工作。
- 禁飞区限制，超大、特大城市等大型城市中存在较多禁飞区限制的问题。

② 车载移动测量技术。

车载移动测量技术基于激光扫描技术、GNSS 技术、惯导技术和全景技术，可以高速获取建筑立面、道路及其附属设施的空间点云和纹理信息，在作业效率和内业采集上有一定的优势，精度可以满足 1∶500、1∶1 000 等 DLG 更新要求[15]。

该技术应用于城市 DLG 更新，优势主要有：

- 数据丰富。可便捷获取道路的高精度三维点云，全景相机可以获取对应的纹理信息。
- 还原现实场景。快速还原道路及其附属设施空间的现实场景。

同时，车载移动测量技术也存在一定的不足：

- 道路局限性。由于车载激光扫描技术只能运用在车行道路上，其他区域无法获取数据，对于大范围城市 DLG 更新具有一定的局限性。
- 卫星失锁状态下精度较低。在 GNSS 无法获得固定解时，仅靠 IMU 和车载里程计难以保证高精度，需要做一定数量的控制点进行点云纠正，一定程度上也增加了外业强度，尤其在大型城市场景当中比较突出。

③ 背包便携式三维激光扫描技术。

背包便携式三维激光扫描技术主要利用 SLAM 技术、惯导技术和 GNSS 技术，实现快速获取实时三维点云信息和纹理信息，并且，通过与传统测量方式进行精度比对，结果表明该技术可以满足 1：500 大比例尺 DLG 精度要求[20]。

该技术应用于城市 DLG 更新，优势主要有：

- 灵活、便捷，可快速获取隐蔽区域三维彩色点云信息。
- 细节丰富，还原真实场景。

同时，背包便携式三维激光扫描技术同样存在一定的不足：

- 点云解算时间长，一般为外业采集时间的 3 ~ 4 倍，根据场景的不同和计算机性能可能会存在一些差异。
- 卫星失锁状态下精度不稳定，点云精度易受到场景复杂程度、闭环质量、行进路线、失锁时间等多种因素干扰。

④ 倾斜摄影测量技术。

倾斜摄影测量技术通过高效的三维建模技术，可以快速、精确地获取目标区域地形、地貌等精细化特征，应用无人机倾斜摄影测量技术能够快速制作 1：500 DLG，提高作业效率，降低生产成本，满足 1：500 DLG 的精度要求，空域允许的情况下，非常适合大范围大比例尺 DLG 的快速更新[1]。

该技术应用于城市 DLG 更新，优势主要有：

- 快速高效。快速获取大范围的实景三维数据，对比传统的测量方式，可以大大提高作业效率。
- 还原现实场景。构建的高精度实景三维模型可以更直观、全方位地展现地物地貌特征。

同时，倾斜摄影测量技术同样存在一定的不足：

- 像控点布设。为保证 1：500 DLG 测量精度，需要在航飞前期布设大量的像片控制点，这在一定程度上增加了人力、物力成本，延缓了项目进度。
- 人工修补测。在植被茂密区域存在获取高程数据难、隐蔽区域三维模型拉花等问题，需要必要的人工修补测，在一定程度上增大了外业强度。

- 生产周期较长。从倾斜影像获取、空三处理到模型生产需较长的时间。
- 禁飞区限制。和机载三维激光扫描技术一样，倾斜摄影测量技术也存在禁飞区限制的问题。

（2）不同技术对比分析。

通过对比几种应用于大比例尺 DLG 更新的技术，根据不同场景需求选择适宜的测绘技术手段，达到优势互补的效果，见表 10.1-8。

表 10.1-8　不同采集手段对比分析

技术手段	机载三维激光扫描	车载移动测量	背包便携式三维激光扫描	倾斜摄影测量	RTK＋全站仪
技术原理	GNSS＋IMU	GNSS＋IMU	GNSS＋SLAM	影像密集匹配建模技术	单点测量
优势	大范围，穿透性好，效率高	精度高，道路适配性高	灵活、便捷、信息丰富、不惧遮挡	大范围，效果直观	灵活、便捷
劣势	需配合其他测量方式，禁飞区限制多	道路局限性，卫星失锁状态下，精度不稳定	解算时间长，卫星失锁状态下，精度不稳定	像控测量，遮挡区域需补测，禁飞区限制	效率低，信息单一
应用场景	复杂场景＋大范围	道路及周边	复杂场景＋较小范围	复杂场景＋大范围	不受限制

（3）工作流程。

① 融合施测方案。

采用多源技术融合施测方案，对于满足航飞条件的大范围区域，可采用倾斜航空摄影和机载三维激光扫描的方式进行数据采集；对于非航摄区域，采用车载移动测量技术、便携式三维激光扫描技术等移动三维扫描技术进行局部区域的动态更新，实现不同测量方式的优势互补。其主要技术流程如图 10.1-15 所示。

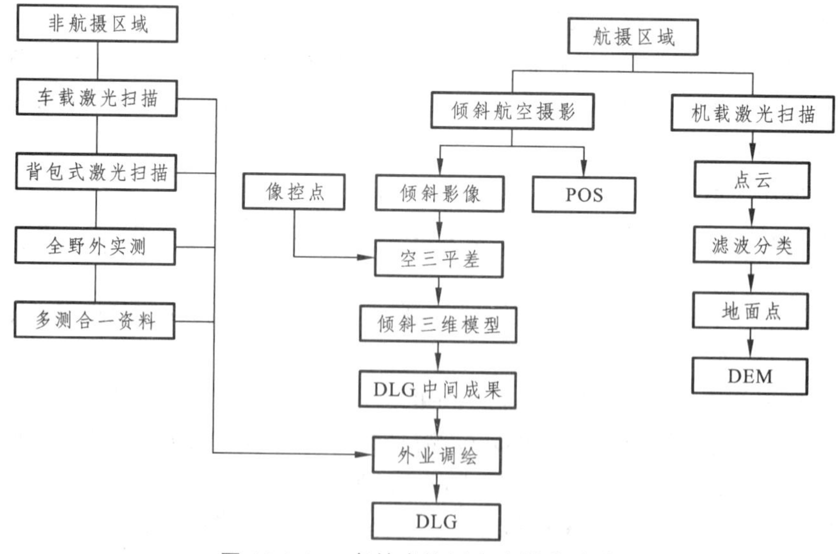

图 10.1-15　多技术施测方案技术路线

② 外业采集。

实验采用华测 AU900 多平台激光扫描系统、欧思徕 SR-RL6 背包式激光扫描仪和数字绿土 LiGrip H120 激光扫描仪，外业采集情况如图 10.1-16 所示。

（a）车载式三维扫描

（b）机载式三维扫描

（c）背包式三维扫描

（d）背包式三维扫描

图 10.1-16　多平台三维扫描测量

③ 内业采集。

采用了多种三维点云采集软件（图 10.1-17），实现海量点云强度渲染、高程渲染、真彩色渲染等多模式、多窗口、多视角同步显示，支持二、三维联动更新，实现特征线（如道路）、特征点（如路灯、电杆）的半自动采集，大大提高 DLG 内业采集效率。

图 10.1-17　移动三维扫描内业采集

4. 结果分析

采用 RTK + 全站仪方式评定点云数据平面和高程精度，按照随机抽取、均匀分布、有代表性的原则，将实测数据与三维点云采集的内业成果进行精度评定。随机选取了 140 个地物特征点（如房角、围墙角、电杆、井等）作为平面精度检查点，见表 10.1-9；92 个地势平坦区域高程点作为高程精度检查点，见表 10.1-10。经计算，点云成果平面中误差为 0.07 m，高程中误差为 0.05 m，均满足相关规范要求。

表 10.1-9　多平台激光点云平面精度评定统计表　（单位：m）

点号	实测检测点坐标		点云成果坐标		差值		
	X_1	Y_1	X_2	Y_2	dx	dy	ds
1	*****.338	*****.269	*****.393	*****.292	0.055	0.023	0.06
2	*****.957	*****.898	*****.943	*****.947	−0.014	0.049	0.051
3	*****.463	*****.043	*****.442	*****.173	−0.021	0.13	0.132
4	*****.148	*****.177	*****3.142	*****.167	−0.006	−0.01	0.012
⋮	⋮	⋮	⋮	⋮	⋮	⋮	⋮
138	*****.031	*****.789	*****.037	*****.762	0.006	−0.027	0.028
139	*****.291	*****.453	*****.113	*****.321	−0.178	−0.132	0.222
140	*****.975	*****.453	*****.908	*****.452	−0.067	−0.001	0.067

表 10.1-10　多平台激光点云高程精度评定统计表　（单位：m）

点号	实测检测点高程	点云成果高程	差值
	H_1	H_2	dh
1	***.78	***.62	−0.16
2	***.57	***.47	−0.1
3	***.71	***.62	−0.09
⋮	⋮	⋮	⋮
90	***.78	***.85	0.07
91	***.49	***.53	0.04
92	***.31	***.21	−0.1

5. 研究总结

本节通过对比分析机载三维激光扫描技术、车载移动测量技术、背包便携式三维激光扫描技术和倾斜摄影测量技术的作业原理、技术特点、优缺点及应用场景，提出了融合多种移动测量技术手段的城市 DLG 更新方案。根据不同场景和需求选择适宜的技术方法，不仅可大大减轻工作强度，缩短更新周期，还可以实现新型基础测绘“全息采集、多级复用”的目的，具有较高的经济性。

10.2　移动三维扫描技术应用场景总结

10.2.1　地下空间开发

在城镇化进程加快、用地日趋紧张的背景下，各地越发重视地下空间的开发利用。随着“智慧城市”建设推进，“城市精细化管理”、“地上地下空间建设”对地下空间的三维信息采集与处理方式提出了更高的要求。移动三维扫描技术的高效率、数字化、自动化为地下空间信息化和三维建模提供了坚实的技术支撑。地下空间开发包括基坑工程监测、隧道施工监测、地下空间三维建模等方面。基坑工程监测难度大、风险性较高，对安全与稳定性要求严格，谈珂威[25]、许新海[26]和杨兆龙[27]等通过具体的工程实例，验证了三维激光数据用于基坑工程监测的实用性，其精度和抗干扰程度略差于传统监测手段，但在产生监测数据、监测情况参照方面却能做很好的补充。在隧道施工监测方面，师海[28]、赵亚波[29]、LI P. P.等[30]将三维激光数据应用于隧道掌子面的岩体稳定性分析、隧道管片错台分析、断面面积计算等实例中，与全站仪相较，均获得了不错的结果。在地下空间三维建模方面，为实现地下空间现状的精细三维建模，架站式、便携式三维激光扫描设备在地下空间应用广泛。俞艳波[31]等基于玉溪市某煤矿为研究对象，利用便携式设备采集了激光点云，通过三维可视化建模，结合地下巷道 CAD 底图，验证了该方法的可行性；钱尊岩、孙钟磊[32]将三维扫描技术应用于地下车库的三维空间建模中，经验证，构建的三维模型精度满足相关规范要求。

10.2.2　结构变形与质量监测

大型工程的外部和内部结构多呈现特异性和复杂性，对监测而言，施测难度和精度要求极高，以全站仪为代表的传统测量手段，往往难以满足需求；三维扫描作为高效、高精度的技术手段，探索其在工程质量与健康、结构变形位移的应用极其重要。杨雪姣等[33]提出了三维扫描技术的新型施工方法，通过混凝土表面检测实例，验证了新方法在连续变化的空间曲面检测方面显著优于传统方法；WANG J. H.等[34]基于幼儿园修建实例，将三维激光扫描技术应用于幕墙建造，并详细介绍了工作流程；LU C. T.等[35]通过采集的详细三维激光点云数据与 BIM 模型对比，完成商丘文化艺术中心大剧院的钢结构设计与检测，结果表明，点云数据可以用于更新 BIM 模型，有效检测钢结构；王二民等[36]通过采集建筑物三维激光点云数据，采用拟合平面及拟合直线几何特征，检测了建筑物平整度，验证了三维激光扫描数据在质量检测中具有较强的可行性和适用性。

10.2.3　室内工程施工

传统的室内工程施工工艺，在复杂特异的场景下存在测量难度大、质量难保障等问题。三维激光点云提供了另一种解决方案，其可以依据采集的点云生成三维模型，进而进行对比分析，解决施工偏差等问题[37]。阚浩钟等[39]结合三维扫描技术与 BIM 模型，应用于大小井特大桥钢管拱肋拼装中预拼装、三维检测和焊接收缩变形等过程，提高了施工精度和工作效率，解决了传统测量方式点数据分析的局限性；周永波等[40]在密集架空管线数字化过程中引入三维激光点云建模，实现了厂区架空管线数字化成果，为厂区建设和管理提供基础数据保障。

10.2.4 文物遗产保护

利用数字技术更好保护文物遗产是近年来研究的热点问题。文化遗产侧重考虑本体安全、所处环境及效果实现的成本和效率，强调局部细节的表现、相对位置关系的准确等。三维激光扫描技术通过非接触式测量的方式能够获取高精度、高密度的激光点云，其快速绘制结构图及精细三维模型，被广泛应用于文物修复和古建筑数据收集建档中[41]。孔令惠等[43]利用激光三维扫描技术对宁波市历史古塔和西洋楼房进行激光点云数据采集、处理和快速成图，提高了历史建筑建档的工作效率；索俊锋[44]、高溪溪等[45]均完成了三维激光点云数据的采集、处理、建模等全工作流程，为古建筑的恢复、再现和重建提供技术支撑，为古建筑的开发、维修提供了高精度的数据基准。

10.2.5 地质监测和岩性识别

三维激光扫描通常与 GNSS 系统、高清数码相机配合使用，能够有效完成危险目标和环境数据的采集，通过处理生成三维模型，应用于地质监测时，可以完成地形测量、灾害监测，并能提供滑坡预警与试验区的总体趋势；应用于岩性识别时，可以识别不同波段下的岩性特征，经处理分析提高岩性识别的精确度，为资源勘探和建模提供数据支撑。董秀军[46]根据不同比例尺下地形图对数据量的要求，将获取的点云数据采取抽稀或数值提取的方式，进行地形图的绘制，验证了地形测量的可行性；郭献涛等[47]基于地面三维扫描技术提出一种三层混合变形模型，解决了变形监测中对象局部信息描述不足的问题，其基于单元的变形计算方法适用于非均匀变形特性的监测领域；石灰石和泥灰岩的识别研究中，Franceschi 等[48]根据这两种岩石在短波红外波段吸收强的现象，通过扫描波段是红外波段的三维激光扫描来区分这两种岩石的露头剖面。在激光点云数据中，其强度、几何信息、颜色属性的混合判别方法是用于增强岩石识别精度的有力方法[49]。

10.2.6 公园城市树木建模

“公园城市”理念相承于“园”、着眼于“城”、核心在“公”，其理念体现了“生态文明”和“以人民为中心”的发展理念，是一种新的城市化发展模式，是指通过绿地资源统筹管控将公园建设和城市建设衔接到一起[50]。公园绿地是城市绿色基础设施以及城市绿地生态构建中的重要组成部分，其中，树木作为城市绿地生态构建中的重要内容，构建真实的三维模型一直是具有挑战性的研究热点。近年来，利用激光点云获取精确的三维几何结构信息，探索在林业生态管理、智慧农林等领域的应用一直处于研究之中。在树木结构分类方面，Dey 等[52]对葡萄树进行三维激光扫描，通过颜色和形状的组合，将树的叶子、树枝和果实准确分类，分类精度高达 0.98；在三维建模方面，Cheng Z. L. 等[53]和苏中花[54]通过地基激光雷达，对树木枝干、树木和叶片进行三维建模，发现存在建模效率低、细小枝干建模不完整、无法有效建模出叶簇等问题；万里红等[55]为解决树木三维建模精度和还原度低等问题，采用 Delaunay 三角网和 Alphashape 算法对树木叶片和细小枝干进行三维重建，发现该方法克服了模型结构不真实、不精细等问题，较好实现了树木叶片和细小枝干的三维建模。

10.2.7　3D 目标检测与自动驾驶

目标检测是在图像中找出感兴趣的物体进行识别和标注，传统的 2D 目标检测缺少距离信息，并且无法顾及环境影响，在无人驾驶、目标跟踪等领域具有诸多局限性[56]；而 3D 目标检测能够感知环境的深度信息，能根据感知到的空间信息计算物体三维结构并生成预测框，为自动驾驶的实现提供技术支撑。3D 目标检测方法最主要的应用场景是自动驾驶[57]，自动驾驶车辆须搭载高精度相机和激光雷达等传感器，通过几者的数据融合帮助自动驾驶系统理解周围环境，进而作出判断[58]。激光雷达是环境感知系统的主要部分，能够准确完成 3D 目标识别任务，成为近年来的研究热点。当前 3D 目标检测研究的难点主要集中在特征提取困难、点云数据获取成本高、数据量少、数据融合方法复杂等方面，为了促进自动驾驶技术的发展，相关科研单位、公司发布了相应数据集为广大学者测试，包括 KITTI[59]、nuScenes[60]和 waymo[61]等。近年来，3D 目标检测发展了基于原始点云的方法、基于多视图以及基于融合的方法。在原始点云方面，2017 年 QI C. R. 等[62]开创性地提出直接处理点云数据的神经网络 PointNet，其能够应用于多个场景，但复杂场景不能很好地识别；为解决这一问题，通过不断改进，PointNet++[63]、PointRCNN[64]网络被提出，证实新方法在目标识别方面得到了一定的改善。在基于多视图方面，该方法不能直接处理点云数据，是通过投影方式压缩成 2D 图输入至卷积神经网络进行处理，根据此思路形成的方法包括 BANet[65]、$H^2$3D R-CNN[66]和 X-view[67]等。在基于融合方法方面，以点云作为输入存在难以检测远方物体的缺陷与图像拥有 RGB 颜色信息，能够提高远方物体的检测精度，发展的融合方法包括 3D-CVF[68]、VMVS[69]、F-PointNets[70]、F-ConvNet[71]等。

10.3　移动三维扫描技术展望

本书通过全面阐述移动三维扫描技术在城市勘测领域项目的实际应用，充分介绍了其在项目应用中的技术流程、工程案例和经验总结，并结合项目需求进行了相关研究探索。虽然移动三维扫描技术应用成效日益凸显，但还有值得进一步提高的地方。

1. 移动三维扫描点云分类

通过对移动三维扫描点云进行植被、树木、建（构）筑物、道路、车辆等精细分类，能够更好服务于基础测绘、林业普查、电力调查和自动驾驶等领域。深度学习具有自动学习深层次特征的能力，基于深度学习的点云分类方法可以实现精细、高精度的点云分类，但以下方面还需进一步研究：

（1）构建大规模训练样本集，更好测试点云分类性能；

（2）如何更好地利用如光谱、图像、波形等其他信息进行分类；

（3）迁移其他领域的知识，进一步降低深度神经网络分类模型对训练样本数量的要求，提高分类效率，更好地应对海量点云的分类。

2. 移动三维扫描点云融合应用

当前移动三维扫描技术按搭载平台可分为便携式、车载式、机载式等类型，伴随移动三维扫描技术的全面普及应用，开展不同载体的点云数据配准及融合方法，使海量点云数据更好地服务于城市建设、经济发展，是需要研究的课题。

3. 基于智能载体的移动三维扫描系统

智能装备是高端装备制造业的重点方向之一，被国家列为战略性新兴产业，它是先进制造技术、信息技术和智能技术的集成和融合。当前移动三维扫描系统已满足城市勘测领域项目的大多数需求，但是数据采集、数据处理还未能实现自动化、智能化，实现智能移动三维扫描系统将能极大地提升城市勘测领域项目内外业的生产效率，在城市规划、建设与管理及自然资源调查、监测方面，体现移动三维扫描技术这一新质生产力的优越性。

随着城市化进程和智慧城市建设的加速推进，城市勘测领域对高精度、高效率的空间数据需求将不断增长。移动三维扫描技术作为一种新兴的空间数据采集方法，将在城市勘测领域发挥越来越重要的作用。未来，我们将进一步探索移动三维扫描技术在城市规划、智能交通、环境监测等领域的应用，为城市的建设和管理提供更加全面、精准的技术支持。同时，我们也时刻关注移动三维扫描技术的发展趋势和前沿技术动态，不断推动技术的创新和应用。

参考文献

[1] BREIMAN L. Random forests [J]. Machine learning，2001，45（1）：5-32.

[2] SMOLA A J，SCHÖLKOPF B. A tutorial on support vector regression [J]. Statistics and Computing，2004，14（3）：199-222.

[3] SHUMAN D I，NARANG S K，FROSSARD P，et al. The emerging field of signal processing on graphs：Extending high-dimensional data analysis to networks and other irregular domains[J]. IEEE signal processing magazine，2013，30（3）：83-98.

[4] 徐冰冰，岑科廷，黄俊杰，等. 图卷积神经网络综述[J]. 计算机学报，2020，43(5)：755-780.

[5] 魏金泽. 基于时空图网络的交通流预测方法研究[D]. 大连：大连理工大学，2021.

[6] QI C R，SU H，MO K，et al. PointNet：Deep Learning on Point Sets for 3D Classification and Segmentation[C]//Proceedings of the IEEE Conference on ComputerVision and Pattern Recognition，2017.

[7] QI R. Deep learning on point clouds for 3D scene understanding[D]. Palo Alto，California：Stanford University，2018.

[8] NEUGEBAUER P J，KLEIN K. Texturing 3D Models of Real World Objects[C]//Multiple Unregistered Photographic Views，Proc. Eurographics. Milan，1999：245-256.

[9] MI Wang，HAO Bai，FEN Hu，Automatic Texture Acquisition for 3D Model Using0blique Aerial Images[C]//First International Conference on Intelligent Networksand Intelligent Systems，2008：122.

[10] 胡耀锋，张志媛，林鸿. 利用机载 LiDAR 测绘大比例尺数字地形图的可行性研究[J]. 测绘通报，2015（5）：87-90.

[11] 杨昆仑，赵军平. 无人机 LiDAR 系统在大比例尺地形图测绘中的应用[J]. 测绘技术装备，2020，22（2）：69-72.

[12] 熊威，焦明东，李云昊，等. 基于机载激光雷达的大比例尺地形图测绘应用实践[J]. 测绘与空间地理信息，2022，45（8）：237-239；244.

[13] 黄妙华. 基于多源数据融合的大比例尺地形图制作方法研究[J]. 智能城市，2021，7（11）：55-56.

[14] 林志鹏，李奎良. 多源数据模型下大比例尺地形测图精度分析与研究[J]. 城市勘测，2020（1）：115-119.

[15] 高桂甫，任高升，王亚梅，等. 车载 LiDAR 和无人机一体化控制的全息数据采集与应用研究[J]. 现代测绘，2021，44（5）：45-49.

[16] 侯兴泽，王永红，李俊，等. 基于车载激光建模测量系统的非带状大比例尺地形图测绘[J]. 测绘标准化，2018，34（1）：59-62.

[17] 黄昌狄，葛中华，杜浩强，等. 基于车载移动测量系统的大比例尺地形图数学精度评价方法[J]. 测绘地理信息，2022，47（2）：119-122.

[18] 冯超，崔国庆. 基于移动测量系统的带状图测绘关键技术研究[J]. 自动化与仪器仪表，2020（4）：167-170.

[19] 吴波，杨晓锋，陈宏强，等. 应用车载移动测量技术进行大比例尺测图的方法[J]. 测绘通报，2017（3）：80-82；107.

[20] 李勇，胡玉祥，张洪德，等. 移动背包扫描关键技术及工程应用[J]. 城市勘测，2019（06）：58-63.

[21] 谢宏全，陈岳涛，赵芳，等. 背负式移动激光扫描系统测绘大比例尺地形图精度试验研究[J]. 测绘通报，2019（2）：141-143；156.

[22] 徐思奇，黄先锋，张帆，等. 倾斜摄影测量技术在大比例尺地形图测绘中的应用[J]. 测绘通报，2018（2）：111-115.

[23] 周杰，解琨，张嵘，等. 基于倾斜摄影测量技术测绘大比例尺地形图[J]. 北京测绘，2020，34（09）：1266-1270.

[24] 谢运广. 无人机倾斜摄影测量在大比例尺地形图中的应用和精度分析[J]. 测绘与空间地理信息，2021，44（3）：195-197；200.

[25] 谈珂威. 三维激光扫描技术在深基坑监测的应用研究[D]. 南京：东南大学，2018.

[26] 许新海. 三维激光扫描技术在深基坑监测中的应用[J]. 城市勘测，2017（6）：87-89.

[27] 杨兆龙，陈杰晖，郭简之. 三维激光扫描仪在基坑变形监测中的应用试验[J]. 现代测绘，2020，43（2）：37-42.

[28] 师海. 三维激光扫描技术在施工隧道监测中的应用研究[D]. 北京：北京交通大学，2013.

[29] 赵亚波，王智. 基于移动三维扫描技术的隧道管片错台分析及应用[J]. 测绘通报，2020（8）：160-163.

[30] LI P P，QIU W G，CHENG Y J，et al. Application of 3D laser scanning in underground station cavity clusters[J]. Advances in civil engineering，2021：DOI:10. 1155/2021/8896363.

[31] 俞艳波，李小松，苏海华，等. 便携式三维激光扫描技术在矿山地下巷道可视化建模中的应用[J]. 北京测绘，2022，36（12）：1703-1708.

[32] 钱尊岩，孙钟磊. 三维激光扫描技术在城市地下空间建模中的应用[J]. 北京测绘，2019，33（11）：1340-1343.

[33] 杨雪姣，叶华，王章朋，等. 三维激光扫描技术的特异性建筑施工检测应用[J]. 测绘科学，2020，45（10）：71-76；91.

[34] WANG J H，YI T Q，LIANG X，et al. Application of 3D laser scanning technology using laser radar system to error analysis in the curtain wallconstruction[J]. Remote sensing，2022，15（1）：64-67.

[35] LU C T，WANG L，YANG Z，et al. The application of laser-scanning-based BIM technology in large steel structure engineering for environmental protection[J]. Mathematical problems in engineering，2022：https//doi. org/10. 1155/2022/4665141.

[36] 王二民，郭际明，杨飞，等. 利用三维激光扫描技术检测建筑物平整度及垂直度[J]. 测绘通报，2019（6）：85-88.

[37] 朱思雨. 基于三维点云的室内工程施工进度跟踪研究[D]. 武汉：华中科技大学，2020.

[38] 倪明，罗会健，管磊，等. 三维激光扫描技术在大型足球场工程中的应用[J]. 钢结构（中英文），2022，37（12）：24-30.

[39] 阚浩钟，闫振海，李湛，等. 基于 BIM 和三维激光扫描的钢管拱肋拼装检测技术[J]. 施工技术，2019，48（6）：20-24.

[40] 周永波，李秀海. 三维激光扫描技术在厂区密集架空管线数字化中的应用[J]. 测绘工程，2020，29（1）：51-55.

[41] 李楠，方余铮，府伟娟，等. 基于三维激光扫描的历史建筑测绘应用研究[J]. 地理空间信息，2022，20（8）：55-58，63.

[42] 何原荣，陈平，苏铮，等. 基于三维激光扫描与无人机倾斜摄影技术的古建筑重建[J]. 遥感技术与应用，2019，34（6）：1343-1352.

[43] 孔令惠，陆德中，叶飞. 三维激光扫描技术在历史建筑立面测绘中的应用[J]. 测绘通报，2022（8）：165-168，172.

[44] 索俊锋，刘勇，蒋志勇，等. 基于三维激光扫描点云数据的古建筑建模[J]. 测绘科学，2017，42（3）：179-185.

[45] 高溪溪，周东明，崔维久. 三维激光扫描结合 BIM 技术的古建筑三维建模应用[J]. 测绘通报，2019（5）：158-162.

[46] 董秀军. 三维空间影像技术在地质工程中的综合应用研究[D]. 成都：成都理工大学，2015.

[47] 郭献涛，杨立君，康亚. 基于地面三维激光扫描技术的多尺度变形监测[J]. 激光与光电子学进展，2024，61（8）：256-265.

[48] FRANCESCHI M，TEZA G，PRETO N，et al. Discrimination between marls and limestones using intensity data from terrestrial laser scanner[J]. ISPRS Journal of Photogrammetry and Remote Sensing，2009，64（6）：522-528.

[49] PENASA L，FRANCESCHI M，PRETO N，et al. Integration of intensity textures and local geometry descriptors from terrestriallaser scanning to map chert in outcrops[J]. ISPRS Journal of Photogrammetry and Remote Sensing，2014，93：88-97.

[50] 钱福雁，方长英，马容娇. 公园城市理念内涵及实践路径[J]. 黑龙江科学，2020，11（20）：140-141.

[51] 吴岩，王忠杰，束晨阳，等. “公园城市”的理念内涵和实践路径研究[J]. 中国园林，2018，34（10）：30-33.

[52] DEY D，MUMMERT L，SUKTHANKARR. Classification of plant structures from uncalibrated image sequences[C]//IEEE Workshop on the Applications of Computer Vision，[S.l.]：[s.n.]，2012：329-336.

[53] CHENG Z L，ZHANG X P，CHEN B Q. Simple reconstruction of tree branches from a single range image[J]. Journal of Computer Science and Technology，2007，22（6）：846-858.

[54] 苏中花. 基于地面激光雷达点云数据的单木三维建模[D]. 成都：成都理工大学，2019.

[55] 万里红，曹振宇，田志林，等. 一种基于地面激光雷达点云的树木三维建模方法[J/OL]. 自然资源遥感，[2024-04-21]. http://kns. cnki. net/kcms/detail/10. 1759. p. 20240226. 1644. 025. html.

[56] YURTSEVER E，LAMBERT J，CARBALLO A，et al. A survey of autonomous driving：Common practices and emerging technologies[J]. IEEE access，2020，8：58443-58469.

[57] BRESSON G，ALSAYED Z，YU L，et al. Simultaneous localization and mapping：A survey of current trends in autonomous-driving[J]. IEEE Transactions on Intelligent Vehicles，2017，2（3）：194-220.

[58] HECHT J. Lidar for self-driving cars[J]. Optics and Photonics News，2018，29（1）：26-33.

[59] GEIGER A，LENZ P，URTASUN R. Are we ready for autonomous driving? The kitti vision benchmarksuite[C]//2012 IEEE Conference on Computer Vision and Pattern Recognition. 2012：3354-3361.

[60] CAESAR H，BANKITI V，LANG A H，et al. nuscenes：A multimodal dataset for autonomous driving[C]//Proceedings of the IEEE/CVF Conference on Computer Vision and Pattern Recognition. 2020：11621-11631.

[61] SUN P，KRETZSCHMAR H，DOTIWALLA X，et al. Scalability in perception for autonomous driving：Waymo open dataset[C]//Proceedings of the IEEE/CVF Conference on Computer Vision and Pattern Recognition. 2020：2446-2454.

[62] QI C R，SU H，MO K，et al. Pointnet：Deep learning on point sets for 3d classification and segmentation[C]//Proceedings of the IEEE Conference on Computer Vision and Pattern Recognition. 2017：652-660

[63] QI C R，YI L，SU H，et al. Pointnet++：Deep hierarchical feature learning on point sets in a metric space[C]//Conference and Workshop on Neural Information Processing Systems. 2017.

[64] SHI S，WANG X，LI H. Pointrcnn：3d object proposal generation and detection from point cloud[C]//Proceedings of the IEEE/CVF Conference on Computer Vision and Pattern Recognition. 2019：770-779.

[65] QIAN R，LAI X，LI X. Boundary-aware 3d object detection from point clouds[J]. arXiv：2104. 10330，2021.

[66] DENG J，ZHOU W，ZHANG Y，et al. From Multi-View to Hollow 3D：Hallucinated Hollow-3D RCNN for 3D Object Detection[J]. IEEE Transactions on Circuits and Systems for Video Technology，2021，31（12）：4722-4734.

[67] XIE L，XU G，CAI D，et al. X-view:Non-egocentric Multi-View 3D Object Detector[J]. arXiv：2103. 13001，2021.

[68] YOO J H，KIM Y，KIM J，et al. 3d-cvf:Generating joint camera and lidar features using cross-view spatial feature fusion for 3d object detection[C]//European Conference on Computer Vision. 2020：720-736.

[69] KU J，PON A D，WALSH S，et al. Improving 3d object detection for pedestrians with virtual multi-view synthesis orientation estimation[C]//2019 IEEE/RSJ International Conference on Intelligent Robots and Systems（IROS）. 2019：3459-3466.

[70] QI C R，LIU W，WU C，et al. Frustum pointnets for 3d object detection from rgb-d data[C]//Proceedings of the IEEE Conference on Computer Vision and Pattern Recognition. 2018：918-927.

[71] WANG Z，JIA K. Frustum convnet：Slidingfrustums to aggregate local point -wise features for amodal 3d object detection[C]//2019 IEEE/RSJ International Conference on Intelligent Robots and Systems（IROS）. 2019：1742-1749.